Norbert Herrmann

Erfolgspotenzial
ältere Mitarbeiter

Norbert Herrmann

Erfolgspotenzial ältere Mitarbeiter

Den demografischen Wandel souverän meistern

HANSER

Bibliografische Information der Deutschen Nationalbibliothek
Die Deutsche Nationalbibliothek verzeichnet diese Publikation in der Deutschen National-
bibliografie; detaillierte bibliografische Daten sind im Internet über http://dnb.d-nb.de
abrufbar.

© 2008 Carl Hanser Verlag München
www.hanser.de
Lektorat: Lisa Hoffmann-Bäuml
Umschlaggestaltung: Büro plan.it, München
Druck und Bindung: Kösel, Krugzell
Printed in Germany

ISBN 978-3-446-41006-0

Inhalt

1 Einleitung 1

2 Fundamental und nachhaltig – die Folgen der demografischen Entwicklung 7
2.1 Zahlen, Daten, Fakten – Demografie und Arbeitsmarkt im Wandel 8
2.2 Wann ist man alt? 10
2.3 Die beruflichen Lebensphasen 12
2.4 Situationen in den Unternehmen 16
2.5 Das Image des älteren Arbeitnehmers 20

3 Generation im Wandel 23
3.1 Vom Sinn eines langen beruflichen Lebens 23
3.2 Ältere Arbeitnehmer: Fähigkeiten und Fertigkeiten 23
    3.2.1 Physische Leistungsfähigkeit 24
    3.2.2 Psychische Leistungsfähigkeit 25
    3.2.3 Lernfähigkeit 27

4 Problemstellung und Zielsetzung 31
4.1 Gefahrenpotenziale und Chancen aufzeigen 34
4.2 Relevante Handlungsfelder bestimmen 36
4.3 Handlungsfelder für Unternehmen 37
    4.3.1 Handlungsfeld 1: Führung & Kultur 37
    4.3.2 Handlungsfeld 2: Organisation, Gesundheitsmanagement & Einsatzmöglichkeiten 37
    4.3.3 Handlungsfeld 3: Talentmanagement & Personalinstrumente 38
4.4 Handlungsfelder für Mitarbeiter 39
    4.4.1 Handlungsfeld 4: Gesundheit & Vitalität 39
    4.4.2 Handlungsfeld 5: Selbstführung & Selbstmotivation 39
    4.4.3 Handlungsfeld 6: Wissen & Kompetenzen 40

5 Bestandsaufnahme 41
5.1 Schritt 1: Ziele und Strategien des Businessplans 44
5.2 Schritt 2: Analyse der Altersstruktur 45

5.3 Schritt 3: Detaillierte Bestandsaufnahme in den Handlungsfeldern 47

    5.3.1 Check-up 1: Prüfen der nachhaltigen Beschäftigungsfähigkeit von Mitarbeitern in den Kernfunktionen 48

    5.3.2 Check-up 2: Prüfen des Handlungsfelds Führung & Kultur 53

    5.3.3 Check-up 3: Prüfen des Handlungsfelds Organisation, Gesundheits- und Einsatzmöglichkeiten 56

    5.3.4 Check-up 4: Prüfen des Handlungsfelds Talentmanagement & Personalinstrumente 57

5.4 Schritt 4: Ergebnisbericht mit konkreten Empfehlungen zu Zielen und Maßnahmen 62

6 Konkrete Vorgehensweisen zur Sicherung des Erfolgspotenzials 67

6.1 Langfristige Personalpolitik formulieren 67

6.2 Aufgaben und Verantwortlichkeiten festlegen 69

6.3 Handlungsfeld 1: Führung & Kultur 72

6.4 Handlungsfeld 2: Organisation, Gesundheitsmanagement & Einsatzmöglichkeiten 97

    6.4.1 Die Ausgangssituation in den Unternehmen 98

    6.4.2 Zukunftsorientierte Unternehmenspolitik schafft altersgerechte Rahmenbedingungen 102

    6.4.3 Klares Konzept für Gesundheitsförderung 107

6.5 Handlungsfeld 3: Talentmanagement & Personalinstrumente 123

    6.5.1 Implementierung eines intergenerativen Talentmanagementprozesses 124

    6.5.2 Entgelt- und Arbeitszeitsysteme 135

    6.5.3 Personalentwicklung 138

    6.5.4 Personalmarketing 153

    6.5.4.1 Was ist ein Talent? 154

    6.5.4.2 Interner Bewerbermarkt 155

6.6 Handlungsfeld 4: Präventionsprogramme zum Erhalt von Gesundheit & Vitalität 157

    6.6.1 Gesundheitsförderung bei den Mitarbeitern 157

    6.6.2 Das 5-Säulen-Programm für die Gesundheit 159

6.7 Handlungsfeld 5: Selbstführung & Selbstmotivation 163

6.8 Handlungsfeld 6: Wissen & Kompetenzen aufbauen 175

7 Personalpolitische Konsequenzen des demografischen Wandels: Expertenaussagen 179

7.1 Rainer Marr: Neue Anreizstrukturen schaffen 179

7.2 Artur Wollert: Individuelle Wege finden 183

7.3 Klaus Hofmann: Neues Denken ist nötig 184
7.4 Felix Herrnberger: Fit durch Projektarbeit.. 187

8 Best-Practice-Beispiele...189
8.1 BMW Group 189
8.2 EADS 193
8.3 Geberit AG 198
8.4 METRO Group 200
8.5 SICK AG.. 205
  8.5.1 Gesundheitsförderung als Leitbild 208

9 Eine Lebensgeschichte 211

10 Schlusswort... 215

Literatur 217

Anhang.. 225

Der Autor 265

Dank

In dieses Buch sind Kompetenzen und Erfahrungen von Menschen eingeflossen, die sich mit der Thematik seit langem beschäftigen. Mein besonderer Dank gilt bezogen auf Kapitel 3.1. Prof. Prof. Dr. Dr. h.c. Ursula Lehr, deren hochkarätige Aussagen aus einem ihrer viel beachteten Vorträge ich verwerten durfte und Prof. Dr. Artur Wollert, der mir seinen Erfahrungsschatz exklusiv zur Verfügung stellte. Ein herzliches Dankeschön geht außerdem an die vier Experten aus Wissenschaft und Praxis, die das Buch mit ihren zukunfts- und praxisbezogenen Aussagen und Empfehlungen zu personalpolitischen Konsequenzen des demografischen Wandels bereichern (Kapitel 7). Für die journalistische und stilistische Aufbereitung des Themas danke ich der Journalistin Christine Waldmann-Filser.

1   Einleitung

„Keine Zukunft vermag gutzumachen, was du in der Gegenwart versäumst."
Albert Schweitzer

Sind Sie bereit für neue Führungsaufgaben? Sind Sie bereit, die Verantwortung dafür zu übernehmen, dass Ihr Unternehmen am Standort Deutschland langfristig erfolgreich bleibt? Haben Sie erkannt, dass die Zukunft erfolgreichen Unternehmertums auch – oder vor allem – davon abhängen wird, ob und wie man rechtzeitig mit dem demografischen Wandel umgeht? Denn dass wir immer älter werden und zu wenig Junge nachkommen, ist eine unumstößliche Tatsache.

Die schlechte Nachricht dabei ist: Deutschland wird vom demografischen Wandel am schnellsten betroffen sein. Wir sind eins der ältesten Völker der Welt und werden die Auswirkungen deshalb als Erste zu spüren bekommen. Die gute Nachricht: Der demografische Wandel ist keine Katastrophe. Denn eine Katastrophe wäre unvorhersehbar, ohne die geringste Möglichkeit zu reagieren. Aber so ist es nicht, im Gegenteil – er bietet auch zahlreiche Chancen. Erkennen Sie sie und nutzen Sie sie!

Dieses Buch wird Ihnen wertvolle Hilfestellung leisten. Es zeigt zukunftsfähige Modelle auf, mit denen Sie den vorhersehbaren Wandel zum Wohle aller meistern können. Dafür müssen jedoch ungewohnte Wege eingeschlagen, unter Umständen muss sogar eine mutige Kurskorrektur vorgenommen werden. Das erfordert eine neue Sichtweise der Geschäftsführung, der Personalleitung, der Führungskräfte und der Mitarbeiter selbst und lässt sich unter den zu erwartenden Gegebenheiten nicht vermeiden. Schließlich ist der Mangel an qualifizierten Nachwuchskräften absehbar und auch schon konkret spürbar. Jährlich verlassen bis zu 150.000 junge hochkarätige Spitzenkräfte das Land. Hinzu kommt, dass die Unternehmen künftig auf ihre älteren Mitarbeiter setzen müssen. Denn es wird bald keine großzügigen Abfindungen oder Aufhebungsverträge für Menschen bis 55 mehr geben, um sie frühzeitig loszuwerden. Spätestens ab 2009 wird es hierfür keine staatliche Begünstigung mehr geben, daher werden sich in Zukunft dieses Vorgehen nur noch wenige Unternehmen leisten können.

Seit vielen Jahren aber herrscht in unserer westlichen Welt uneingeschränkt der Jugendwahn. Auch und besonders in den großen und mittelständischen Unternehmen. Sie werden dort kaum Mitarbeiter finden, die älter sind als 50 und schon gar nicht über 60. Das Durchschnittsalter in deutschen Großunternehmen liegt bei Anfang 40. Jugend steht dabei für Dynamik – und Dynamik steht für Erfolg. Alles Neue ist spannend und aufregend, weckt Erwartungen. Doch werden neuen Mitarbeitern häufig Fähigkeiten und Potenziale zugesprochen, die diese gar nicht haben, mit dem Ergebnis, dass zu hoch gesteckte Ansprüche sehr bald enttäuscht werden. Ältere und langjährige Mitarbeiter hingegen werden oft nur wenig geschätzt. Denn von dem, was man gut kennt und als selbstverständlich nimmt, erwartet man nichts Besonderes, Unbekanntes, Neues.

Das jedoch ist ein fataler Irrtum. In den meisten der älteren Mitarbeiter steckt weit mehr Potenzial als vermutet. Nutzen Sie diese Möglichkeiten, sie liegen direkt vor Ihnen. Denn wem es gelingt, intelligente Wege zu finden, um das reich vorhandene Potenzial älterer Mitarbeiter zu erschließen, und es gleichzeitig schafft, den qualifizierten Nachwuchs für sich zu gewinnen, wird die negativen Auswirkungen des demografischen Wandels am wenigsten zu spüren bekommen. Und damit die Nase im Wettbewerb vorn haben.

Die Grundlage für jede weitere Überlegung zu einer effizienten Personalpolitik ist zunächst ein detaillierter Businessplan. Jedes zukunftsorientierte Unternehmen muss wissen: Wo stehen wir? Wo wollen wir hin? Bleiben wir am Standort Deutschland? Verlagern wir das Unternehmen oder Teile ins Ausland? Welches sind unsere Kernaufgaben und unsere wichtigsten Prozesse? Welche Schlüsselfunktionen haben wir zu besetzen? Welche Kompetenzen brauchen wir dafür? Welche davon haben wir im Hause und welche müssen wir extern beschaffen?

Auf diese Fragen brauchen Sie nachhaltige und verlässliche Antworten. Nutzen Sie sie als Basis, um unterschiedliche Erfolgsszenarien zu entwickeln, die mit einer langfristigen Unternehmenspolitik realisiert werden können. Natürlich gehören dazu die passende Mitarbeiterstrategie und eine darauf abgestimmte Führungsarbeit. Betrachten Sie Ihre Mitarbeiter wie ein Wertpapierportfolio. Schließlich sind Ihre Leute mindestens genauso wertvoll. Welches Potenzial steckt in ihnen? Wie entwickeln sie sich? Welches Risikopotenzial verbirgt sich? Es ist immens wichtig, Mitarbeiter zu beurteilen, um daraus entsprechende Handlungsoptionen für das Unternehmen, aber auch für die Betroffenen abzuleiten. Niemand würde eine sinnvolle Wertpapierstrategie darin sehen, alles zu kaufen, was neu auf den Markt kommt, oder alles, was billig ist. Das geht auch nicht bei der Personalstrategie.

Es gilt also – den demografischen Wandel vor Augen – frühzeitig die Weichen zu stellen, um alle definierten Schlüsselfunktionen und Schlüsselkompetenzen passend besetzen zu können. Aber wer passt wohin? Wie sollte die ideale Altersstruktur im Unternehmen aussehen? Was zeichnet junge Mitarbeiter aus und für welche Aufgaben eignet sich ein älterer Kollege viel besser? Die Jungen wollen die Welt erobern. Sie besitzen neues Wissen, sind stürmisch und haben den Mut, etwas zu verändern. Das sind Eigenschaften, die jedes zukunftsorientierte Unternehmen braucht. Deshalb ist es enorm wichtig, ihnen die Möglichkeit zu geben, etwas Neues durchzusetzen und Erfahrungen damit zu sammeln. Ebenso wertvoll aber ist die umfassende Erfahrung älterer Mitarbeiter. Sie wissen, was geht und was nicht, sie haben aufgrund ihrer bereits erlebten Erfolge und Misserfolge ein ausgewogenes Auge für den Markt und für Chancen. Außerdem können sie besser mit Unsicherheit und Komplexität umgehen. Jedes Unternehmen braucht beide Vorzüge! Das ist wie bei Yin und Yang. Gegensätze ergänzen sich einfach gut. Und wenn Jung und Alt die Möglichkeit zum Austausch haben, die Chance bekommen, sich miteinander auseinanderzusetzen, dann steht am Ende immer das bestmögliche Ergebnis. Zum Wohle des Unternehmens.

Das ist selbstverständlich eine Frage der Unternehmenskultur. Sie muss es ermöglichen, dass Qualität langfristig entwickelt wird. Dazu gehört, ältere Mitarbeiter ebenso zu akzeptieren wie jüngere und ihr Erfahrungswissen zu schätzen. Die zu erwartende demografische Entwicklung in Deutschland macht aus dieser wirtschaftlichen, aber zweifellos auch sozialen Verantwortung eines Unternehmens eine existenzsichernde Notwendigkeit. Im Klartext heißt das nichts anderes, als dass die Zukunft deutscher Unternehmen künftig mehrheitlich auf Menschen im Alter zwischen 50 und 65 lastet. Was bedeutet das? Welche Konsequenzen ergeben sich daraus für Unternehmer?

Und welche für die Mitarbeiter? Jeder Einzelne hat in dieser Situation die Verantwortung, sich als Angestellter, Arbeiter oder Beamter seine Beschäftigungsfähigkeit und damit seine Zukunftsfähigkeit zu erhalten. Das heißt, als Mitarbeiter muss man bereits in seiner „guten Zeit" dafür sorgen, dass Wissen und Kompetenz nicht veralten. Sich auf eine besondere Spezialisierung zu verlassen ist extrem gefährlich und macht angesichts des raschen Fortschritts schnell überflüssig. Deshalb die dringende Forderung: Spätestens in der Lebensmitte sollten Mitarbeiter Bilanz ziehen, einen Schritt auf die Seite treten und sich Fragen stellen wie: Nutze ich in meinem Beruf meine echten Stärken und Kompetenzen? Was habe ich erreicht? Was will ich noch erreichen? Was macht mir Freude, was belastet mich? Sie müssen den Mut aufbringen, sich neues Wissen anzueignen und ihre vorhandenen Kompetenzen zu erweitern.

Jeder Einzelne muss die Eigenverantwortung für seine Beschäftigungsfähigkeit übernehmen. Sie macht sich an drei Punkten fest:

- Gesundheit und Vitalität,
- Selbstmotivation und Führung,
- berufliche Attraktivität und neue Kompetenzen.

Die Krux in den meisten Unternehmen ist jedoch, dass die für die Zukunft gefährdete Problemgruppe nicht etwa die der Mitarbeiter 50 plus ist, sondern die der 40 plus. Sie starten denkbar schlecht vorbereitet in ein heute schon absehbares längeres Arbeitsleben. Sie werden bis mindestens 65 Hochleistung bringen müssen. Dabei sind sie bereits stark belastet. Sie stehen auf dem Höhepunkt ihres beruflichen Lebens, sind extrem gefordert – zeitlich, physisch, psychisch. Das Dilemma ist, sie haben keine Zeit, sich über ihre Zukunftsfähigkeit Gedanken zu machen. Das heißt, diese Leute rauschen mit Volldampf in ihre eigene Krise. Denn sie werden weder mental noch physisch in der Lage sein, bei dem herrschenden Druck, dem aktuellen Tempo und der wachsenden Komplexität bis 65 oder gar 67 durchzuhalten.

Das glauben Sie nicht? Die betriebsärztlichen Einsätze in deutschen Unternehmen beweisen es. Es sind nicht die Arbeitsunfälle im klassischen Sinn, die Betriebsärzte inzwischen am häufigsten auf den Plan rufen. Vielmehr handelt es sich um Einsätze wegen Gehörsturz, Herzinfarkt, Schwindelanfällen, psychischer Probleme – klassische Burn-out-Syndrome eben. Das sind lautlose Schicksale, die gerne unter den Teppich gekehrt werden. Bloß keine Schwächen zeigen – schon gar nicht die Erfolgreichen. Auf diesem Wege rasen zahlreiche, beruflich sehr erfolgreiche Menschen direkt in ihr gesundheitliches und damit berufliches Verderben.

Und hier kommt die Unternehmensleitung ins Spiel. Ihre Herausforderung, aber auch ihre nicht übertragbare Verantwortung ist es, die Rahmenbedingungen dafür zu schaffen, dass ihre Mitarbeiter sich diesen Tatsachen stellen. Das ist eine anspruchsvolle Führungsaufgabe! Führungskräfte müssen ihre Mitarbeiter auf diese Selbstverantwortung vorbereiten. Sie müssen gefordert und gefördert werden. Es kann nicht sein, dass man die Leute über kurze Strecken „ausbeutet". Sie müssen die Möglichkeit haben, Langstreckenqualität zu entwickeln, damit sie bis 65 arbeitsfit und gesund sind.

Es genügt also künftig nicht, Geschäftsprozesse und Organisationsformen an kommende Gegebenheiten anzupassen. Vielmehr müssen sich die Verantwortlichen in den Unternehmen sehr genau ansehen, wie sich das reichlich vorhandene Potenzial der Mitarbeiter besser nutzen lässt. Die Organisation muss dieser Notwendigkeit untergeordnet werden. Deshalb ist zu untersuchen, welche Einflussfaktoren im Unternehmen auf die Beschäftigungsfähigkeit der Mitarbeiter wirken – positiv oder negativ. Stichwort: präventive Gesundheitspolitik. Auch das ist in Zukunft eine wichtige Führungsaufgabe. Und es liegt in der Verantwortung des Managements zu fragen: Welche Arbeitsplätze, welche Arbeitsabläufe machen krank? Was können wir tun, um unsere Mitarbeiter gesund zu erhalten?

Aber nicht nur die Verantwortung für vorhandene und ältere Mitarbeiter steht im Mittelpunkt einer erfolgreichen Personalstrategie im Angesicht des demografischen Wandels. Um wettbewerbsfähig zu bleiben, müssen ebenso konsequent und professionell junge Mitarbeiter für die passenden Aufgaben am externen Arbeitsmarkt rekrutiert werden. Im Kampf um den Nachwuchs gilt es intelligente Instrumente zu entwickeln, um sich für die jungen qualifizierten Kräfte attraktiv zu machen. Eine spannende und effiziente Möglichkeit sind Kooperationen mit Schulen, Hochschulen, Fachschulen oder Universitäten. Dort bekommt man den direkten Draht zum Nachwuchs. Wie tritt man als Unternehmen auf? Wie kann man sich professionell und attraktiv für die jungen Leute präsentieren? Auf diese Fragen brauchen Sie gute Antworten!

Unter all diesen Aspekten zeigt sich, dass die Zeitbombe tickt:

- Es wird weniger qualifizierten Nachwuchs geben.
- Mitarbeiter, die hohen physischen oder psychischen Belastungen ausgesetzt sind, werden aus gesundheitlichen Gründen gar nicht in der Lage sein, bis 65 oder gar 67 ihren Beruf auszuüben.
- Die Kostenstruktur aufgrund des Senioritätsprinzips ist nicht mehr bezahlbar. Ältere Mitarbeiter verdienen mehr als ihre jungen Kollegen.

Daraus ergeben sich drei Schwerpunkte, für die dringend Lösungen zu suchen sind:

- Das Innovationsproblem: Die Jungen fehlen für den Austausch zwischen Jung und Alt.
- Das Leistungsproblem. Die Alten können schwere körperliche und extrem belastende psychische Arbeit nicht mehr leisten.
- Das Kostenproblem: Die Alten sind teurer als die Jungen.

Deshalb: Ein zukunftsfähiger Unternehmer muss sich beizeiten auf den Weg machen, um die wichtigste und teuerste Ressource Mensch zu pflegen. Wie also sieht die Personalpolitik aus, die sicherstellt, dass die Talente der Leute optimal genutzt werden und dass die Motivation auch über die längere Zeit erhalten bleibt und nicht verloren geht? Das Buch stellt nicht nur die wichtigsten Schlüsselfragen rund um eine erfolgreiche Mitarbeiterstrategie vor dem Hintergrund des demografischen Wandels, sondern gibt schlüssige Antworten und nützliche Handlungsoptionen. Es liefert Erkenntnisse als Basis für eine nachhaltige Personalpolitik, die die definierten Unternehmensziele konsequent und effektiv unterstützt.

Meine Kernempfehlungen an Unternehmenslenker lauten:

- Schließen Sie mit den Mitarbeitern in Ihren Schlüsselfunktionen ab 40 einen „Ressourcenpakt", um im Gegenzug die Leistungsfähigkeit und Lust der Leute zu erhalten – auch jenseits der 50.
- Arbeiten Sie zur Nachwuchssicherung mit anderen Unternehmen in Ihrer Region und/oder mit bedeutenden Wertschöpfungspartnern (Zulieferer und Hersteller) zusammen. Das Problem kann nicht auf Kosten des anderen gelöst werden.

Dazu ist neues Denken und sind neue Konzepte erforderlich, um eine Antwort auf die Frage zu erhalten: Wie schaffen wir es, dass unser Unternehmen in Zeiten des demografischen Wandels wettbewerbsfähig und damit zukunftsfähig bleibt? Das Buch zeigt innovative Wege auf.

2 Fundamental und nachhaltig – die Folgen der demografischen Entwicklung

Die westliche Welt altert dramatisch. Immer weniger jüngere Menschen stehen immer mehr älteren gegenüber. Und während wir immer älter werden, sind wir so gesund und leistungsfähig wie noch nie. Trotzdem werden die Menschen immer früher aus dem Arbeitsleben entlassen – häufig zu einem Zeitpunkt, zu dem sie noch mehr als ein Viertel ihres Lebens vor sich haben. Dieser bereits seit vielen Jahren anhaltende Trend kann sich für unsere Gesellschaft schnell zum Bumerang entwickeln. Auf diese Weise verschleudert die Wirtschaft nämlich wertvolles Humankapital, was ihr letztlich mehr Verluste als Gewinn bringen wird. Denn in absehbarer Zeit werden die deutschen Unternehmen auf ältere Mitarbeiter nicht mehr verzichten können.

Eine wichtige Maßnahme, um dieser Entwicklung entgegenzusteuern, ist, das aktuell vorherrschende negative Altersbild zu objektivieren. Ein generelles Leistungsdefizit älterer Menschen gibt es nicht! Altern muss keineswegs den Verlust geistiger Fähigkeiten und Fertigkeiten bedeuten. Wir dürfen ihnen auch ihre Lernfähigkeit nicht absprechen.

Eine älter werdende Gesellschaft wird erst dann zum Problem, wenn man sich nicht rechtzeitig auf sie einstellt. Heutzutage werden die gestiegenen Kosten für die Alterssicherung allein auf die zunehmende Langlebigkeit zurückgeführt, ohne dabei zu bedenken, dass viele „aufs Abstellgleis gestellte" Menschen in der Lage und bereit wären, länger berufstätig zu sein und ihre wertvollen Expertenkenntnisse einzubringen. Doch der Arbeitsmarkt erlaubt das nicht. Prof. Dr. Ursula Lehr von der Universität Heidelberg fordert deshalb Deregulierung und mehr Flexibilisierung (Lehr, 2004a): „Eine immer älter werdende Gesellschaft verlangt lebenslanges Lernen, lebenslanges Zur-Kenntnis-Nehmen neuer Forschungsergebnisse und aktueller Entwicklungen. Sie verlangt ganz einfach Flexibilität von jedem Einzelnen, aber auch der maßgebenden Verantwortlichen in Wirtschaft und Politik."

2.1   Zahlen, Daten, Fakten – Demografie und Arbeitsmarkt im Wandel

Der demografische Wandel unserer westlichen Gesellschaft ist unaufhaltsam. Der Grundstein dafür wurde bereits vor über 40 Jahren gelegt. Stichwort Pillenknick. Die Folge: Die Bevölkerungspyramide steht Kopf. Es gibt immer mehr Ältere und immer weniger Jüngere. Der Anteil der über 60-Jährigen (25 Prozent) übertrifft schon jetzt den der unter 20-Jährigen (21 Prozent). In 25 Jahren wird er mehr als doppelt so hoch sein (Bild 2.1).

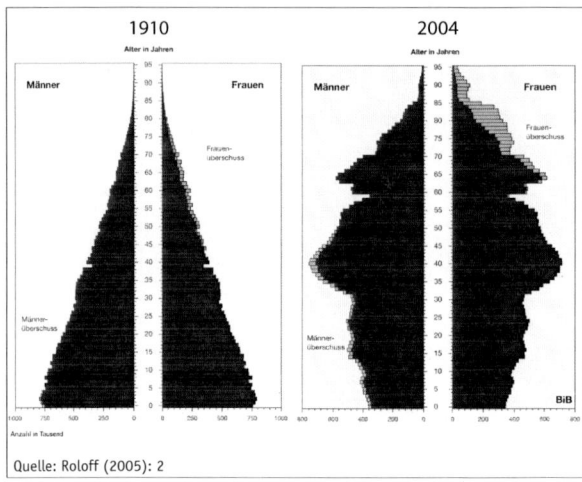
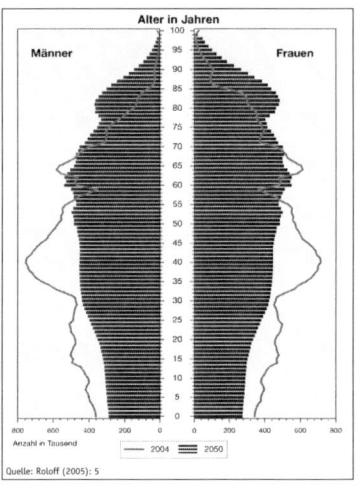

Bild 2.1 Altersaufbau in Deutschland (Quelle: Roloff, 2005)

Menschen werden deutlich älter als noch vor etwa 30 oder 40 Jahren. Die durchschnittliche Lebenserwartung Neugeborener hat sich in Deutschland bei Männern auf 75 Jahre und fast 82 Jahre bei Frauen erhöht – Tendenz steigend. Wir leben also in einer alternden Gesellschaft, die geprägt ist von einer immer höheren Lebenserwartung. Von Überalterung nur aufgrund der zunehmenden Langlebigkeit zu sprechen wäre allerdings einseitig, weil es gleichzeitig auch eine „Unterjüngung" der Gesellschaft gibt – nämlich einen drastischen Rückgang der Geburtenzahlen.

Selbst so kinderfreundliche Länder wie Spanien und Italien mit durchschnittlich 1,22 und 1,25 Kindern pro Frau leiden unter sinkenden Geburtenraten. Deutschland mit 1,34 Kindern hat nach Spanien, Italien, Griechenland (1,3) und Österreich (1,32) die fünftniedrigste Geburtenrate in der Europäischen Union, die mit einem Durchschnitt von 1,53 Kindern aufwartet. Es ist nicht zu erwarten, dass sich dieser Trend in absehbarer Zukunft positiv verändern wird. Wir werden also immer älter, sind dabei aber so gesund wie keine Generation vorher und werden trotzdem immer früher aus der Arbeitswelt entlassen. Die aktuellen Zahlen sprechen eine deutliche Sprache: 60 Prozent deutscher Unternehmen beschäftigen keinen über 50-Jährigen mehr! In der Altersgruppe 55 bis 64 Jahre sind hierzulande sogar nur noch etwa 40 Prozent erwerbstätig. Das heißt: Die Arbeitslosenquote steigt drastisch mit zunehmendem Alter.

Bis 35 Jahre zählt ein Mitarbeiter in den Unternehmen zur Jugend und gilt als hoffnungsvoller Nachwuchs. Ab 45 jedoch zählt man bereits zu den älteren Arbeitnehmern, ab 50 ist man zu alt, um neu eingestellt zu werden, und ab 55 ist man für den Arbeitsmarkt „jenseits von Gut und Böse". Ursula Lehr sagt zu dieser Entwicklung: „Wir sind eine Gesellschaft ohne Lebensmitte!" Und spricht den über 58-Jährigen aus der Seele: „Ein Viertel, ein Drittel oder sogar die Hälfte seines Lebens als Rentner zu verbringen, ist für viele nicht besonders attraktiv!" (Lehr, 2004a)

Fakt ist, dass unsere Gesellschaft dramatisch altert. Waren vor 100 Jahren nur fünf Prozent der Bevölkerung 60 Jahre und älter, sind es inzwischen 25 Prozent. In 20 Jahren werden es sogar über 33 Prozent sein und im Jahr 2050 über 38 Prozent. Ein Blick auf unsere Nachbarländer zeigt keinen anderen Trend bei der Alterung: 2050 werden in Spanien 44,1 Prozent, in Italien 42,3 Prozent und in Österreich immer noch 41 Prozent älter als 60 Jahre sein. Gleichzeitig nimmt die Gruppe der 70-, 80-, 90- und 100-Jährigen enorm zu. Aktuell leben in Deutschland rund 10.000 über 100-Jährige, 2050 werden es sogar über 114.000 sein bei einer zu erwartenden Gesamtbevölkerung von nur mehr 68 bis 70 Millionen Einwohner (heute: 82 Millionen).

Fakt ist aber auch: Je älter wir werden, umso weniger sagt die Anzahl der Jahre etwas aus über individuelle Fähigkeiten, Fertigkeiten und Verhaltensweisen. Altern ist schließlich das Ergebnis eines lebenslangen Prozesses. Die Qualität hängt von den persönlichen Erfahrungen ab und davon, wie jeder Einzelne mit seinen individuellen Problemsituationen im Leben umgegangen ist. Das bedeutet, dass manche Menschen schon mit 55 oder 60 wirklich alt sind, andere hingegen mit 90 noch zu den „jungen Alten" zählen. Die Funktionsfähigkeit der verschiedenen körperlichen und seelisch-geistigen Fähigkeiten kann sehr unterschiedlich sein. Die Wissenschaft spricht von Bindegewebsalter, Herz-Kreislauf-Alter, sensorischem Alter, motorischem Alter, Zahnalter oder Intelligenzalter. Aber: Diese Funktionsfähigkeiten sind keinesfalls an ein chronologisches Alter gebunden, sondern werden von biologischen und sozialen Faktoren, die während eines ganzen Lebens einwirken, mitbestimmt. Eine große Rolle spielen auch Schulbildung, berufliches Training, Lebensstil und Reaktionen auf Belastungen. Vor allem aber ein aktiver Lebensstil, der auf körperliches Training und auf vielseitige geistige Anregung achtet.

Altern muss nicht Verlust von Fähigkeiten und Fertigkeiten bedeuten. Das allgemein verbreitete und unterstellte Defizitmodell des Alterns wurde durch viele Studien widerlegt mit dem Ergebnis: Altern muss nicht einhergehen mit Abbau und Verlust, sondern kann in vielen Bereichen geradezu Gewinn sein. Eine Zunahme von Kompetenzen und Potenzialen ergeben sogar neue Chancen für den Einzelnen und die Gesellschaft! Der Arbeitsmarkt wandelt sich dramatisch. Er bietet aber auch enorme Chancen.

Fazit: Der Arbeitsmarkt wird sich sukzessive wandeln – immer weniger Jüngere stehen immer mehr Älteren gegenüber. Gleichzeitig wird die Nachfrage nach Hochqualifizierten unabhängig von der Konjunktur weiter ansteigen. Die Älteren werden nicht nur zunehmend länger im Arbeitsmarkt stehen, sondern auch qualifizierter, fitter und länger im internen, aber auch externen Arbeitsmarkt verbleiben. Zudem werden sie räumlich und geistig mobiler sein als je zuvor.

2.2   Wann ist man alt?

In Zeiten, in denen die Anerkennung durch Dritte weit wichtiger ist als das eigene Selbstverständnis, macht „normales" Altern wenig Spaß. Man hat häufig den Eindruck, die Menschen schämten sich, alt zu werden oder alt zu sein. Leider kann man den Tod nicht abschaffen. Selbst wenn es ginge, was wäre die Folge? „Wenn wir den Tod abschaffen, müssen wir auch die Fortpflanzung abschaffen, denn die Letztere ist des Lebens Antwort auf den Ersteren, und so hätten wir eine Welt von Alter ohne Jugend, und von schon bekannten Individuen ohne die Überraschung solcher, die nie zuvor waren." Das waren 1985 die Gedanken von Hans Jonas in seinem „Prinzip Verantwortung". Also, wenn wir schon nicht den Tod besiegen können, vielleicht gar nicht besiegen wollen, dann gilt die Devise umso mehr, sich wenigstens bis zum Ableben „jugendlich" fühlen zu können, also den Alterungsprozess hinauszuschieben.

Die amerikanische Sozialpsychologin Levy (2002) fand heraus, dass man sich bereits in jungen Jahren Stereotype über das Älterwerden aneignet. Da man momentan nicht betroffen davon ist, werden diese auch nicht infrage gestellt. Während des Älterwerdens wurden die Stereotype internalisiert und zum Schluss akzeptiert. Sie werden dann häufig zu einer sich selbst erfüllenden Prophezeiung.

Interessanterweise werden im Sport ältere, erfahrene Athleten wertgeschätzt und als Führungspersönlichkeiten akzeptiert (Beckmann, 2006). Bis Ende der 70er-Jahre ging die Altersforschung davon aus, dass ein Abbau der Gedächtnisleistung unwiderruflich sei und die verlorene Leistungsfähigkeit nicht wieder antrainiert werden könne.

Die IDA-Studie hingegen belegt, dass Gedächtnisverlust im Alter kein unabwendbares Schicksal ist. (IDA = Initiative Demenzversorgung in der Allgemeinmedizin mit dem Ziel, die Versorgungsqualität von Demenzpatienten zu verbessern. Gleichzeitig will das Projekt dazu beitragen, die psychische und physische Belastung ihrer Angehörigen zu verringern.) Mit geeignetem Training kann das Gedächtnis bis ins hohe Alter fit gehalten werden. Das gilt auch, wenn die Gedächtnisleistung bereits stark abgenommen hat.

Auch beim Sport lässt beispielsweise die Antrittsschnelligkeit eines Fußballspielers nach. Doch muss deshalb nicht zwangsläufig die Gesamtleistung nachlassen, denn der Sportler macht viel mit seiner Erfahrung wett. Dabei kommt es vor allem darauf an, dass er die richtige Position bekommt, um seine Stärken optimal einsetzen zu können.

Tatsache ist, dass mangelnder Gebrauch und geringe Förderung der kognitiven Funktionen schon nach kurzer Zeit zu erkennbaren Leistungsdefiziten im kognitiven Bereich führen. Aus diesem Grund wirken sich ein niedriges Anreizniveau und geringe kognitive Aktivitäten langfristig negativ auf die Lernkapazität aus. Um Lernen im Alter zu fördern, sollte deshalb außerdem Lernmaterial eingesetzt werden, das den besonderen Lerneigenheiten der Erfahrenen besser entspricht (Beckmann, 2006). Daraus folgt:

- Die Arbeitsbedingungen müssen an die zum Teil andersgearteten Voraussetzungen Älterer angepasst werden.
- Wertschätzung ist eine elementare Grundvoraussetzung.
- Wer sich nicht „zur Ruhe setzt", sondern sich ständig fordert, bleibt leistungsfähig.
- Eine positive Einstellung zum Altern verlängert nicht das Leistungsalter.

Jeder altert individuell. Aber für jeden ist es ein lebenslanger Prozess. Wir kämpfen zwar ein Leben lang dagegen an, aber es kommt der Zeitpunkt, an dem wir nur noch zweiter Sieger sind. Irgendwann überkommt jeden die Langsamkeit des Gehens, des Denkens, des Handelns, der schwere Atem, die nachlassende Sinnestätigkeit, Krankheit und Gebrechlichkeit. Altersschwäche wird dieser Zustand genannt. Und altersschwach wird oft mit hilflos gleichgesetzt. Ein alter Wein oder ein alter Bauernschrank ist etwas Wertvolles. Ein alter, hilfloser Mensch hingegen ist eine Belastung. Traurig, aber wahr: Je länger wir leben, desto weniger sind wir wert und desto mehr „kosten" wir die Gesellschaft. Sie ist darüber nicht erfreut; außerdem erinnern gebrechliche Menschen an die Endlichkeit des eigenen Lebens. In manchen alten Kulturen war die Hilfsbedürftigkeit der Alten der Zeitpunkt, zu dem sie aufgrund ihrer Schwäche die ihnen zugedachte soziale Rolle nicht mehr ausfüllen konnten und deshalb ausgesetzt oder getötet wurden.

Der Alterungsprozess läuft nicht bei jedem gleich ab, und vor allem setzt er unterschiedlich spät ein. Allein die Altersspanne von nahezu 30 Jahren sorgt dafür, dass nicht alle Rentner über einen Kamm geschoren werden können. Der 60-jährige Vorruheständler hat über Kinder oder Bekannte noch Anteil am beruflichen Leben, was der an der Dialyse hängende über 80-Jährige unter Umständen nicht mehr hat. Unabhängig davon unterscheiden sich auch Gleichaltrige ganz erheblich voneinander. Beruf, Herkunft, Bildung, Lebensstil, Veranlagung spielen eine entscheidende Rolle bei der Bewältigung des Alters. Der mit einer guten Pension versorgte Beamte mit regem Kontakt zu Kindern und Enkeln hat vermutlich wenig gemein mit dem von der Sozialhilfe lebenden und vereinsamten Rentner.

Generell lässt sich sagen, dass Frauen etwas anders altern als Männer. Sie erleben den Verfall ihres Körpers früher, oft länger und meist bewusster. Das hängt wohl damit zusammen, dass ihnen nur eine begrenzte Zeit für das Kinderkriegen zur Verfügung steht und weil sie gelernt haben, bewusster und zum Teil auch sorgfältiger mit ihrem Körper umzugehen. Andererseits wird den Frauen das Altern schwerer gemacht. Schließlich machen Falten im Gesicht Frauen alt, Männer hingegen interessant. Daher ist bei ihnen der Antrieb „zu altern, ohne alt zu werden" besonders ausgeprägt.

2.3   Die beruflichen Lebensphasen

Die Veränderungen am Arbeitsmarkt verändern auch die bisherigen beruflichen Lebensphasen der letzten 40 Jahre. Die übliche Dreiteilung – der Jugend gehört die Bildung und Ausbildung, dem Erwachsenenalter die Arbeit und dem Alter die Freizeit – ist heute nicht mehr gültig und angemessen. Sie muss aufgegeben werden, denn Bildung, aber auch Berufstätigkeit und Freizeit ziehen sich durch den ganzen Lebenslauf. Berufsbegleitendes Lernen bis zum Schluss ist inzwischen gefragt und notwendig. Statt zwischen 58 und 60 auszuscheiden, werden wir länger arbeiten. Jede berufliche Phase hat ihre eigene Herausforderung und Chance (Bild 2.2).

Die oberflächliche Zweiteilung des menschlichen Daseins in Jung und Alt ist zu simpel und wird der konkreten Situation nicht gerecht. Denn jede Lebensphase hat ihre eigenen Schwerpunkte. Es handelt sich zwar stets um den gleichen Menschen, doch ändern sich seine sozialen, beruflichen und gesundheitlichen Zustände im Laufe seines Lebens ständig. Für die Personalverantwortlichen in deutschen Unternehmen bedeutet das: Nur eine lebensphasenorientierte Personalpolitik verspricht durchschlagenden Erfolg. Werte und Ziele der Mitarbeiter sind in ihren individuellen Lebensphasen zum Teil völlig unterschiedlich. Personalarbeit wird deshalb nur dann nachhaltig zum Ziel führen, wenn die Bedürfnisse der Mitarbeiter erkannt und berücksichtigt werden.

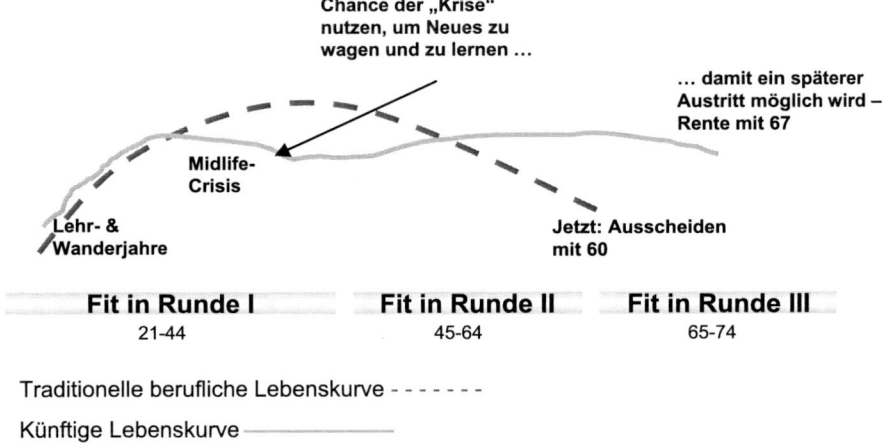

Bild 2.2 Berufliche Lebensphasen

Um das leisten zu können, müssen Personalverantwortliche die einzelnen Phasen des Menschen genauer unter die Lupe nehmen. Vor allem vor dem Hintergrund, dass diese Entwicklung stetigen Veränderungen unterworfen ist: In den 60er- und frühen 70er-Jahren beispielsweise hatte die Mehrheit der Bevölkerung spätestens mit dem 21. bis 23. Lebensjahr ihre ökonomische Selbständigkeit erreicht und damit auch die Möglichkeit, ihre Zukunft unabhängig von den Eltern zu planen. Heute hingegen erreichen 40 Prozent der Jungen ihre ökonomische Selbständigkeit erst mit dem 26. bis 28. Lebensjahr. Die folgenden Phasen verschieben sich entsprechend nach hinten. Im Einzelnen sind das:

- **Jugend:** Der junge Mensch nach der Ausbildung ist meist ein Suchender. Er ist vital, hat Mut und Ideale und er will etwas leisten – egal ob im Beruf oder in der Freizeit. Ein Junger übernimmt sich aber auch gerne und lehnt Kompromisse eher ab. Er versucht Antworten auf die Fragen zu finden: Wer bin ich? Wie funktioniere und arbeite ich? Kann ich mit Menschen umgehen? Der Einzelne muss lernen, wohin er gehört. Zum Beispiel in ein Groß- oder Kleinunternehmen? Stab oder Linie? Damit er seine Stärken am besten nutzbringend einsetzen kann. Selten gehört Geduld zu den Tugenden eines jungen Menschen. In diesen ersten Jahren der Berufstätigkeit ist Jobrotation besonders angebracht. Denn erst im Alter um die 30 wird das richtige Maß an persönlicher Effektivität erreicht, die den Menschen im Beruf bestehen lässt.
- **Aufstreben:** Die Zeit der 30er ist gekennzeichnet durch die Konzentration auf den Beruf. Zwar werden wir immer älter, doch von einer Entzerrung der beruflichen Anspannung in den Jahren zwischen 30 und 40 kann nicht die Rede sein. Das sind die für den beruflichen Werdegang entscheidenden Jahre – hier werden die

Weichen gestellt für künftige Erfolge. Die individuelle Situation wird dadurch verschärft, dass die Gründung von Familien- und Hausstand meist in die gleiche Zeit fällt. Deshalb spielen heutzutage Themen wie „Vereinbarkeit von Beruf und Familie" und „Work-Life-Balance" eine große Rolle. Beruflich sind es die Jahre, in denen nicht mehr die Zeugnisse, sondern die erzielten Ergebnisse zählen. Sie sind Grundlage für Selbstachtung und Selbstvertrauen. In dieser Zeit erfährt jeder Mensch im beruflichen Alltag immer wieder Enttäuschungen. Nicht alles läuft gemäß den eigenen Vorstellungen. Man erfährt, dass die Mitbewerber genauso gut sind wie man selbst, dass der Konkurrenzkampf oft hart, gelegentlich unfair ist. Erschütterung über Dummheit, Selbstsucht und Teilnahmslosigkeit der Umwelt macht sich breit. Auf privater Ebene muss man ebenfalls um sein Glück kämpfen. Nichts wird einem geschenkt.

- **Mitte:** Doch erst in der Auseinandersetzung und im Bestehen dieser Widrigkeiten wird der *mündige* zum *reifen* Menschen. So um die 40 festigt sich die eigene Persönlichkeit. Man ist beruflich kompetent, kennt die Praxis und hat genügend Erfahrung. Und ein großer Fortschritt: Man kennt sich selbst. Jetzt zählt man zu dem Kreis von Menschen, auf die sich das Umfeld verlässt. Vielleicht taucht am Rande schon die Abscheu vor Routine auf. Eine Beurteilung der eigenen Lage ist durchaus angebracht: Was habe ich erreicht? Was kann ich noch erreichen? Deshalb wird in dieser Lebensphase häufig noch einmal die Gelegenheit wahrgenommen, eine komplett neue Herausforderung anzunehmen, Beruf oder Unternehmen zu wechseln. Manche haben das Bedürfnis und die Möglichkeit, die eigene Erfahrung und das erworbene Wissen in Verbandsarbeit einzubringen. Privat sind die Kinder meist schon aus dem Haus. Neue familiäre Konstellationen werden angedacht. Viele spüren, dass sie etwas für die eigene Fitness tun müssen. Denn: „Alt wird man nicht mit 60, alt wird man mit 40." Insgesamt also sind die 40er die Zeit der Erneuerung und der Reorientierung.

- **Reife:** Schließlich die 50er. Der Mensch ist voll arbeits- und leistungsfähig, hat gleichzeitig menschliche Reife und Gelassenheit. Sein Erfahrungsschatz ist enorm (auch wenn manche Unternehmensberater das einfach nicht zur Kenntnis nehmen wollen). Indes, manchmal schwindet auch – trotz augenscheinlicher Aktivität und Effektivität – der Elan. Das eigene Leben wird dichter und kostbarer. Ab und an taucht die Frage auf: Wofür das alles? Man beginnt zu hadern mit dem, was man nicht erreicht hat. Ernüchterung macht sich breit.

- **Alter:** In den 60ern fangen die Menschen an, die Grenzen der eigenen Kraft deutlich zu spüren. Romano Guardini beschreibt es in seinem Buch „Die Lebensalter" folgendermaßen: „Der Mensch erfährt, dass es ein Zuviel gibt, an Arbeit, an Kampf, an Verantwortung." Viele fühlen sich bereits dem alten Eisen zugeordnet und erlauben es sich nicht mehr, an eine große Zukunft zu denken. Zunehmend wird der Mensch sich jetzt bewusst und erlebt es auch, dass immer wieder etwas zu

Ende geht. In dieser Lebensphase kommt es darauf an, sein Älterwerden anzunehmen, gerade weil man weiß, dass das Leben begrenzt ist. Loslassen können ist nun gefragt (Guardini, 1986).

Der letzte Lebensabschnitt wird umso erfolgreicher, je mehr es dem Einzelnen gelingt, das Alter und das Altern als „einen durchaus weiter aufwärtsweisenden Prozess der Vollendung anzusehen" (Geissler, 1994). Dieses Wissen und die Akzeptanz dieses Tatbestandes geben einem Ruhe, Überlegenheit und Würde. Es war ja keineswegs immer so, dass beruflich pensionierte Menschen weder alt noch ausgebrannt sind. Früheren Generationen erging es noch ganz anders. Sie erreichten häufig kaum das Rentenalter. Und wenn doch, dann in meist körperlich und geistig schlechtem Zustand. Der sogenannte Ruhestand ist also eine ziemlich neue soziale Innovation.

Zu Beginn des letzten Jahrhunderts beispielsweise begann das Berufsleben im Durchschnitt mit 15 Jahren, Rente gab es erst ab 70 – sofern man dieses Alter überhaupt erreichte, was übrigens ziemlich selten war. Um 1900 waren nur zwei Prozent der deutschen Bevölkerung 70 Jahre und älter. Inzwischen liegt der Berufsanfang bei durchschnittlich 25 Jahren, das Berufsende bei knapp 60 Jahren. Mit der Folge: Im Rentenalter befinden sich heute nicht zwei Prozent der deutschen Bevölkerung, sondern 26 Prozent.

Vor 100 Jahren gab es die 60-Stunden-Woche. Mitte des letzten Jahrhunderts die 48- und 45-Stunden-Woche, mittlerweile arbeiten wir 38 bis 40 Stunden pro Woche. Noch in den 60er-Jahren war der Samstag ein voller Arbeitstag; heute beginnt das Wochenende am Freitagnachmittag; damals betrug der Jahresurlaub zwölf ganze Tage, Samstage mitgerechnet. 1957 wurde der Jahresurlaub auf 14 Tage erhöht. Und heute? 30 Tage Urlaub im Rahmen einer 5-Tage-Woche sind die Regel. Das heißt: Allein in den letzten 50 Jahren hat sich die Lebensarbeitszeit um über 30 Prozent reduziert.

Zwar kämpfte man Ende der 60er noch für eine Flexibilität der bis dahin starren Altersgrenze bei 65 und für die Möglichkeit, auf freiwilliger Basis bis 68 oder 70 weiterzuarbeiten. Das Ende des Arbeitslebens war damals sehr gefürchtet – die meisten erlebten es als „Anfang vom Ende". In den 70er- und 80er-Jahren jedoch wich die Negativ-Einstellung allmählich und wandte sich ins Gegenteil: Bald sehnten sich viele den Ruhestand herbei. Wegen der damals schlechten wirtschaftlichen Lage in Deutschland wurde deshalb der sogenannte „Vorruhestand" eingeführt. Ältere bekamen damit die Möglichkeit, ihr Berufsleben vorzeitig zu beenden, ohne größere finanzielle Einbußen – vor allem, um jüngeren Arbeitslosen einen Arbeitsplatz zu sichern. Das war damals eine politische Fehlentscheidung, die sich heute noch negativ auswirkt!

Inzwischen wird allein die hohe Zahl der Frührentner und Rentner fälschlicherweise für das Dilemma in den Renten-, Kranken- und Pflegekassen verantwortlich gemacht. Und die Senioren, also die aus dem Arbeitsleben Ausgeschiedenen, wurden zu den „Sündenböcken der Nation". Doch in Wahrheit ist es so, dass zahlreiche 50- bis 55-Jährige gerne arbeiten und in die Rentenkassen einzahlen würden, anstatt dem Sozialstaat auf der Tasche zu liegen. Doch lässt das weder die Gesetzeslage zu noch die wirtschaftliche Situation in unserem Land. Allerdings wird sich die deutsche Wirtschaft überlegen müssen, inwieweit sie künftig auf das Expertenwissen der erfahrenen älteren Mitarbeiter verzichten kann.

2.4   Situationen in den Unternehmen

Die gängige Praxis „Alte raus, Junge rein" ist fest im kollektiven Gedächtnis der Unternehmen verwurzelt. Ab 50 ist man alt. Das wird offiziell natürlich vehement bestritten. Die Realität spricht jedoch eine andere Sprache (Bild 2.3).

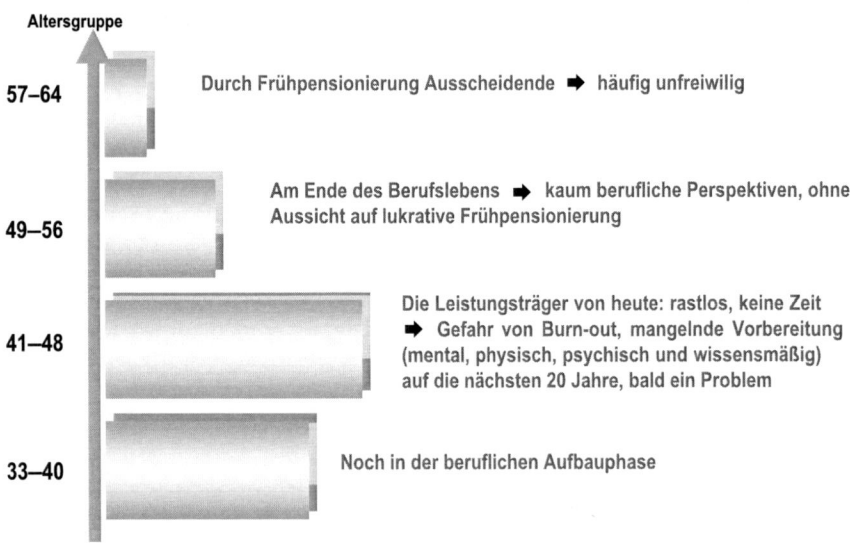

Bild 2.3 Typische Verteilung in einem Unternehmen

Woran macht man das Alter fest? Wann endet das „Jungsein"? In den meisten Unternehmen, besonders in den größeren, zählt man heute ab dem 45. Lebensjahr zu den Älteren. Mitarbeiter und Bewerber spüren das oft ziemlich unschön. Objektiv ist die entscheidende Zäsur für das Alter wohl der Wechsel vom Erwerbsleben in den Ruhestand. Thomas Druyen (2003) formuliert es so: „Weil die Berufstätigkeit immer noch als Grundlage der sozialen Orientierung und des Selbstbildes gilt, ist der

Ausstieg aus dem Berufsleben der soziale Akt des Altersbeginns." Zwar ist Arbeit in unserer Gesellschaft eher so organisiert, dass man schlecht von der Chance zur Selbstverwirklichung reden kann, trotzdem hilft Arbeit dem Einzelnen, zu dem zu werden, der er ist.

Die in Politik und Gesellschaft verbreitete These, Arbeitslose seien in Wahrheit Arbeitsunwillige, ist deshalb eindeutig infrage zu stellen. „Für die meisten Menschen bedeutet Arbeitslosigkeit eine Katastrophe: ganz ähnlich der Scheidung. In beiden Fällen wird man nicht mehr gebraucht." (Layard, 2004) Selbstverständlich ist ein „freiwilliger" Vorruhestand zum 58. Lebensjahr nicht zu vergleichen mit der durch betriebsbedingte Kündigung eingetretenen Arbeitslosigkeit eines 40-Jährigen. Trotzdem: Der Wegfall von Arbeit, also von zweckgerichteter und bezahlter Beschäftigung, ist für die meisten Menschen schmerzlich und die Suche nach Ersatz daher wichtig; es geht um ihr Selbstwertgefühl. Diese Einschätzung gilt sowohl für jüngere, noch im Erwerbsprozess verankerte oder als Arbeitssuchende von der Bundesagentur für Arbeit betreute Menschen, als auch für viele Ruheständler. Einen würdigen Ersatz für diese bietet beispielsweise die inzwischen begehrte Mitarbeit im 1983 gegründeten Senior Experten Service, der pensionierte Fachleute als ehrenamtlich tätige Kurzzeitberater in Entwicklungsländer entsendet.

Folglich ist bedauerlich, dass der Ausstieg aus dem Berufsleben viel zu früh geschieht – in Deutschland durchschnittlich vor dem 60. Lebensjahr. Denn Frühverrentungen gelten nach wie vor als probates Mittel, konjunkturelle Absatzprobleme abzufedern oder notwendige Rationalisierungen zu realisieren. Viel Kompetenz und Erfahrungspotenzial gehen auf diese Weise verloren. Und trotz aller gegensätzlichen Sonntagsreden kann man mittlerweile von einem Gewöhnungsprozess bei den Unternehmen sprechen, sich keinen Mitarbeiter jenseits des 60., 55. oder 50. Lebensjahres zu leisten; der Altenbericht des bundesdeutschen Familienministeriums spricht von einer Erwerbsquote älterer Arbeitnehmer (55 bis 64 Jahre) in Deutschland von 41,2 Prozent (Quelle: BMFSFJ Mailinglistenservice vom 30.8.2005). Und dieser Zustand wird sich durch das Auslaufen des Altersteilzeitgesetzes mit dem 31. Dezember 2009 nicht wesentlich ändern.

Das Vorgehen der Unternehmen wurde und wird erleichtert durch den gesellschaftlichen Konsens, lieber mehr Ältere in Ruhestand zu schicken, als die Jugendarbeitslosigkeit zu erhöhen. Mit etwa zehn Prozent Jugendarbeitslosigkeit gehört Deutschland innerhalb der Europäischen Union (Durchschnitt über 15 Prozent) wenigstens auf diesem Gebiet zu den beispielhaften Ländern. Dieses relativ positive Ergebnis beruht freilich auch auf der Tatsache, dass die Teilnehmerzahlen der öffentlichen Qualifizierungs- und Ausbildungsprogramme deutlich ausgeweitet wurden. Unbestritten haben sich die deutschen Unternehmen ihre Entscheidung gegen das Alter viel Geld kosten lassen.

Wir haben es in Zukunft aber trotzdem mit einer alternden Berufswelt zu tun. Denn die starken Jahrgänge der 1945 bis 1965 Geborenen, die heute 40- bis 60-Jährigen, nähern sich der „Altersgrenze". Die schwindende Anzahl jugendlicher Arbeitskräfte könnte vielseitige Auswirkungen haben: Den im Wirtschaftsbericht der Bundesregierung vorgenommenen Schätzungen zufolge ist in den neuen Bundesländern ab 2008, in den alten ab 2015, ein Mangel an qualifizierten Arbeitskräften zu erwarten, sofern keine beschäftigungspolitischen Maßnahmen ergriffen werden (BM Wirtschaft, 2001, S. 21). Solche Maßnahmen wären:

- kürzere Ausbildungszeiten,
- längeres Verbleiben im Beruf,
- verstärkte Erwerbstätigkeit der Frauen.

Im gleichen Bericht heißt es: „Je weniger junge Arbeitskräfte nachrücken, desto mehr kommt es auf die Leistungsfähigkeit der älteren Erwerbstätigen an. Der Trend zur Frühverrentung ... verstärkt den demografischen Effekt. Wir können uns jedoch den Verzicht auf die Erfahrung und das Talent der über 60-Jährigen auf Dauer nicht leisten." Berufsbegleitende Weiterbildungsmaßnahmen sind also für die Älteren unverzichtbar. Zurzeit nehmen jedoch nur fünf Prozent der 50- bis 55-Jährigen und sogar nur ein Prozent der 55- bis 60-Jährigen an betrieblichen oder überbetrieblichen Weiterbildungsmaßnahmen teil.

Das Altern der Arbeitskräfte bereitet den Unternehmen zusätzlich Probleme hinsichtlich der vielen Schutzvorschriften (zum Beispiel Kündigungsschutz), aber auch aufgrund steigender Lohnkosten. Eine Höherstufung allein aufgrund des Lebensalters – wie es bislang praktiziert wird – werden wir uns nicht mehr leisten können.

Die Bevölkerungsentwicklung lässt dennoch keinen anderen Schluss zu: Wir werden künftig die Arbeitskraft der Älteren brauchen. Es gilt Abschied zu nehmen von der Vision der 80er- und 90er-Jahre, dass wir immer länger leben, dabei immer weniger arbeiten, gleichzeitig aber immer reicher werden können. Es führt kein Weg daran vorbei, die Pensionsgrenze schrittweise auf 70 zu erhöhen. Denn es ist davon auszugehen, dass wir bis weit über 80 und darüber hinaus leben – und davon die meiste Zeit gesund und arbeitsfähig sind.

Wann ordnen Wirtschaft und Gesellschaft Menschen der Gruppe der „älteren Arbeitnehmer" zu? Erfahrungsgemäß ist das direkt abhängig von der Arbeitsmarktlage. Denn in Zeiten des Arbeitsplatzmangels werden ältere Arbeitnehmer früher zu den älteren Mitarbeitern gezählt als in Zeiten des Arbeitskräftemangels. Das heißt, erst wenn wir den Mangel an Arbeitskräften nicht nur in wenigen Spezialbereichen spüren, wird die Wirtschaft auch wieder die Erfahrung der Älteren schätzen. Doch noch sind wir von einem allgemeinen Arbeitskräftemangel weit entfernt.

Bezeichnend ist, dass die Erforschung der beruflichen Leistungsfähigkeit zu Beginn der 50er-Jahre in England in Zeiten blühender Wirtschaft begann. Es wurden die Arbeitsbedingungen erforscht, unter denen 50- und 60-Jährige weiterarbeiten können, und Trainingsmethoden für ältere Mitarbeiter erprobt (Belbin, 1953). Die englische Industrie war zu der Zeit nämlich auf die älteren Arbeitnehmer angewiesen. – In Deutschland hingegen war man die letzten 30 Jahre an Studien über die wirklich erbrachte Leistung älterer Arbeitnehmer nicht interessiert; bestenfalls an Untersuchungen zur Einschätzung der Leistungsfähigkeit. Möglicherweise wiederholt sich diese Situation ein halbes Jahrhundert später. Dann wird unsere Industrie auf die älteren Arbeitnehmer angewiesen sein.

Die Zuordnung zur Gruppe der älteren Arbeitnehmer ist also epochal bedingt, das heißt arbeitsmarktabhängig, zudem aber auch berufsspezifisch, zum Beispiel Stewardessen, oder betriebsspezifisch, bei IBM ist man früher „alt" als anderswo, in größeren Betrieben früher als in kleineren, außerdem tätigkeitsspezifisch und eventuell auch noch geschlechtsspezifisch. Die Grenze zum „älteren Mitarbeiter" ist auch dann niedriger anzusetzen, wenn

• das Niveau der schulischen und beruflichen Bildung sehr gering ist,
• der Grad der psychischen und physischen Anforderungen sehr hoch ist,
• es schnellen sprunghaften technischen Fortschritt gibt,
• kaum Möglichkeiten und Fähigkeiten für individuelle Dispositionen vorhanden sind,
• die Wirtschaftslage eher kritisch ist.

Fazit: Aufgrund der demografischen Situation kommt es in Zukunft vor allem darauf an, die Arbeitskraft der Mitarbeiter bis zum Berufsende zu erhalten. Notwendige Maßnahmen in den Unternehmen sind berufsbegleitende Weiterbildung, systematische Rotation und Aufgabenwechsel kombiniert mit einem Maßnahmenbündel zur Gesunderhaltung, zur Steigerung der körperlichen (und geistigen) Leistungsfähigkeit und des subjektiven Wohlbefindens. Es gilt, die mentale, physische und psychische Leistungsfähigkeit der Menschen lebenslang zu fordern, fördern und zu entwickeln – mit einer verbesserten Einsatzbreite und dem Aufbrechen der frühzeitigen Spezialisierung in der Lebensmitte. Für den Einzelnen heißt die Herausforderung, Neues zu lernen und zu wagen.

2.5   Das Image des älteren Arbeitnehmers

Zur Entleerung der Unternehmen von älteren Mitarbeitern trägt vor allem die berühmt-berüchtigte Defizithypothese bei: das Vorurteil nämlich, dass es um die Leistungsfähigkeit und um die Leistungsbereitschaft der älteren Mitarbeiter nicht zum Besten bestellt sei. Die Vorurteile lauten:

- sinkende Arbeitsproduktivität,
- Rückgang sowohl der Körperkräfte als auch der intellektuellen Fähigkeiten,
- erhöhte Fehlzeiten,
- geringere Mobilität und erschwerte Anpassungsfähigkeit,
- geringere Bereitschaft zur Weiterbildung,
- vermindertes Selbstvertrauen und Unsicherheit,
- vor allem aber fehlende Innovationsfähigkeit.

Dieses durch die Realität nicht begründete Image hat wesentlich dazu beigetragen, dass ältere Mitarbeiter in Unternehmen zur Problemgruppe gemacht wurden. Dabei zeigt sich, dass diese negativen Vorurteile vor allem vom Alter des Beurteilers abhängen: Jüngere haben ein negativeres Altersbild als ältere. Zum anderen spielt eine große Rolle, ob man selbst konkrete Erfahrung mit älteren Arbeitnehmern hat: Wer je mit Älteren zusammenarbeitete, beurteilt sie besser als jene, die keine konkreten Erfahrungen haben. Für die Wertschöpfung in Unternehmen sind diese Kompetenzen meist höher einzustufen als jugendliche Dynamik. Trotzdem besteht die Defizithypothese nach wie vor weiter, klagt man weiter über mangelnde Lernfähigkeit und Veränderungsunwilligkeit der Älteren. Diese Vorurteile abzubauen ist

- sozial sinnvoll, weil der Stellenwert älterer Mitarbeiter angehoben und die Spirale von negativen Zuschreibungen gestoppt wird,
- ökonomisch sinnvoll, weil das Unternehmen eine ungetrübte Sicht auf die Fähigkeiten und Potenziale aller Human-Ressourcen erhält,
- gesellschaftspolitisch sinnvoll, weil die Unternehmen damit einen Beitrag für ein integratives Klima zwischen Älteren und Jüngeren in unserer Gesellschaft leisten und
- die älteren Mitarbeiter einen wertvollen Beitrag zur Sicherung unserer Sozialsysteme aufbringen können,
- die älteren Mitarbeiter sich durch Erfahrungswissen, Arbeitsmoral und Disziplin, positiver Einstellung zur Qualität, Zuverlässigkeit und Loyalität auszeichnen. Sie gelten in ihrem Bereich als ruhender Pol mit ausgeprägter Urteilskraft und menschlicher Reife – deshalb wirken sie auf ihr Umfeld positiv.

Misst man die Leistungsfähigkeit eines Menschen beispielsweise anhand der Parameter Lungenvolumen, Kraft, Ausdauer oder Reflexe, hinkt der Ältere dem Jungen selbstverständlich hinterher. In diesen „Disziplinen" ist das Maximum bereits mit etwa dem 30. Lebensjahr erreicht. (Zur Lektüre empfohlen: Ridder, 2004.)

Fakt ist: Der Wandel für Mitarbeiter und Unternehmen kommt. Langfristig werden Menschen länger im aktiven Berufsleben verbleiben. Beide – Unternehmen und Mitarbeiter – sind in der Regel darauf noch nicht gut vorbereitet. In einer Leistungsgesellschaft geht die Attraktivität des Alters einher mit Leistung erbringen. Bis 65 arbeiten wird künftig auch eine Frage des Ansehens sein. Um das zu ermöglichen, ist Fundamentales zu verändern durch:

- mehr Eigenverantwortung, das heißt Neues bis ins hohe Alter lernen wollen, gegenüber neuen Technologien aufgeschlossen sein und immer wieder „neu" denken sowie gegenüber neuen (alten) Werten aufgeschlossen sein;
- mehr Chancen, Menschen mit 50 plus müssen gefordert und gefördert werden, das heißt, sie müssen attraktive Aufgaben und Funktionen angeboten bekommen, Beförderungen dürfen nicht mit 43 enden;
- mehr Führung, um Leistung und Entwicklung nachhaltiger und langfristiger zu fordern und zu fördern – durch systematisches Verbessern und Verbreitern der Einsatzmöglichkeiten;
- andere Rahmenbedingungen und kreative Unternehmenskulturen, das heißt gesunde und attraktive Arbeitsplätze, altersgerechte, also flexible Personalinstrumente wie Arbeitszeit, Bezahlung, Beurteilung und veränderte Organisationsformen des Arbeitens;
- neues Denken über das Alter – denn erst wenn sich die Einstellung zum Alter ändert, erreichen wir einen Kulturwandel, der fundamentale Voraussetzung für alle oben genannten Maßnahmen ist. An diesem Anspruch müssen sich Unternehmen und Mitarbeiter messen lassen.

3 Generation im Wandel

3.1 Vom Sinn eines langen beruflichen Lebens

Bis Mitte der 70er-Jahre haben die Menschen das Ende ihrer Berufstätigkeit geradezu befürchtet. Mediziner sprachen von einem „Pensionsschock" oder gar vom „Pensionierungstod". 65-Jährige fühlten sich mit Beginn des Ruhestandes endgültig abgestellt, nicht mehr gebraucht, überflüssig. Heute dagegen wird das Berufsende von vielen Arbeitnehmern herbeigesehnt und als eine neue Lebensphase erlebt, als Beginn einer „späten Freiheit". Dementsprechend findet man inzwischen – im Gegensatz zu früher – bei den heutigen Arbeitnehmern häufig den Wunsch, frühestmöglich aus dem Erwerbsleben auszusteigen.

Doch Tatsache ist: Jenseits der „Altersgrenze" zählt der Mensch zu den „Alten", ist irgendwie abgemeldet, zur Seite geschoben – und das, wenn er noch ein Drittel seines Lebens oder mehr vor sich hat. Viele Menschen werden auf diese Weise frühzeitig zu einer Problemgruppe gemacht. Hier braucht es ein Umdenken in der Gesellschaft, aber auch in der Wirtschaft. Wir brauchen Flexibilität, das heißt die Möglichkeit, früher aufzuhören, aber auch länger im Beruf weiterzuarbeiten. Wer mit 16 oder 18 seine Berufstätigkeit begann, sollte mit 61 oder 63 Jahren aufhören können (ohne Rentenabschläge), sofern er das will. – Wir brauchen aber auch eine größere Flexibilisierung der Arbeitszeit, zumindest eine richtig verstandene „Altersteilzeit", die kein Etikettenschwindel ist!

3.2 Ältere Arbeitnehmer: Fähigkeiten und Fertigkeiten

Wir werden künftig die Arbeitskraft der Älteren dringend benötigen. Sie müssen aber vor allem auch deshalb länger arbeiten, weil sich die Bedingungen für den Erhalt einer Rente seit ihrer Einführung durch Bismarck grundsätzlich geändert haben. Seitdem hat sich die Lebenserwartung immerhin mehr als verdoppelt. Deshalb lohnt ein genauer und vorurteilsfreier Blick auf die Fähigkeiten und Fertigkeiten älterer Arbeitnehmer.

3.2.1 Physische Leistungsfähigkeit

Die Anzahl der Menschen, die als berufs- oder erwerbsunfähig in die Rente eintreten, steigt kontinuierlich. Das wird gerne als der Beweis für körperliche Überforderung herangezogen. Über die Gründe dieses „vorzeitigen Verbrauchtseins" lässt sich spekulieren: Überforderungen am Arbeitsplatz oder ein ungesunder Lebensstil mögen hier eine Rolle spielen, ebenso der Wunsch, das Berufsleben vorzeitig zu beenden. Allerdings gibt es viele Belege, die aufzeigen, dass nachlassende körperliche Leistungsfähigkeit nicht primär mit dem Alter zu tun hat. Vielmehr wird sie von einer Vielzahl äußerlicher Faktoren beeinflusst. Betrachtet man nur die individuell unterschiedliche körperliche Leistungsfähigkeit Gleichaltriger, die keineswegs nur genetisch bedingt ist. Körperliche Funktionsfähigkeit lässt sich zu einem beachtlichen Teil trainieren!

Gewiss, körperliche Kräfte lassen mit zunehmendem Lebensalter nach – doch in den meisten Fällen sind die für die berufliche Tätigkeit notwendigen Kräfte noch vorhanden: Denn wenn beispielsweise die Muskelkraft jenseits der 50 um 30 Prozent auf 70 Prozent sinkt, während des gesamten Arbeitslebens aber ohnehin nur 40 bis 50 Prozent beansprucht werden, so ist die verbleibende Kraft durchaus ausreichend, um die geforderten Leistungen zu erbringen. Arbeitsmediziner können entsprechende Beispiele für viele Funktionsbereiche nennen. Hinzu kommt, dass Tätigkeiten in Unternehmen, die ein großes Maß an Körperkraft verlangen, mehr und mehr abnehmen und durch geistige Funktionen ersetzt werden – und dafür sind mehr der Ausbildungsstand und Trainingsfaktoren ausschlaggebend als das Lebensalter.

Der Infokasten zeigt die Arbeitsanforderungen, die ältere weniger gut bewältigen können als jüngere Menschen.

Alterskritische Arbeitsanforderungen

- Körperlich einseitige anstrengende Arbeit: heben, Zwangshaltungen, einseitige Arbeiten
- Arbeitsumgebungsbelastungen wie Hitze, Lärm, Beleuchtung
- Starre Leistungsvorgaben wie Zeitdruck, Taktarbeit
- Schicht- und Nachtarbeit insbesondere im Wechsel
- Hohe psychische Belastungen wie Daueraufmerksamkeit, soziale Isolation

3.2.2 Psychische Leistungsfähigkeit

Sehr zu Unrecht wird älteren Arbeitnehmern von vornherein immer wieder generell eine geringere berufliche Leistungsfähigkeit im psychischen Bereich und nachlassende Anpassung an den Arbeitsplatz vorgeworfen. Eindeutige Forschungsergebnisse zu diesem Thema werden dabei einfach ignoriert, beispielsweise gibt es keinen oder nur einen sehr geringen Zusammenhang zwischen Alter und Produktivität (Dittmann-Kohli/van der Heijden, 1996).

Studien zeigen: Altern ist ein lebenslanger Prozess. Das Verhalten als 50-, 60-Jähriger oder älter wird stark biografisch beeinflusst. Veränderungen im Alter beispielsweise im intellektuellen Bereich, bezogen auf die Lernfähigkeit oder die psychomotorischen Fähigkeiten, haben nur eine geringe Korrelation mit dem kalendarischen Alter. Vielmehr gibt es innerhalb einer Altersgruppe erhebliche Leistungsunterschiede. Der Ausbildungsstand, das berufliche Training, Selbstvertrauen, Motivationsfaktoren und Gesundheitsfaktoren gewinnen hier an Bedeutung (Lehr, 2004a). Und schließlich konnten viele Untersuchungen zeigen, dass die erbrachten Leistungen auch von den Leistungserwartungen der Umwelt mitbestimmt werden.

Im technischen Bereich mag die Jugend von Vorteil sein. Im sozialen Bereich aber überwiegen eindeutig die Fähigkeiten der Älteren. Sie lassen häufiger ein größeres berufliches Engagement erkennen als Jüngere, wissen über soziale Verknüpfungen besser Bescheid, haben meist einen größeren Überblick und haben sich in bestimmten Bereichen ein „Expertenwissen" erworben, das man bei Jüngeren vergeblich sucht. Weiterhin verfügen ältere Menschen über folgende Fähigkeiten:

- eine Leichtigkeit im Umgang mit komplexen Sachverhalten und größeren Gesamtkonzepten – ältere Mitarbeiter können sowohl komplexe organisatorische Modelle recht gut handhaben als auch weiter reichende Zeitplanungen durchführen;
- weniger Eigenbetroffenheit in potenziell belastenden Situationen – das äußert sich vor allem, wenn Konkurrenz etwa bei Beförderungen auftaucht;
- eine erhöhte Toleranz in Bezug auf alternative Handlungsstile;
- eine deutliche Entscheidungs- und Handlungsökonomie – sie erreichen mehr „mit weniger Aufwand";
- eine bessere Einschätzung eigener Fähigkeiten und deren Grenzen;
- Entscheidungen und Schlussfolgerungen werden mit mehr Bedacht, mit größerer Vorsicht und nüchternem Realismus getroffen;
- die Fähigkeit, Möglichkeiten und Grenzen zu sehen und beide zu berücksichtigen – sie haben mehr Sinn für das Machbare;
- geringere Belastung durch Probleme im privaten Bereich; weniger familiäre Sorgen um die Kinder, weniger Partnerschaftskonflikte. (Lehr, 2004a)

Die in Bild 3.1 dargestellte Studie der ETH Zürich (durchgeführt von Norbert Herschkowitz) belegt, dass sich Begriffsbildung und das allgemeine Verständnis sowie die Sprache bis ins hohe Alter steigern lassen. Das rasche Verarbeiten von Informationen indes nimmt ab. Prof. Dr. Jürgen Beckmann (2007), Lehrstuhl für Sportpsychologie TU München, bestätigt in seiner Untersuchung „Bleibt die Leistung im Alter auf der Strecke?" diese Ergebnisse: Ältere vertragen weniger Stress. Das ist eine entscheidende Aussage, wenn es zu überlegen gilt, welche Aufgaben erfahrene, ältere Mitarbeiter erledigen sollten oder nicht. Das bedeutet, Stress ist dem Lernen grundsätzlich abträglich und deshalb unbedingt zu vermeiden (Bild 3.2). Ebenso gilt es, die „üblichen Faktoren" des Alterns zu berücksichtigen (Bild 3.3).

All diese für Unternehmen relevanten Erkenntnisse fallen unter den Begriff der „qualitativen Veränderung" im Alter. Das heißt: Einer vielleicht verringerten Geschwindigkeit in der Auffassung und einer möglichen verzögerten Reaktionsfähigkeit stehen Faktoren gegenüber wie

- überlegenes handwerkliches Können,
- größere Beständigkeit,
- die Bereitschaft, Verantwortung zu übernehmen, und
- eine höhere Loyalität gegenüber dem Unternehmen.

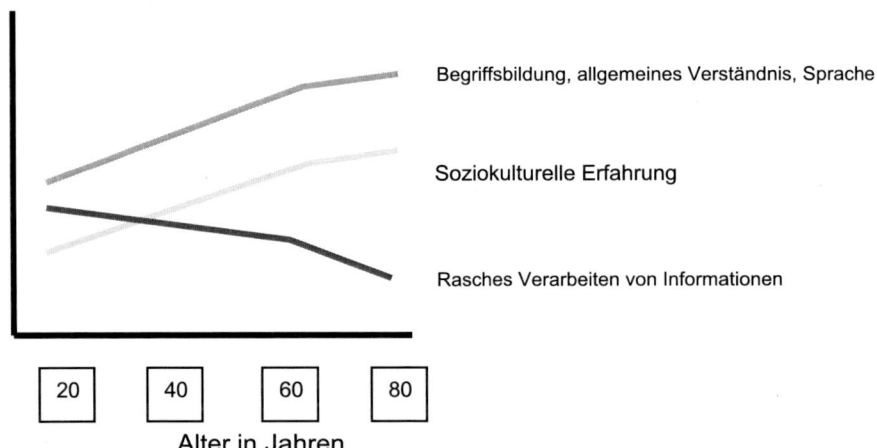

Bild 3.1 Psychologische Kompetenzen (Quelle: Herschkowitz, 2006)

In vielen Berufen gewinnen die älteren Mitarbeiter – ein lebenslanges Training vorausgesetzt – einen größeren Überblick, ihre Fähigkeit zur Zusammenschau wächst, sie sind in der Lage, mehrere Einflussgrößen gleichzeitig zu überschauen und adäquat einzuordnen, sie bevorzugen ein vorsichtiges Abwägen, sie neigen zur Besonnenheit und treffen dann klare, wohlüberlegte Entscheidungen.

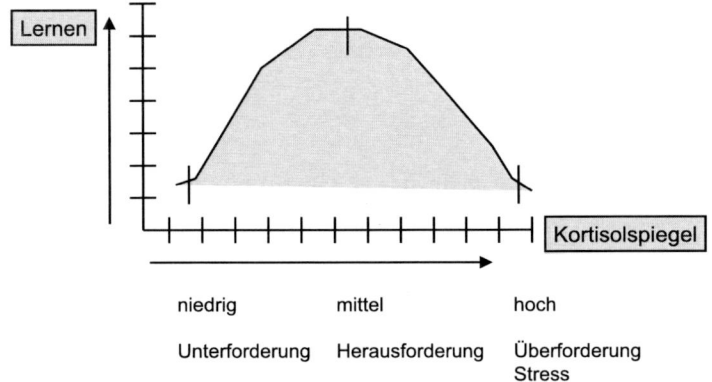

Bild 3.2 Stress im Kontext zum Lernen (Quelle: Herschkowitz, 2006)

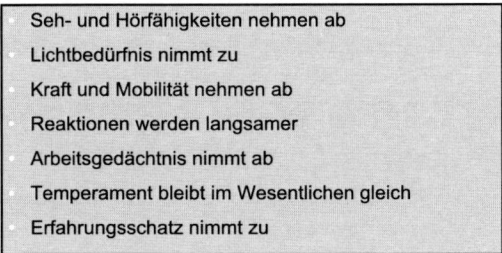

Bild 3.3 Übliche Faktoren des Alterns (Quelle: Herschkowitz, 2006)

Der Mensch arbeitet nicht nur, um Geld zu verdienen. Für viele bedeutet die Arbeit die Möglichkeit, produktiv zu sein und die eigene Leistung zu zeigen. Es geht um soziale Kontakte und eine Rhythmisierung des Tages- und Wochenablaufs. Für alle aber bedeutet die Berufstätigkeit eine Herausforderung zur körperlichen, geistigen und sozialen Aktivität – sie ist damit ein enorm wichtiger Trainingsfaktor für diese Fähigkeiten. Werden sie jedoch nicht gefordert und trainiert, stellt sich schneller ein Altersabbau ein. Allerdings braucht man das rechte Maß – denn Überforderung schadet ebenso wie Unterforderung.

3.2.3 Lernfähigkeit

Berufsbegleitende Weiterbildung ist für jede Altersgruppe erforderlich und sinnvoll. Zumal die Halbwertszeit beruflichen Wissens heutzutage bei nur fünf Jahren liegt. Das heißt: Weiterbildungsmaßnahmen lohnen sich auch für 60-Jährige. Sie und ihre älteren Kollegen sind durchaus lernfähig! Zwar wird die Lernfähigkeit im Erwachsenenalter und Alter beeinflusst von den Trainingsmöglichkeiten während des ganzen Lebenslaufs, außerdem von der Lernmotivation. Sie ist von der Leistungserwartung der Umwelt mitbestimmt und dem Angebot, das den eigenen Interessen entgegenkommt. Keinesfalls jedoch ist die Lernfähigkeit von der Anzahl der Lebensjahre abhängig. Ältere Menschen können genauso effektiv lernen wie jüngere, wenngleich sie in manchen Bereichen anders lernen.

Die Lernfähigkeit im Alter lässt sich wie folgt zusammenfassen (Lehr, 2004a):

- Ältere lernen bei sinnlosem (oder ihnen sinnlos erscheinendem) Material schlechter. Bei sinnvollem Material, das heißt, die Sinnzusammenhänge sind einleuchtend, lassen sich ihre Leistungen mit denen Jüngerer durchaus vergleichen.
- Lernen im Ganzen ist leichter als Lernen in Teilen.
- Zu schnell gebotener Lehrstoff behindert Ältere mehr als Jüngere. Ohne Zeitfaktor gibt es keine Unterschiede.
- Älteren fehlt es oft an einer gewissen Lerntechnik. Man spricht hier von „Codierungsschwäche" (Eselsbrücken bauen); Codierungsstrategien lassen sich jedoch erlernen.
- Ältere lernen leichter, wenn der gebotene Lehrstoff übersichtlich gegliedert ist.
- Von besonders starkem Einfluss sind die Lernaktivität (sich selbst etwas aktiv zu erarbeiten und nicht mundgerecht vorgesetzt zu bekommen) und die Lernmotivation, die innere Bereitschaft, einen Stoff aufzunehmen und sich mit ihm auseinanderzusetzen.
- Schlechtere Lernleistungen bei Älteren sind häufig weniger ein Zeichen nachlassender Lernfähigkeit, sondern von Unsicherheit und mangelndem Zutrauen zu sich selbst, das Gelernte zu reproduzieren.

Zusammenfassend lässt sich feststellen: „Wir brauchen keine besondere Qualifizierung Älterer, weil sie ein bestimmtes Lebensalter erreicht haben, sondern weil es versäumt wurde, sie vom 40., 45. Lebensjahr an berufsbegleitend weiterzubilden!" (Lehr, 2004a)

 Erfolgreich arbeiten mit 65 plus?

Ja – mit Gewinn für den Einzelnen,

- wenn die Tätigkeit weder überfordert noch unterfordert,
- wenn der Erwerbstätige durch berufsbegleitende Weiterbildung stets über neueste Entwicklungen informiert wird,
- wenn Trainingsmöglichkeiten geboten und auch wahrgenommen werden,
- wenn Vorgesetzte, Kollegen und Kolleginnen die besonderen Fähigkeiten der „Erfahrenen" zu schätzen wissen und nicht von einem negativen Altersbild bestimmt sind und mit entsprechenden Verhaltenserwartungen den Älteren begegnen,

- wenn der Ältere selbst anpassungsfähig ist,
- wenn aufgrund des eigenen Alters keine Sonderbehandlung erwartet oder gar verlangt wird,
- wenn der Ältere gegebenenfalls auch bereit ist, eigene Schwierigkeiten zuzugeben,
- wenn der Ältere auch bereit ist, Jüngere als Vorgesetzte anzuerkennen.

Ja, weil

- dann körperliche, geistige und soziale Fähigkeiten trainiert werden,
- der Alterungsprozess hinausgezögert wird (denn nur die Funktionen verkümmern, die nicht gebraucht werden),
- dann das Gefühl gegeben ist, noch „gebraucht" zu werden,
- der Kontakt mit anderen Menschen einer möglichen Einsamkeit entgegenwirkt,
- der ältere Arbeitnehmer vielseitige Stimulation erhält,
- der Tages- und Wochenverlauf rhythmisiert werden.

Ja – mit Gewinn für den Betrieb,

- wenn dieser sich nicht von einem negativen Altersstereotyp leiten lässt,
- wenn er auch noch 60-Jährigen Weiterbildungsmaßnahmen anbietet,
- wenn für ein gutes Arbeitsklima gesorgt ist,
- wenn er sich auch um Gesundheitsförderung kümmert,
- wenn Flexibilität im Hinblick auf (vorübergehende) Teilzeitarbeit möglich ist,
- wenn er Ältere entsprechend ihren besonderen Fähigkeiten einsetzt (die allerdings nicht nur altersspezifisch, sondern persönlichkeitsspezifisch sind),
- wenn – je nach Arbeitsbereich – Ältere und Jüngere zusammengebracht werden und so sich deren spezifische Fähigkeiten ergänzen können,
- wenn er das „Expertenwissen" der Älteren zu nutzen versteht.

Ja, weil das Unternehmen dann

- zuverlässige Arbeitskräfte hat, auf die es sich verlassen kann,
- die Erfahrungen und das spezifische „Bescheidwissen im Betrieb" der Älteren der ganzen Belegschaft nutzen kann, es durch Ältere „weitergegeben" wird,
- manche Kunden besser ansprechen kann (Erfahrungen zum Beispiel in Warenhäusern im Bereich kostbare Juwelen oder Pelze),
- bei flexibler Teilzeitarbeit Ältere zu Stoßzeiten einsetzen kann (zum Beispiel Quartalsabschluss oder Jahresabschluss).

Ja – mit Gewinn für die Gesellschaft,

- wenn Arbeitsplätze vorhanden sind,
- wenn diese Arbeitsplätze angemessen sind,

- weil dann das Humankapital nicht verschleudert wird,
- weil dann die besonderen Potenziale, die Erfahrungen, das Know-how der Älteren genutzt werden,
- weil dann manche Krankheit (bedingt durch Inaktivierung) hinausgeschoben oder gar verhindert werden kann und Hilfsbedürftigkeit sowie Abhängigkeit – wenn überhaupt – erst in einem späteren Alter eintreten,
- weil dann die Rentenkassen saniert werden,
- weil dann die sozialen Sicherungssysteme nicht überbelastet werden.
- Vor allem aber, weil damit das negative Altersbild unserer Gesellschaft korrigiert werden kann. Die Leistungen der Älteren werden deutlicher und die Zuordnung zum „Seniorenalter" wird hinausgeschoben. Schließlich sollte keiner ein Viertel oder gar ein Drittel seines Lebens als Rentner verbringen! Hier ist ein Umdenken erforderlich.

Hinweis: Die Aussagen in Kapitel 3 basieren auf (Lehr, 2004a; Wollert, 2004).

4   Problemstellung und Zielsetzung

In diesem Kapitel erhalten Sie zunächst einen Überblick darüber, welche Fragen und Probleme deutsche Unternehmen bezogen auf den demografischen Wandel im Kern beschäftigen und welche Lösungsansätze wir empfehlen.

Das Erfolgspotenzial älterer Mitarbeiter ist kein Selbstzweck! Um es für das Unternehmen nachhaltig zu sichern, müssen die Personalverantwortlichen zwingend die langfristigen Unternehmensziele und Strategien kennen und nutzen. Eine darauf abgestimmte, langfristig formulierte Personalpolitik ist deshalb jährlich aktuell den konkreten Erfordernissen des Businessplans anzupassen. Relevant ist dafür eine Reihe von strategisch entscheidenden *Handlungsfeldern*, die zum Teil in der *Umsetzungsverantwortung des Unternehmens* und zum Teil in der *Verantwortung des einzelnen Mitarbeiters* liegen.

Nachfolgendes Beispiel illustriert die sich aus dem demografischen Wandel ergebende Herausforderung.

Die Herausforderung – ein Beispiel

Die mittelständische Kreuzhuber GmbH & Co. KG ist ein Metall verarbeitender Betrieb mit 1.500 Mitarbeitern. Der aktuell erstellte Businessplan sieht die Investition in einen neuen Produktionsstandort vor. Da sich der renommierte Werkzeugbauer im Zulieferbetrieb stark in seiner süddeutschen Heimat verwurzelt fühlt, muss geprüft werden, ob sich der angestammte Standort für eine so bedeutende und weitreichende Investitionsentscheidung in ein modernes Gebäude mit Produktionsmaschinen der jüngsten Generation eignet.

Die Kernfragen zur Personalsituation lauten: Lässt sich eine neue Produktionshalle dieser Größenordnung und Qualität bezogen auf Hightech-Maschinen und modernen Arbeitsformen mit dem vorhandenen Mitarbeiterpotenzial erfolgreich betreiben? Ist die Entwicklungsabteilung kreativ und innovativ genug und sind die Facharbeiter angemessen leistungsfähig – also mental, psychisch und physisch fit dafür? Das Durchschnittsalter der Ingenieure liegt im Unternehmen immerhin bei 47 Jahren, das der Produktionsmitarbeiter bei 43. Bis das neue Werk steht, vergehen weitere 18 Monate.

Um die endgültige Entscheidung für oder wider den Standort treffen zu können, will sich der Firmeninhaber Günther Kreuzhuber ein genaues Bild über die „Zukunftsfähigkeit" seiner Mannschaft verschaffen.

Zuerst lädt er seine Führungskräfte ein, um mit ihnen die Ausbaupläne zu besprechen. Dabei werden die vor allem betroffenen Abteilungen „Entwicklung" und „Produktion" mit sogenannten Altersstrukturanalysen durchleuchtet. Anhand der Ergebnisse lassen sich konkrete Mitarbeiterportfolios erstellen. Sie sind die Basis, auf der beurteilt wird, inwieweit die Mitarbeiter in Schlüsselfunktionen und Kernprozessen das benötigte Innovations-potenzial und die entsprechende Beschäftigungsfähigkeit für die nächsten fünf bis sieben Jahre – bis sich der Standort amortisiert hat – mitbringen. Betrachtet werden Gesundheit, mentale Fitness und Vitalität, berufliche Kompetenzen sowie Einstellung, Werte und Motivation. Im Rahmen eines weiteren Führungsworkshops mit dem Titel „Die Firma fit machen für die Zukunft" werden die Auswertungen der Analysen detailliert besprochen, um daraus Handlungsbedarfe abzuleiten und Maßnahmenempfehlungen für die einzelnen Mitarbeiter zu erarbeiten.

Im nächsten Schritt bittet Günther Kreuzhuber seine komplette Belegschaft zu einer Be-triebsversammlung, in der aufgezeigt wird, was die Firma in naher Zukunft vorhat und welche neuen Anforderungen daraus entstehen. Dem Firmenchef ist es an dieser Stelle besonders wichtig, dass seine Mitarbeiter zu diesem frühen Zeitpunkt und aus seinem Munde erfahren, wie wichtig es für die Zukunft des Unternehmens ist, dass sowohl die Innovationsfähigkeit der Entwicklungsabteilung als auch die Effizienz der Produktion stimmen und dass die Mitarbeiter in der Lage sind, auch für die nächsten drei, fünf und sieben Jahre das hohe Tempo mitzuhalten. Nur dann ließe sich ein neuer Standort wirt-schaftlich und damit wettbewerbsfähig betreiben.

Gleichzeitig wird eine Mitarbeiterbefragung angekündigt, in der alle gebeten werden, an-hand eines ausgeteilten Fragebogens die Stärken und Schwächen und damit die Zukunfts-fähigkeit des Unternehmens einzuschätzen, aber auch ihre eigenen Kompetenzen für die Zukunft zu bewerten. Das Unternehmen verspricht sich von dieser Aktion eine genaue Auskunft darüber, wie die Mitarbeiter ihre eigene Leistungsfähigkeit einschätzen. Ziel ist es, diese Ergebnisse mit dem von den Führungskräften erstellten „Zukunftsportfolio" jener Mitarbeiter in Schlüsselfunktionen abzugleichen.

Und eine weitere Absicht steckt dahinter: Günther Kreuzhuber will seinen Leuten gezielt Orientierung und Sicherheit geben. Sie sollen wissen, wohin die Reise des Unternehmens geht, und sie sollen sich darüber bewusst sein, dass ein großer Teil des Erfolges von ihnen und ihrer Leistungsbereitschaft abhängt. Damit gibt er ihnen die Möglichkeit, sich mit den Zielen ihres Arbeitgebers zu identifizieren und sich mit künftigen Anforderungen ausein-anderzusetzen.

Sich daraus ergebende Leitfragen

- Welche Anforderungen verändern sich aufgrund unserer geplanten Investitionen und Veränderungen für die Mitarbeiter in den nächsten fünf bis sieben Jahren?
- Welche Kompetenzen benötigen wir in unseren Schlüsselfunktionenund Kernkom-petenzen?

- Was wissen wir über die Zukunftsfähigkeit unserer Mitarbeiter – insbesondere in den Schlüsselfunktionen/Kernkompetenzen – hinsichtlich
  - Bereitschaft und Fähigkeit, Neues zu lernen?
  - Gesundheit und mentaler Fitness?
  - Kompetenzen?
  - Einsatzmöglichkeiten?
  - Gibt es hier heute schon Probleme?
- Wie sieht für unser Unternehmen eine betriebsgerechte Altersstruktur aus? Haben wir sie?
- Wie geben wir den Mitarbeitern hilfreiche Orientierung über die aktuellen Anforderungen, ohne ihnen Angst zu machen?
- Was machen wir mit den Mitarbeitern, die nicht über die geforderte Zukunftsfähigkeit in fachlicher, methodischer, sozialer und persönlicher Hinsicht verfügen?
- Wie gewinnen wir entsprechend neue Mitarbeiter?
- Wie entwickeln sich Kosten Leistung und Innovation im Unternehmen aufgrund einer älter werdenden Stammbelegschaft im Kontext zu den künftigen Zielen und Anforderungen der Businesspläne?
- Wie sollten die Rahmenbedingungen im Unternehmen gestaltet werden, um das Erfolgspotenzial älterer Mitarbeiter nachhaltig zu nutzen?
- Wie kann das Thema in die Gesamtstrategie des Unternehmens eingebunden werden und welche Ziele sollten in einer langfristigen Personalpolitik formuliert sein?
- Welche Eigenverantwortung sollten Mitarbeiter und Führungskräfte für ihre eigene Beschäftigungsfähigkeit übernehmen?

Hinweis: Wie Sie zu den auf Ihr Unternehmen bezogenen Antworten auf diese Fragen kommen, erfahren Sie in Kapitel 6.

Thesen zum Beispiel

1. Die Folgen überalterter Mitarbeiterstrukturen führen geradewegs in eine Standortgefährdung aufgrund von Leistungsmängeln, Kostenexplosion und Motivationsproblemen.
2. Nur wenige Unternehmen verfügen über verlässliche Aussagen zur Zukunftsfähigkeit ihres Personals und wissen folglich nicht ausreichend über ihr Risikopotenzial Bescheid.
3. Viele Unternehmen reagieren nur und haben keine präventive Unternehmens- und Personalpolitik – das kann teuer werden.

Was sind die Probleme?

- Keine Vorstellung von einer unternehmensgerechten Altersverteilung.
- Es fehlt eine formulierte, langfristige Personalpolitik, die mit den Zielen und Strategien des Unternehmens synchronisiert ist.
- Keine Prävention und Nachhaltigkeit in der betrieblichen Gesundheitspolitik.
- Es fehlt eine lebensphasengerechte Personalentwicklung (PE).

- Es gibt keine gezielten Vorbereitungsprogramme für die Generation 45 plus zum Erhalt der physischen, psychischen und mentalen Leistungsfähigkeit.
- Mangelhafte Eigenverantwortung der Mitarbeiter hinsichtlich ihrer Motivation, bis 65 zu arbeiten und sich um den Erhalt ihrer eigenen beruflichen Attraktivität auf dem internen und externen Arbeitsmarkt zu kümmern.
- Führungskräfte, die es versäumen, ihre Mitarbeiter im Hinblick auf ihre nachhaltige Leistungsfähigkeit und Gesunderhaltung zu führen.

4.1   Gefahrenpotenziale und Chancen aufzeigen

Aufgrund der extremen Dynamik und Kurzlebigkeit von Produkten und Dienstleistungen wird es immer schwerer einzuschätzen, wie sich die Unternehmensidentität und der Unternehmenszweck auf lange Sicht verändern. Wird das Unternehmen verkauft? Wird es fusionieren? Geht es ins Ausland? Die Konsequenz: Kurz- und mittelfristige Planungen dominieren. Das heißt, nachhaltiges Denken mit entsprechender Weitsicht und Weichenstellung ist in den Unternehmen nur wenig bis gar nicht ausgeprägt. Ob die Folgen des demografischen Wandels für das Unternehmen relevant sind und welche Ziele zu formulieren und welche Strategien zu entwickeln sind, spielt deshalb in den Köpfen der Unternehmensleitungen häufig kaum eine Rolle. Ein weiteres Problem: Personalverantwortliche kommunizieren zu wenig in der Sprache der Geschäftsleitungen. Wollen sie gehört werden, funktioniert das nur, wenn sie deren Sprache sprechen. Das bedeutet, sie müssen aufzeigen:

Was es das Unternehmen kostet, heute nicht für morgen zu handeln! Steigen die Personalkosten linear durch die Verschiebung der Altersgrenzen? In welchem Umfang steigen die Krankheitskosten, wenn Arbeiten zu einseitiger Abnutzung und damit zu nachhaltigen körperlichen Schäden führen? Inwieweit werden durch den Verlust von aktuellem Wissen, abnehmender Einsatzflexibilität, einseitiger Spezialisierungen und Know-how-Verlust überlebenswichtige Wettbewerbsfähigkeiten verspielt? Inwieweit führt dauerhafte Überbeanspruchung zu Burn-out?

Was das Unternehmen gewinnt, wenn das Potenzial der älteren Mitarbeiter gehalten, vielleicht sogar gesteigert werden kann! Welche Chancen bieten sich einem Unternehmen, wenn es gelingt, Motivation und Leistung der Generation 45 plus systematisch auf „Langstreckenqualität" zu bringen? Welche Kosten können gesenkt werden, welche Leistungssteigerungen sind durch die Erhöhung von Motivation möglich und welche Innovationen können hoch motivierte und kompetente ältere Mitarbeiter liefern?

Da in jedem Unternehmen und in jeder Abteilung die drei Faktoren Kosten, Innovation und Leistung direkten Einfluss auf die Zukunftsfähigkeit haben, müssen die Verantwortlichen darauf ein besonderes Augenmerk richten. Die Analysediagramme zeigen, dass Nichthandeln zu steigenden Kosten (Bild 4.1), sinkender Leistung (Bild 4.2) und geringerer Innovation (Bild 4.3) führen kann. Hier sind die kritischen Felder zu identifizieren.

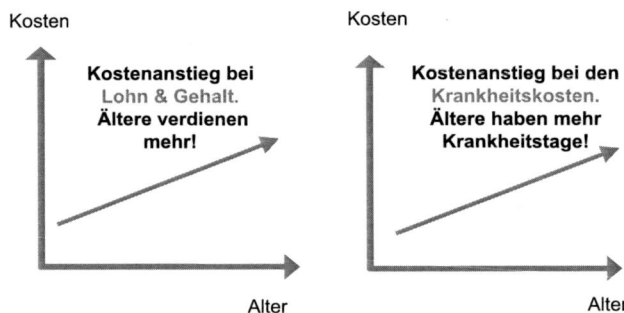

Bild 4.1 Analysediagramm zu Kosten

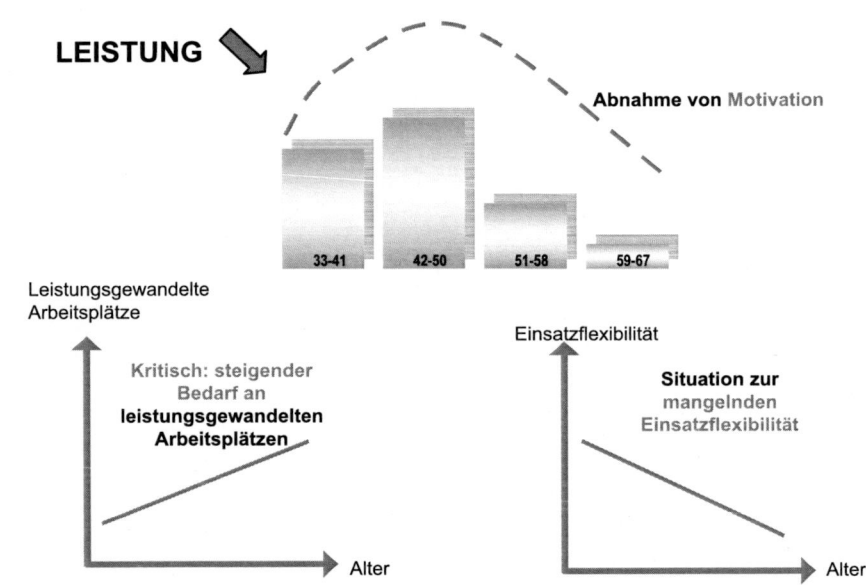

Bild 4.2 Analysediagramm zu Leistung

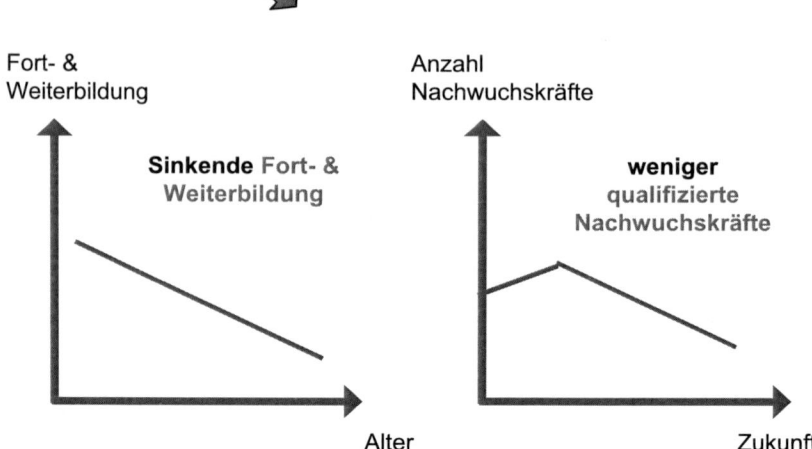

Bild 4.3 Analysediagramm zu Innovation

4.2   Relevante Handlungsfelder bestimmen

Die in Bild 4.4 dargestellten Handlungsfelder im Unternehmen sind betroffen, wenn es darum geht, die Kompetenzen älterer Mitarbeiter nachhaltig zu sichern und zu nutzen. Sie gilt es besonders in Augenschein zu nehmen. Für jedes Handlungsfeld sind positive Zielergebnisse beschrieben – sozusagen als „Messlatte", an der sich jedes Unternehmen bezüglich seiner individuellen Analyseergebnisse orientieren kann. Dabei liegen drei der Handlungsfelder stärker in der Verantwortung des Unternehmens unter dem Stichwort „leistungsfähige Rahmenbedingungen schaffen" und drei in der Eigenverantwortung des Mitarbeiters unter dem Stichwort „die eigene Beschäftigungsfähigkeit sichern".

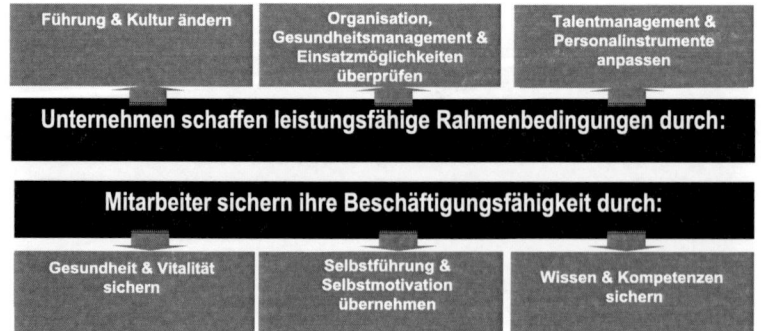

Bild 4.4 Die relevanten Handlungsfelder

4.3 Handlungsfelder für Unternehmen

4.3.1 Handlungsfeld 1: Führung & Kultur

Es gilt eine Unternehmenskultur zu schaffen, die das Potenzial älterer Mitarbeiter nachhaltig nutzen will – und auch nutzen kann. Voraussetzung dafür sind (ehrliche) Antworten auf die Fragen: Welche Vorurteile gegenüber älteren Mitarbeitern gibt es im Unternehmen? Wie engagiert sind die älteren Mitarbeiter? Werden Mitarbeiter ab 45 auf die langfristigen Ziele des Unternehmens vorbereitet? Welche Qualitäten haben die Führungskräfte, um die nachhaltige Leistungsfähigkeit ihrer Mitarbeiter zu sichern? Wie lassen sich Burn-outs vermeiden?

Zielsetzung

Die Geschäftsleitung geht mit gutem Beispiel voran. Sie glaubt an das Potenzial älterer Mitarbeiter und überträgt ihnen interessante Aufgaben und Projekte. Eine Kultur, die das Erfolgspotenzial älterer Mitarbeiter nutzt, zeichnet sich dadurch aus, dass ältere Mitarbeiter mit Freude bis zur gesetzlichen Altersgrenze arbeiten. Sie bringen hervorragende Leistungen und werden von den jüngeren Kollegen geachtet. Denn diese nutzen die Erfahrung und das Potenzial der Älteren, indem sie gerne mit ihnen zusammenarbeiten und in Aufgaben und Projekten deren Meinung erfragen. Außerdem können Mitarbeiter auch mit 50 plus befördert werden und Karriere machen. Führungskräfte achten auf die „Langzeitkompetenzen" (Gesundheit, Motivation, Wissen) ihrer Mitarbeiter und nutzen die unterschiedlichen Qualitäten von den Jungen und Erfahrenen im Team. Sie sprechen mit ihren Leuten im Rahmen von Entwicklungsgesprächen über deren nachhaltige „Employability" (Gesundheit/Vitalität, Selbstmotivation, Orientierung, Wissen, Kompetenzen und Einsatzbreite).

4.3.2 Handlungsfeld 2: Organisation, Gesundheitsmanagement & Einsatzmöglichkeiten

Gesund erhaltende Rahmenbedingungen und ergonomische Arbeitsplätze sind das Basishandwerkszeug für eine präventive Gesundheitspolitik im Betrieb. Zusammen mit den organisatorischen Bedingungen, wie beispielsweise verstärktes Arbeiten in Projekten und wechselnde Einsatzmöglichkeiten auf verschiedenen Arbeitsplätzen, helfen sie, das Potenzial älterer Mitarbeiter nachhaltig zu nutzen. Um das zu erreichen, müssen Sie wissen: Welche Kompetenzen und Erfahrungen brauchen Mitarbeiter künftig? Wie lässt sich die berufliche Einsatzbreite erweitern, um eine zu enge Spezialisierung zu vermeiden? Welche Art von Arbeitsplätzen schützt die Gesundheit und reduziert vermeidbare Risiken? Welche Arbeitsplätze sind gesundheitsgefährdend? Mit welchen Maßnahmen lassen sich einseitige körperliche und mentale Belastungen verhindern?

Zielsetzung

Mitarbeiter werden zu regelmäßigen Jobrotationen angehalten, damit sie systematisch an neuen Herausforderungen wachsen und ihre Einsatzbreite verbessern können. Dabei achtet das Management darauf, dass ältere Mitarbeiter bevorzugt in solche Funktionen kommen, bei denen ihre Erfahrung und Fähigkeiten, mit komplexen Aufgaben umgehen zu können, besser genutzt werden. Die Arbeitsplätze zeichnen sich dadurch aus, dass sie die Gesundheit der Mitarbeiter schützen und gesundheitliche Risiken weitestgehend vermeiden. Das geschieht beispielsweise dadurch, dass die Arbeitsplätze im Hinblick auf gesundheitliche Risiken klassifiziert werden.

4.3.3   Handlungsfeld 3: Talentmanagement & Personalinstrumente

Die moderne Personalarbeit ist so zu gestalten, dass sie eine lebensphasengerechte Entwicklung und Vergütung sichert sowie Anreize und Rahmenbedingungen für ein erfolgreiches Arbeiten bis 67 erlaubt. Instrumente dafür sind: Entgelt, Arbeitszeit, Austrittsmodelle. Es gilt Antworten zu finden auf folgende Fragestellungen: Wie ist das interne Personalmarketing zu gestalten? Wie lassen sich die vorhandenen und gegebenenfalls ungenutzten Kompetenzen der Mitarbeiter ab 40 systematisch beurteilen? Wie werden das Risiko und das Zukunftspotenzial dieser Mitarbeiter eingeschätzt? Gibt es genügend Nachfolgetalente?

Zielsetzung

Anreize und Rahmenbedingungen sind so gestaltet, dass sie weitgehend ein erfolgreiches Arbeiten bis 67 erlauben. Mitarbeiter und Führungskräfte lernen kontinuierlich über alle beruflichen Lebensphasen hinweg – nicht nur in der Spezialisierung, auch in der Breite. Dementsprechende Qualifizierungsmöglichkeiten werden angeboten und sind den Mitarbeitern bekannt. Hervorragende Leistungen werden honoriert – unabhängig vom Alter. Das bedeutet: Leistung wird systematisch mit adäquatem Entgelt vergütet. Mitarbeiter haben die Möglichkeit und Flexibilität, Arbeitszeiten und Entgelte anzusparen, um selbständig über den Zeitpunkt ihres Austritts oder die Höhe ihres Entgelts zu entscheiden.

Das betriebliche Ressourcenmanagement erlaubt den Mitarbeitern, über ihren internen Marktwert Bescheid zu wissen. Dazu dienen regelmäßige Zukunftsgespräche ab 40. Die Kompetenzen und (ungenutzten) Potenziale werden systematisch analysiert, gemessen und weiterentwickelt. Dafür erlaubt das Personalmarketing interne

Placements zur Qualifizierung on the job in der Breite. Regelmäßige Managementrunden analysieren außerdem alle zwei Jahre das Risiko ihrer Mitarbeiter hinsichtlich Leistung/Kompetenzen, Einsatzbreite/Lernen sowie Gesundheit. Für ausscheidende, schwer ersetzbare Mitarbeiter stehen genügend Nachfolgetalente (ältere und jüngere) zur Verfügung.

4.4 Handlungsfelder für Mitarbeiter

4.4.1 Handlungsfeld 4: Gesundheit & Vitalität

Die Beschäftigungsfähigkeit des Einzelnen muss durch Prävention gesichert werden. Mitarbeiter müssen sich demnach folgende Fragen stellen lassen und zumindest für sich beantworten: Inwieweit nutzen sie Vorsorgeuntersuchungen und halten sich körperlich fit? Wie vital fühlen sie sich und was tun sie dafür? Wie halten sie sich gesund und leistungsfähig? Welche Möglichkeiten bietet das Unternehmen dafür? Spüren sie Burn-out-Symptome? Welche gesundheitlichen Beschwerden haben sie und wie gehen sie damit um? Wie können sie wieder gesund werden?

Zielsetzung

Mitarbeiter übernehmen Verantwortung für ihre Gesundheit und Vitalität. Sie nutzen die vom Unternehmen angebotenen Möglichkeiten zur gesundheitlichen Prävention, wie Sport, Leistungsdiagnostik und Entspannung, gegebenenfalls auch ärztliche Vorsorgeuntersuchungen und Check-ups. Das Unternehmen ist gesundheitsbewusst: Das zeigt sich am Speiseplan der Kantine, am Rauchverbot in den Unternehmensräumen sowie an der Kooperation mit Ärzten, Kliniken und Gesundheitseinrichtungen. Gesundheitsgefährdendes Verhalten wird durch Vorgesetzte angesprochen und eventuell abgemahnt. Arbeitsplätze, die die Gesundheit beeinträchtigen, werden nach Möglichkeit abgeschafft. Risikobehaftete Arbeitsplätze sind klassifiziert, betroffene Mitarbeiter stehen unter besonderem Schutz und erhalten Angebote zum gesundheitlichen Ausgleich.

4.4.2 Handlungsfeld 5: Selbstführung & Selbstmotivation

Die Selbstmotivation liegt ebenfalls im Verantwortungsbereich des einzelnen Mitarbeiters. Konfrontieren Sie ihn mit folgenden Fragen, um ihn für seine Eigenverantwortung zu sensibilisieren: Inwieweit übernehmen Sie Eigenverantwortung für Ihre berufliche Motivation und Attraktivität, um bis 67 erfolgreich arbeiten zu können? Strahlen Sie Zuversicht und Selbstbewusstheit aus? Sind Sie bereit, Verantwortung für Ihr berufliches Leben zu übernehmen? Welche Angebote können Sie im Rahmen der betrieblichen Weiterbildungen nutzen? Was raubt Ihnen Ihre Motivation? Welche Träume haben Sie nicht gelebt, welche wollen Sie noch leben?

Zielsetzung

Mitarbeiter übernehmen Verantwortung für ihre berufliche Motivation und Attraktivität, um bis 67 erfolgreich arbeiten zu können. Sie bemühen sich in ihrer Lebensmitte um Orientierung für ihre zweite berufliche Runde (ab 45 bis 67) hinsichtlich ihrer Ziele, Talente und Kompetenzen. Sie nehmen diesbezügliche Angebote des Unternehmens wahr, um sich über ihre Einsatzbreite und ihren internen und externen Marktwert Klarheit zu verschaffen.

4.4.3   Handlungsfeld 6: Wissen & Kompetenzen

Weitere Fragen, die sich der Mitarbeiter selbst stellen muss: Über welche Fähigkeiten verfüge ich heute und wie erhalte ich mir diese? Wie attraktiv bin ich jetzt und in fünf oder sieben Jahren mit meinen Kompetenzen und meinen Einsatzmöglichkeiten für den internen und externen Arbeitsmarkt? Welche Kompetenzen werde ich künftig weniger brauchen und welche verstärkt?

Zielsetzung

Mitarbeiter übernehmen Verantwortung für ihre Kompetenzen und ihr Wissen in der Lebensmitte, indem sie es in Breite und Tiefe erneuern. Sie vermeiden (weitere) einseitige Spezialisierungen und verbessern ihre Einsatzbreite, indem sie bereit sind, Neues zu lernen und neue Aufgaben wahrzunehmen. Sie orientieren sich dabei an ihren (neuen/erweiterten) Zielen für ihre zweite berufliche Lebensphase. Das Unternehmen fördert das mit konkreten Aufgabenerweiterungen, mit der Vergabe neuer Aufgaben und mit Inplacement-Workshops sowie Feedbacks zu den Kompetenzen und möglichen neuen Anforderungen an Mitarbeiter sowie zu den (realistischen) Möglichkeiten, die sie im Unternehmen haben. Ebenso organisiert es konkrete interne und externe Bildungsangebote.

Im Fokus der aktuellen Handlungsnotwendigkeiten stehen deshalb die Gestaltung und das Controlling dieser beiden Verantwortlichkeiten beziehungsweise die klare Definition der strategischen Handlungsfelder des Unternehmens und der Mitarbeiter. Die entscheidende Frage lautet: In welchen Handlungsfeldern besteht welcher Handlungsbedarf?

5 Bestandsaufnahme

Wie gut ist Ihr Unternehmen auf den demografischen Wandel vorbereitet, um das Erfolgspotenzial älterer Mitarbeiter zu nutzen?

Die Bestandsaufnahme muss systematisch erfolgen. Dabei ist wichtig, die nachhaltigen Anforderungen und Ziele, die sich aus den langfristigen Businessplänen des Unternehmens ergeben, zu kennen und vor Augen zu haben. Sie sind im Kontext zu sehen mit den relevanten Auswirkungen einer immer älter werdenden Mitarbeiterschaft, die sich in der Verschiebung der Altersstrukturen in den einzelnen Bereichen zeigt.

Im Folgenden wird aufgezeigt, wie Sie systematisch vorgehen können und welche Handlungsfelder relevant sind. Das gewählte Vorgehensmodell orientiert sich dabei am Prinzip der EFQM: Das „Total-Quality-Management-Modell" deckt alle Managementbereiche ab und hat zum Ziel, den Anwender zu exzellentem Management und optimalen Geschäftsergebnissen zu führen. Dieses Modell für Exzellenz hat eine aus neun Kriterien bestehende (offen gehaltene) Grundstruktur. Es berücksichtigt die zahlreichen Vorgehensweisen, mit denen anhaltende Exzellenz erreicht werden kann (Bild 5.1). In Bild 5.2 haben wir das EFQM-Modell mit den relevanten Handlungsfeldern kombiniert und kommen so zu einem „angepassten EFQM-Modell".

Das angepasste EFQM-Modell beruht auf folgenden Prämissen, die unverzichtbar sind, um beste Ergebnisse zu erzielen:

- Ältere Mitarbeiter erbringen gute Leistungen.
- Mitarbeiter/Kollegen akzeptieren ihre älteren Mitarbeiter/Kollegen und finden, dass diese eine gute Arbeit vollbringen.
- Die Empfänger der Leistungen von älteren Mitarbeitern sind damit zufrieden.

Ältere Mitarbeiter werden im internen und externen Umfeld akzeptiert und geachtet.

Um diese Voraussetzungen zu schaffen, braucht das Unternehmen eine Reihe von „Befähigern", die den Erfolg generieren und überhaupt erst möglich machen:

- Eine schriftlich formulierte nachhaltige Personalpolitik, die sich konsequenterweise daran messen lässt, inwieweit sie mit den umgesetzten Maßnahmen die formulierten Ziele zur Nutzung des Potenzials älterer Mitarbeiter erreicht hat.

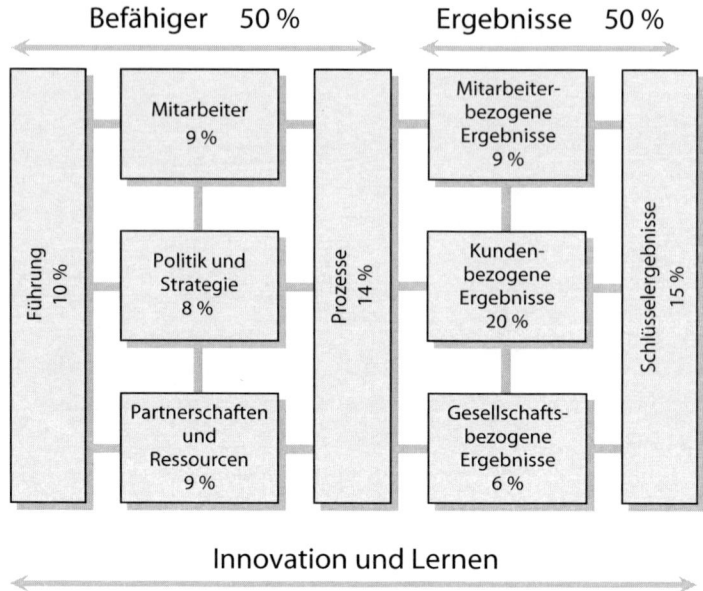

Bild 5.1 Das EFQM-Modell

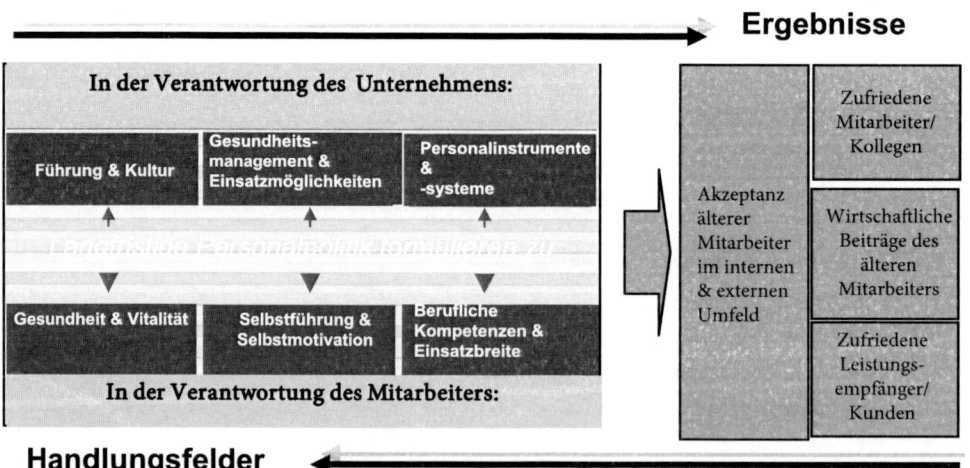

Bild 5.2 Das „angepasste EFQM-Modell": Handlungsfelder und Ergebnisse in Anlehnung an das EFQM-Modell

- Eine Personalpolitik mit dem Ziel, die Beschäftigungsfähigkeit aller Mitarbeiter zu erhalten und insbesondere Mitarbeiter ab 45 darin zu unterstützen, sich auf die zweite berufliche Phase mental und motivational vorzubereiten, etwas für ihre Work-Life-Balance zu tun sowie ihre Gesundheit und Leistungsfähigkeit zu erhalten. Sie sind ihrerseits bereit, zum Erhalt ihrer beruflichen Attraktivität Neues zu lernen und bisher ungenutzte Kompetenzen besser zu nutzen.
- Eine Führungsqualität und Kultur, die nachhaltig und systematisch das Potenzial der Mitarbeiter über 45 fördert, fordert und anerkennt.
- Ein systematisches Gesundheitsmanagement sowie organisatorische Rahmenbedingungen und Einsatzmöglichkeiten für ältere Mitarbeiter.
- Die Personalinstrumente Arbeitszeit, Entgelt sowie lebensphasenorientierte Personalentwicklung sind auf die Zielgruppe angepasst.

Das angepasste EFQM-Modell ist die Grundlage für unser Referenzmodell. Das wiederum ist Voraussetzung für eine systematische Bestandsaufnahme (Bild 5.3) und für die Bestimmung konkreter Maßnahmen in den Handlungsfeldern. Im Folgenden wird das Vorgehen Schritt für Schritt aufgezeigt: Zuerst werden die Anforderungen aus den Zielen und Strategien des Businessplans und der Altersstrukturanalyse ermittelt. Dann geht es um die Formulierung einer langfristigen Personalpolitik und im nächsten Schritt um eine Bestandserhebung in den entsprechenden Handlungsfeldern, um zum Schluss konkrete Ziele und Maßnahmen zu beschreiben.

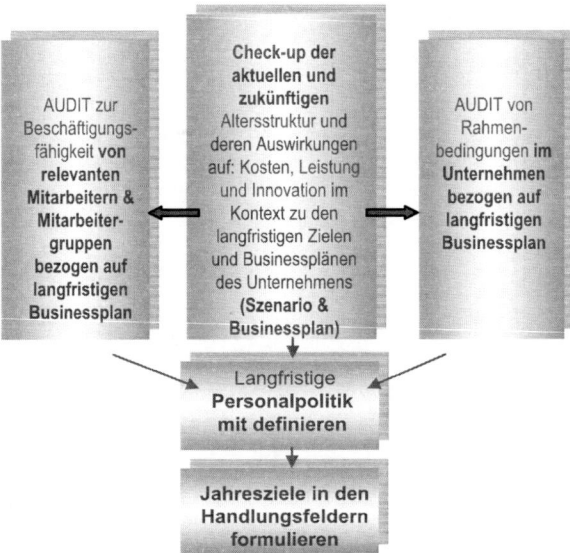

Bild 5.3 Vorgehensmodell zur systematischen Bestandsaufnahme und zur Formulierung einer langfristigen Personalpolitik

5.1   Schritt 1: Ziele und Strategien des Businessplans

Zunächst ist wichtig zu fragen, was möglicherweise die Identität des Unternehmens im Kern in den nächsten fünf bis sieben Jahre verändert. Also: Werden Standortverlagerungen angestrebt? Oder besteht die Absicht, das Unternehmen zu fusionieren oder zu verkaufen? Inwieweit sollen sich die Schlüsselaufgaben des Unternehmens grundlegend verändern? Werden neue Geschäftsfelder eröffnet? Welche Anforderungen verändern sich, welche sind neu? Zu diesen Fragen geben die im **Businessplan** formulierten Themen Auskunft über:

Mitarbeiter, Management und Teams:

- Wie verändern sich die Anforderungen? Welche Schlüsselfunktionen sind betroffen? Welche Kernkompetenzen werden gebraucht?
- Wird das Management internationaler?

Produkte und Dienstleistungen:

- Soll in neue Produktbereiche vorgestoßen werden?
- Welche Innovationen sind geplant?
- Werden neue Produkte auf den Markt gebracht? Sollen neue Dienstleistungen entstehen?

Marketing und Vertrieb:

- Müssen neue Vertriebsstrukturen, etwa andere Vertriebskanäle geschaffen werden? Sollen Kunden künftig anders angesprochen werden?
- Wird die Marketingstrategie verändert – Direktansprache, verstärkt übers Internet oder mehr Einzelansprache?

Beschaffung und Herstellung:

- Wie werden die Beschaffungskanäle gesichert? Möchte man weiter selber herstellen und produzieren?
- Wie verändert sich die Produktion? Welche neuen Technologien, Maschinen müssen angeschafft werden? Welche neuen Techniken werden verlangt? Welche neuen Produktionsprozesse werden angestrebt?
- Wird künftig mit anderen Zulieferern zusammengearbeitet?

Prozesse und Organisation:

- Welche Prozessverbesserungen sind geplant?
- Welche neuen Organisationsstrukturen werden angestrebt?
- Welche neuen Prozesse wird es geben? Werden sie synchronisiert mit Zulieferer- und Kundenprozessen?

Die Antworten auf diese Fragen geben Hinweise darauf, welche Auswirkungen mögliche Veränderungen für Unternehmen und Mitarbeiter haben. Zum Beispiel, inwieweit neue Anforderungen auf die Kompetenzen und das Wissen der Mitarbeiter wirken. Wenn neue Produkte ein anderes Know-how erfordern oder neue Technologien erweiterte Kompetenzen, dann gilt es proaktiv darauf zu reagieren.

5.2   Schritt 2: Analyse der Altersstruktur

Um weitere Anforderungen zu ermitteln, werden nun die Konsequenzen aus der künftigen Entwicklung der Altersstruktur – für die nächsten fünf bis sieben Jahre – untersucht. Es empfiehlt sich, hier mit der Szenariotechnik zu arbeiten und alternative Annahmen zu treffen zu den Themen Fluktuation, Altersaustritte, Krankenstand, Kosten etc. – und zwar dahin gehend, ob sie sich

*   unverändert wie bisher,
*   besser – best case – oder
*   schlechter – worst case – entwickeln.

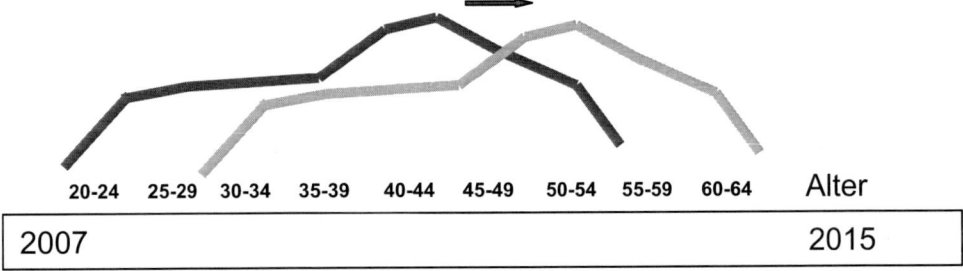

Bild 5.4 Altersstruktur 2007 bis 2015

Bild 5.4 zeigt die Verschiebung des Durchschnittsalters von 44 auf 52 Jahre. Was bedeutet das für das Unternehmen? Nehmen wir den „worst case" an. Welche Auswirkungen hat die Entwicklung der Altersstruktur dann auf:

1. die Kosten? Wird acht Jahre lang kontinuierlich entsprechend dem bisher praktizierten Senioritätsprinzip das Gehalt gepflegt, steigt die Entgeltlinie. Die Personalkosten könnten also in den nächsten sieben Jahren bei gleichbleibender Kostenstruktur und unveränderten Entgeltsystemen ansteigen. Und wie werden sich die Kosten in Bezug auf Krankheiten entwickeln, wenn das Alter durchschnittlich ansteigt? Sie müssen nicht automatisch mit dem Alter steigen. Jedoch bei einseitigen physischen Erkrankungen an Herz, Kreislauf oder Skelett sowie bei psychischen Problemen, wie

Burn-out, besteht eine große Gefahr, dass sie hochtreiben. Das heißt, einseitige Arbeiten und Belastungen führen zu einseitigen Abnutzungen und damit bei einer Altersverschiebung auch zu entsprechend erhöhten Personalkosten. Im Mittelpunkt stehen deshalb die Fragen:

- Wie entwickeln sich die Kosten für das (älter werdende) Personal?
- Wie entwickelt sich die Krankheitsquote? Steigt sie und verursacht damit höhere Kosten?

Fazit: Die Personalkosten werden steigen, sollten die bislang geltenden Entgeltsysteme unverändert bleiben.

2. die Leistungsfähigkeit des Personals? Eine sich nach oben verschiebende Altersstruktur würde – vorausgesetzt ihre Akzeptanz für ältere Mitarbeiter ist nicht gegeben beziehungsweise sie sind unzufrieden, weil sie länger arbeiten müssen – zur Folge haben, dass die Motivation sinkt, und damit die Gefahr der Leistungseinbuße bergen. Wie steht es also mit der Akzeptanz älterer Mitarbeiter im Betrieb? Und wie zufrieden sind sie mit dem Unternehmen, ihrer Aufgabe und ihren Vorgesetzten? Wie wird die Aussicht, bis 65 arbeiten zu müssen/zu dürfen, von den Mitarbeitern bewertet? Wird sie als unzumutbare Belastung empfunden? Und welche Annahmen gibt es beispielsweise bezüglich der Einsatzflexibilität? Die Leistungsfähigkeit nimmt außerdem ab, wenn Neues nicht oder nur wenig gelernt wird. Hier stehen also folgende Fragen an:

- Was bedeutet es für das Unternehmen, wenn einzelne Mitarbeiter oder ganze Mitarbeitergruppen aufgrund einseitiger körperlicher Belastung oder psychischer Überbeanspruchung krank beziehungsweise ausgebrannt sind?
- Verschlechtert sich die Einsatzbreite?
- Steigt der Bedarf an leistungsgewandelten Arbeitsplätzen und sinkt damit die Leistungsfähigkeit?
  Hinweis: Leistungsgewandelte Arbeitsplätze sind Arbeitsplätze, die bevorzugt mit Mitarbeitern besetzt werden, die aus physischen oder psychischen Gründen neue, weniger anspruchsvolle oder geringer einseitig belastende Aufgaben wahrnehmen müssen. Beispiel: Ein Mitarbeiter aus der Produktion wird im Werkschutz oder in der Verpackung eingesetzt.
- Wie entwickeln sich Motivation und Einsatzbereitschaft? Sind hier negative Auswirkungen aufgrund des späteren Renteneintritts zu erwarten?
- Sind die Mitarbeiter mit zunehmendem Alter und längerer Berufsdauer von Burn-out-Symptomen betroffen?
- Was bedeutet die weitverbreitete Spezialisierung für die gewünschte Einsatzbreite und die notwendige Bereitschaft, Neues zu wagen und zu lernen?

Fazit: Bedingt durch starke einseitige körperliche Beanspruchungen wird es in Teilbereichen der Produktion zu einem Anstieg von leistungsgewandelten Arbeitsplätzen kommen.

3. die Innovationsfähigkeit? Wenn es im Unternehmen zu wenige Junge gibt und die Alten immer nur am Gewohnten festhalten und nichts infrage stellen, wird es keine beziehungsweise zu wenig Innovation geben. Deshalb müssen Antworten gefunden werden auf die Fragen: Was passiert mit vorhandenem neuem Wissen, das notwendig ist, um das Unternehmen voranzubringen? Wie lässt sich das Erfahrungswissen der „Alten" im Unternehmen halten, und wie kommen Jüngere an das „Herrschaftswissen" heran? Innovation schwindet aber auch dann, wenn die Menschen keine Möglichkeit haben, Abstand zum Tagesgeschehen zu gewinnen und Neues zu lernen. Deshalb muss geklärt werden:

- Sinkt die Innovationsfähigkeit aufgrund einer älter werdenden Belegschaft?
- Was bedeutet der Mangel an jungen Mitarbeitern für die Innovationsfähigkeit?
- Welche Auswirkungen hat die Tatsache, dass Fort- und Weiterbildung mit fortschreitendem Alter abnehmen?

Fazit: Ein aktives Personalmarketing ist dringend erforderlich – auch in „schlechten Zeiten", um kontinuierlich Junge und Hochqualifizierte einzustellen.

5.3 Schritt 3: Detaillierte Bestandsaufnahme in den Handlungsfeldern

Über die in Bild 5.5 dargestellten Check-ups der relevanten Handlungsfelder lassen sich konkrete Ziele und Maßnahmen ableiten.

Handlungsfelder

Bild 5.5 Check-up der Handlungsfelder

5.3.1 Check-up 1: Prüfen der nachhaltigen Beschäftigungsfähigkeit von Mitarbeitern in den Kernfunktionen

Es bieten sich drei Möglichkeiten an:

- Einschätzung der nachhaltigen Beschäftigungsfähigkeit durch das interne Management mithilfe von *Management-Audit-Runden* anhand von Portfolios,
- *individuelle Gespräche zur Beschäftigungsfähigkeit* durch geschulte Vorgesetzte oder erfahrene Führungskräfte des Personalwesens,
- individuelle Einschätzung durch externe Profis mithilfe von *Management-Beschäftigungsaudits* anhand von Lebenszykluskompetenzen (zum Beispiel 4p-Group-Ansatz).

Hinweis: Die drei Methoden lassen sich auch kombinieren – das ist sogar ausdrücklich zu empfehlen.

Bei den *Management-Audit-Runden* besprechen gemäß einem 3-Ebenen-Modell beispielsweise die Bereichsleiter (Ebene 1) mit ihren Hauptabteilungsleitern (Ebene 2) die Zukunftsfähigkeit sämtlicher Mitarbeiter (Ebene 3) in den (vorher) definierten Kernfunktionen/essenziellen Schlüsselbereichen vor dem Hintergrund der Anforderungen aus dem Businessplan und der Altersstruktur – und zwar anhand von Risiko- und Chancenportfolios (Bild 5.6).

Kern- und Schlüsselfunktionen sind solche Aufgabenbereiche, ohne die es das Unternehmen heute und in Zukunft nicht gibt/gäbe (Bild 5.7). Sie sind von herausragen der unternehmerischer Bedeutung und bilden die Identität des Unternehmens ab. Das

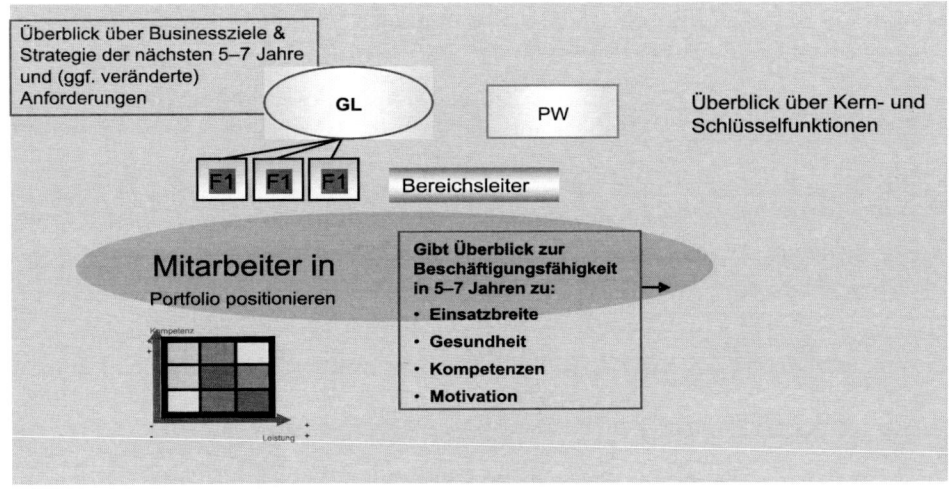

Legende: PW = Personalwesen, GL = Geschäftsleitung

Bild 5.6 Management-Audit-Runde

sind nach dem bekannten Ökonomen Vilfredo Pareto jene 20 Prozent der Funktionen, die 80 Prozent des Kernerfolgs eines Unternehmens ausmachen. Für sie sind Bestbesetzungen zu finden und zwingend Nachfolger beziehungsweise Ersatzleute für Notsituationen abzusichern. Sie haben stets Vorrang in allen hier empfohlenen Untersuchungen.

In der Management-Audit-Runde gibt es Aussagen zu Businesszielen, (veränderten) Kompetenzanforderungen sowie zum Bedarf (Ersatz, Nachfolge, Erweiterungsbedar-

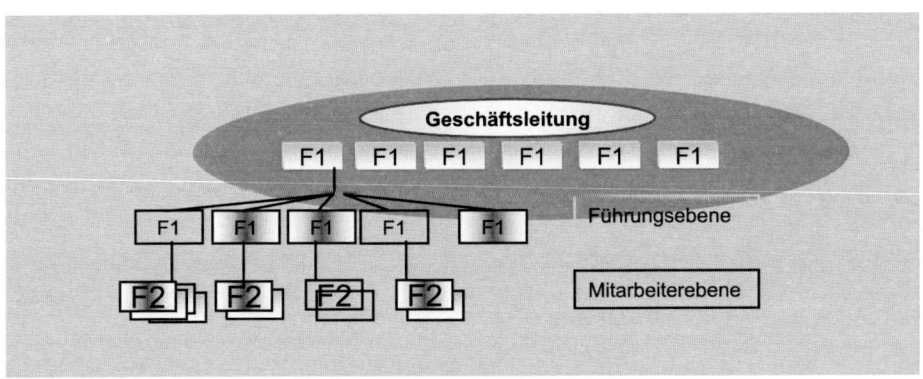

= Kern- und Schlüsselfunktionen: Beschreibung i. d. Anlage

Bild 5.7 Kern- und Schlüsselfunktionen

fe) und zu Nachwuchsmitarbeitern. Vorrang haben die Funktionen mit dem Status: Kern- und Schlüsselprozess. Die Inhaber – insbesondere die 45-plus-Mitarbeiter – dieser Kernfunktionen werden auf ihre Beschäftigungsfähigkeit hin geprüft und eingeschätzt und zwar im Hinblick auf Motivation, Kompetenzen und Leistungsergebnissen – heute, in fünf und in sieben Jahren. Dazu hält der Vorgesetzte ein Mitarbeiterplädoyer (ca. sieben Minuten). Das in Bild 5.8 dargestellte Portfolio hilft dabei.

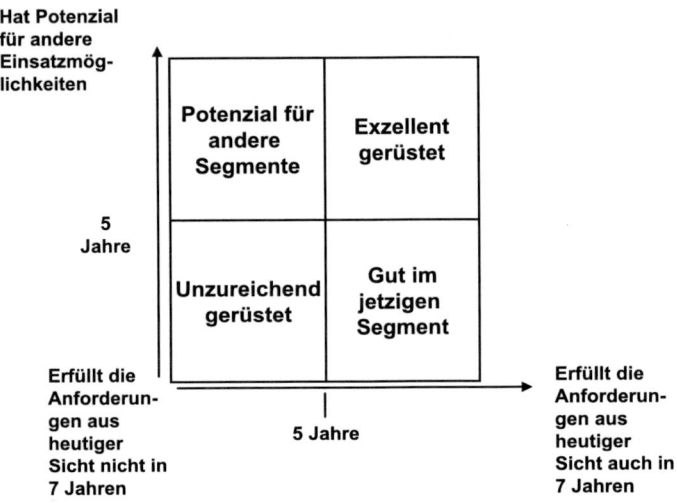

Bild 5.8 Zukunftsportfolio: Potenzial & Einsatzmöglichkeiten

Bild 5.8 zeigt, wie die Mitarbeiter innerhalb des Portfolios zugeordnet werden können. Auf der x-Achse links die Negativvariante: „Erfüllt die Anforderungen aus heutiger Sicht nicht in 7 Jahren" und rechts die positive Version: „Erfüllt die Anforderungen aus heutiger Sicht auch in 7 Jahren". In der Mitte erfüllt der Mitarbeiter die Anforderungen ab fünf Jahren. Auf der y-Achse geht es um das Potenzial für weitere Einsatzmöglichkeiten. Damit ergeben sich vier Felder für das Portfolio. „Unzureichend gerüstet" sind jene Mitarbeiter, die weder die Anforderungen der Zukunft aus heutiger Sicht erfüllen noch sich für andere Einsatzbereiche eignen. Das bedeutet, dass man für die dort zugeordneten Personen Überlegungen anstellen muss, sie aus dem Unternehmen herauszuentwickeln, weil sie in keine neuen Einsatzmöglichkeiten hineinentwickelt werden können. Oder aber man entwickelt sie in das Feld „Gut im jetzigen Segment", die aus heutiger Sicht auch die Anforderungen in fünf oder sieben Jahren erfüllen, aber wenig oder keine anderen Einsatzmöglichkeiten haben. Im linken oberen Feld „Potenzial für andere Segmente" befinden sich jene Mitarbeiter, die kein weitergehendes Potenzial haben, um die Anforderungen aus heutiger Sicht in sieben Jahren zu erfüllen. Sie haben aber die Möglichkeit, andere Dinge zu tun. Und im Feld oben rechts handelt es sich um solche Personen, die über weitere Einsatzmöglichkeiten verfügen und die Anforderungen aus heutiger Sicht in den jetzigen Aufgaben in fünf oder sieben Jahren auch erfüllen.

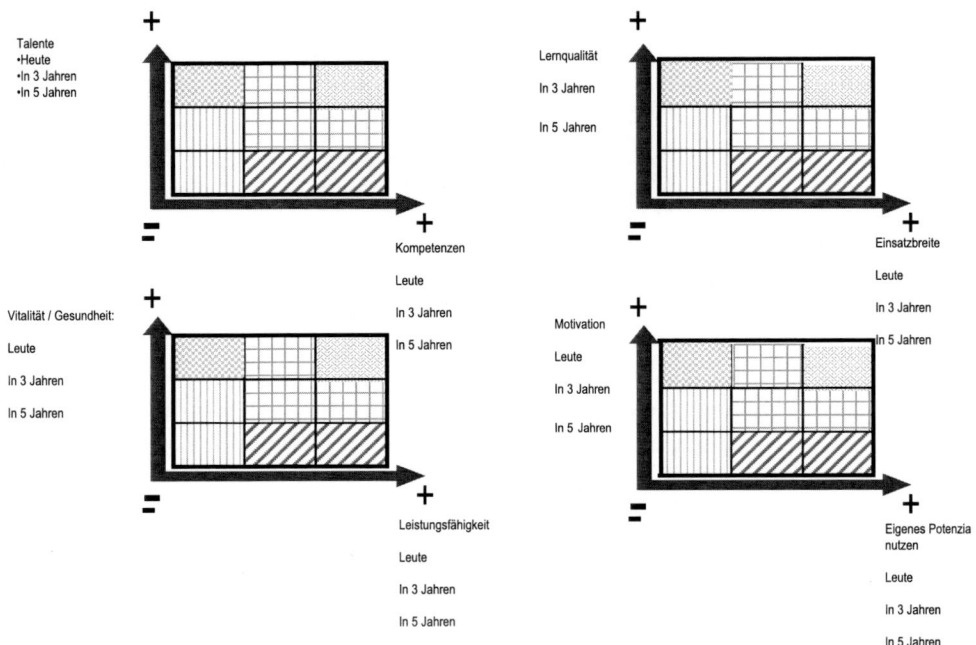

Bild 5.9 Weitere Zukunftsportfolios

Bild 5.9 zeigt weitere Portfolios, denen die Mitarbeiter zugeordnet werden können. Links oben besteht die Möglichkeit, die Kompetenzen und die Talente einzuschätzen für die nächsten drei oder fünf Jahre. Jedes Portfolio hat neun Felder. Die Zuordnung: Aus welcher Perspektive sind die Kompetenzen up to date – heute, in drei oder fünf Jahren? Welche weiteren Talente hat der Mitarbeiter – wie werden sie eingeschätzt in drei oder fünf Jahren? Im zweiten Portfolio geht es um die Lernqualität und Einsatzbreite – also eine Einsatzbreite heute, in drei und in fünf Jahren. Rechts unten zeigt eine sehr positive Situation an. Die y-Achse bezieht sich auf die Lernqualität, die heute sehr hoch eingeschätzt wird oder auch in fünf Jahren (oben links).

Ein weiteres Portfolio schätzt die Leistungsfähigkeit und Gesundheit ein (Bild 5.10). Es ist besonders interessant für körperlich hart arbeitende Mitarbeiter in produktiven Bereichen, weil schnell erkennbar wird, in welchem Umfang Mitarbeitergruppen in Kernkompetenzbereichen lang- oder mittelfristig möglicherweise nicht mehr gesund sein werden.

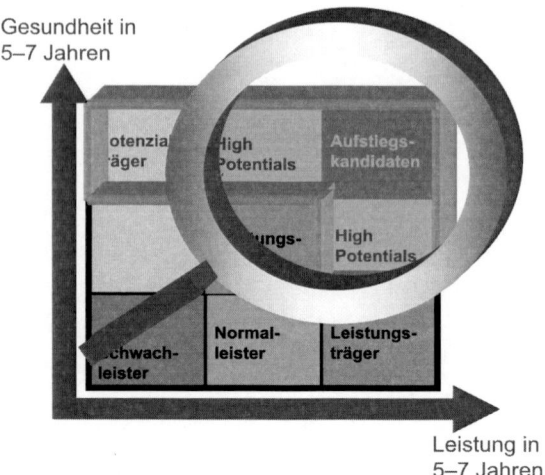

Bild 5.10 Zukunftsportfolio Leistung & Gesundheit

Das letzte Portfolio beschreibt die Nutzung des eigenen Potenzials und die Selbst-motivation. Es geht also um den eigenen Antrieb. Hier ist besonders interessant, in Kombination festzustellen, welchen „Biss" der Mitarbeiter hat, um sein Potenzial zu nutzen, und wie motiviert er sich im Betrieb bewegt.

Die Positionierung der Mitarbeiter in den jeweiligen Portfolios erfolgt in der Regel vom Topmanagement zusammen mit dem Personalbereich. Wie erwähnt werden die Zukunftsportfolios nicht für alle Mitarbeiter erstellt, sondern nur für essenz-ielle Kompetenzträger in relevanten Organisationseinheiten des Unternehmens. In intensiven Gesprächsrunden mit dem Management werden sie durchgesprochen und bewertet – vor dem Hintergrund künftiger Anforderungen. Ebenso lässt sich die Zukunftsperformance relevanter Kompetenzbereiche als Ganzes beurteilen. Zum Abschluss der *Management-Audit-Runde* werden konkrete Maßnahmen vereinbart, die alle der Zukunftssicherung des Unternehmens dienen sollen; entweder als Präventionsmaßnahme oder um „Problemfälle" mithilfe von internen oder externen Einsatzmöglichkeiten zu lösen.

Das individuelle Gespräch zur Beschäftigungsfähigkeit durch erfahrene, geschulte Vorgesetzte und/oder Personalprofis ergänzt die Portfolios. Es gibt Feedback über die Einschätzungen des Managements zur Zukunftsfähigkeit eines Mitarbeiters und holt die Selbsteinschätzung des Betroffenen ein. Entscheidend ist, dass es in diesem Gespräch zu einer hohen Übereinstimmung kommt und dass rechtzeitig Präventiv-maßnahmen eingeleitet werden.

In *Management-Beschäftigungsaudits* lässt sich von externen Profis mit Berufs- und Lebenserfahrung, die in der Lage sind, Zukunftsaudits zu erarbeiten, ein individuelles Kompetenzprofil als Risiko- beziehungsweise Chancenportfolio erstellen. Sie klären mit den betroffenen Schlüsselpersonen und Kompetenzträgern in individuellen Gesprächen, wie sie selbst und andere ihre langfristige Kompetenzerhaltung einschätzen. In einem differenzierten Prozess im Rahmen eines Kompaktaudits (bestehend aus Interviews, soziodynamischen Einschätzungsfragen und Tests) werden die Kompetenzdichte und der dynamische Kompetenzreifefaktor des Betroffenen im Hinblick auf künftige Anforderungen ermittelt. Ziel dieses Lebenszyklus-Kompetenzaudits ist es, die notwendigen Präventionsmaßnahmen für die Zukunftssicherung dieser bedeutenden Personen zu definieren sowie Burn-outs oder drohende Kompetenzverluste bereits im Vorfeld zu erkennen. Denn der interne Marktwert der Kompetenzträger muss auf höchstem Niveau erhalten bleiben. Gleichzeitig werden Risiko vermeidende Maßnahmen besprochen.

Fazit: Bei der Erhebung der individuellen Beschäftigungsfähigkeit von Mitarbeitern geht es im Wesentlichen darum, dem Unternehmen einen Gesamtüberblick darüber zu verschaffen, ob die wichtigsten Mitarbeiter und Teams in den wichtigsten Funktionen und Prozessen den Anforderungen der nächsten fünf bis sieben Jahre genügen und ob sie nachhaltig und langfristig für das Unternehmen abgesichert sind. Präventive Maßnahmen sind beizeiten einzuleiten und die besonders wichtigen Mitarbeiter an das Unternehmen zu binden. Kündigungen, Burn-outs oder innere Kündigungen etc. sind zu vermeiden. Eine nachhaltige Personalentwicklung im Sinne des Unternehmens kann es nicht für alle Mitarbeiter geben. Das wäre zu umfangreich und zu teuer. Unabdingbar ist es jedoch, die wichtigsten Kernfunktionen des Unternehmens im beschriebenen Sinne abzusichern. Ein Abschlussbericht listet sämtliche Schlüsselfunktionen mit Funktionsinhabern auf und zeigt deren Zukunftsfähigkeit aus heutiger Sicht. Dieser ist spätestens alle drei Jahre zu aktualisieren! Außerdem müssen die erforderlichen Ziele und Maßnahmen für die nächsten drei Jahre formuliert werden sowie die Kosten dafür.

5.3.2 Check-up 2: Prüfen des Handlungsfelds Führung & Kultur

Bild 5.11 zeigt, dass die einzelnen Handlungsfelder, im Beispiel Führung & Kultur, über eine sogenannte DELTA-Analyse mit verschiedenen Fragen belegt sind und bewertet werden müssen nach den Kriterien „trifft zu", „trifft ein wenig zu" oder „trifft voll zu" – je nachdem gibt es Prozentpunkte von null bis 100. Auf diese Weise wird jedes relevante Handlungsfeld untersucht.

Zum Thema Führung & Kultur gilt es beispielsweise zu prüfen, inwieweit die Unternehmenskultur von den schriftlich formulierten Leitsätzen, offiziellen Reden oder Ansprachen abweicht. Es geht um die Frage: Welche kulturbeherrschenden Elemente

Handlungsfeld	Thema	Trifft zu:			
		0–24 %	25–49 %	50–74 %	75–100 %
1. Kultur und Führung	In unserem Unternehmen wird langfristig und nachhaltig gedacht und geplant.				
	Wir haben keine „Hire & fire"-Politik.				
	Grundsätzlich arbeiten die Mitarbeiter in unserem Unternehmen bis 65.				
	Ältere Mitarbeiter ab 50 genießen grundsätzlich im Unternehmen einen hohen Stellenwert.				
	Topmanagement und Führungskräfte haben die Einstellung, dass Erfahrene (50 plus) weiterhin über eine hohe Leistungsfähigkeit und Motivation verfügen, und ermöglichen ihnen weitere Entwicklungsperspektiven.				
	Junge Führungskräfte sind in der La... führen.				

Bild 5.11 DELTA-Analyse zu Führung & Kultur

unterstützen oder behindern die Potenzialnutzung älterer Mitarbeiter, deren Beschäftigungsfähigkeit und deren Willen zur Beschäftigung?

Im Anhang des Buches finden Sie den vollständigen Analysebogen zur DELTA-Analyse Führung & Kultur sowie ein Audit zur Risikoanalyse.

Die Analysen sollten möglichst externe Spezialisten durchführen. Sie befragen nach dem Zufallsprinzip Mitarbeiter und Führungskräfte aus den Kernkompetenz- oder Schlüsselfunktionen eines Bereichs, um sich ein Bild der Istsituation zu machen. Zu allen relevanten Handlungsfeldern müssen dafür umfangreiche Fragenkataloge erstellt werden, um Näheres über Führung & Kultur, Gesundheitsmanagement & Einsatzmöglichkeiten sowie über Personalinstrumente & -systeme zu erfahren und so die Beschäftigungsfähigkeit der Belegschaft auf Dauer sichern zu können.

Ergänzend zu den DELTA-Analysen empfiehlt es sich, entsprechende Punkte auch bei regelmäßig stattfindenden Mitarbeiterbefragungen aufzunehmen. Auf jeden Fall sollte dringend ein eigenes Gespräch zur Beschäftigungsfähigkeit mit jedem Mitarbeiter geführt werden, in dem man sich ebenfalls mit den relevanten Themen auseinandersetzt. Im Rahmen einer solchen Erhebung bieten sich folgende Fragestellungen an:

- Glauben Sie, dass Mitarbeiter ab 50 einen hohen Stellenwert im Unternehmen haben?
- Haben unsere Topmanager und Führungskräfte die Einstellung, dass Erfahrene über 50 über eine hohe Leistungsfähigkeit und Motivation verfügen?
- Glauben Sie, dass Mitarbeiter über 50 die gleiche Leistungsfähigkeit haben wie ihre jüngeren Kollegen?
- Sprechen Führungskräfte mit ihren Mitarbeitern über ihre Beschäftigungsfähigkeit und vereinbaren sie mit ihnen Ziele, um diese zu verbessern?
- Werden älteren Mitarbeitern interessante Perspektiven eröffnet?
- Haben Mitarbeiter über 50 noch die Chance, befördert zu werden?

- Haben Ihrer Meinung nach die Mitarbeiter über 50 bei der innerbetrieblichen Besetzung offener Stellen echte Chancen?
- Würden Sie im Unternehmen gerne bis zur gesetzlichen Altersgrenze arbeiten?
- Werden Ihrer Meinung nach Mitarbeiter, die das Unternehmen als Pensionäre verlassen, ehrlich und wertschätzend verabschiedet?

Ein weiteres Analyseinstrument ist das Aufwärts-Feedback. Darin beurteilen Mitarbeiter in offenen Rückmeldungen anonym ihre Vorgesetzten anhand von Standardkriterien. Einige Fragebeispiele:

- Hat Ihr Vorgesetzter die Einstellung, dass die erfahrenen Mitarbeiter über 50 in Ihrer Abteilung über eine hohe Leistungsfähigkeit und Motivation verfügen?
- Eröffnen die Vorgesetzten den 50-plus-Mitarbeitern weitere Entwicklungsperspektiven?
- Achtet Ihr Vorgesetzter darauf, dass seine Mitarbeiter sich um ihre Gesundheit kümmern und sich motivational nicht selbst ausbeuten?
- Ermuntert Ihr Vorgesetzter seine Mitarbeiter, dass sie Eigenverantwortung übernehmen für ihre nachhaltige Beschäftigungsfähigkeit?
- Inwieweit werden erfahrene oder ältere Mitarbeiter entsprechend ihren Fähigkeiten im Team eingesetzt?
- Harmoniert das Team als Ganzes mit Jüngeren und Älteren?
- Fordert Ihr Vorgesetzter von den 50-plus-Mitarbeitern noch echte Leistung?
- Gibt er ihnen die Chance, sich über Fortbildungen weiterzuqualifizieren?
- Inwieweit ermöglicht der Vorgesetzte seinen Mitarbeitern über 50, sich in ihrer Einsatzbreite zu verbessern und neue Erfahrungen zu sammeln?
- Ist Ihr Vorgesetzter ein Vorbild?

Auch vorhandene Mitarbeiter- und insbesondere Führungskräftebeurteilungen eignen sich, um *auf Dauer* im Betrieb eingesetzt zu werden. Vor allem wenn darin folgende Fragen beantwortet wurden: Werden die Führungskräfte danach beurteilt, ob sie die Leistungsfähigkeit ihrer Mitarbeiter nachhaltig sichern? Geben Vorgesetzte ihren Mitarbeitern im Jahresgespräch Feedback, inwieweit sie bereit sind, selbst Verantwortung für ihre nachhaltige Beschäftigungsfähigkeit zu übernehmen? Ermuntern Vorgesetzte die Mitarbeiter ab 50, Neues zu wagen und zu lernen? Geben sie dabei Unterstützung?

5.3.3   Check-up 3: Prüfen des Handlungsfelds Organisation, Gesundheits- und Einsatzmöglichkeiten

Die Beurteilung von Organisation und Einsatzmöglichkeiten älterer Mitarbeiter ist ein weiteres Werkzeug, das im Gesamtrahmen der DELTA-Analyse eingesetzt werden kann – oder eben nur für den Teilbereich Gesundheitsmanagement, Organisation und Einsatzmöglichkeiten (Bild 5.12). Es geht darum zu klären, ob eine Organisation ermöglicht, dass Mitarbeiter mit 50 plus entsprechend ihren Kompetenzen und ihren Erfahrungen optimal eingesetzt werden. Dazu passen folgende Fragen: Sind die Arbeitsplätze nach ergonomischen und gesundheitlichen Gesichtspunkten gestaltet? Sind sie so klassifiziert, dass Wissen, Erfahrung, Einsatzflexibilität, aber auch körperliche Belastbarkeit und Zuverlässigkeit der Älteren und Jüngeren effizient genutzt werden können?

Handlungsfeld	Thema	Trifft zu:			
		0– 24 %	25– 49 %	50– 74 %	75– 100 %
1. Organisation, Arbeitsplätze, Einsatz	Die Organisation ist so angelegt, dass Mitarbeiter über 50 entsprechend ihren Kompetenzen optimal eingesetzt werden.				
	Die Arbeitsplätze sind nach ergonomischen und gesundheitlichen Gesichtspunkten angelegt.				
	Die Arbeitsplätze sind klassifiziert, um das Wi…				

Bild 5.12 DELTA-Analyse zu Organisation & Einsatzmöglichkeiten

Gleichzeitig ist das betriebliche Gesundheitsmanagement mit Vorsorgeuntersuchungen hinsichtlich seiner Effektivität einzuschätzen, ebenso inwieweit die Mitarbeiter die Möglichkeit haben, diese zu nutzen. Wird ein Fitness- und Wellnessprogramm angeboten und angenommen? Gibt es ein präventives Leistungsdiagnostikprogramm für Mitarbeiter? Werden gefährdende Arbeitsplätze identifiziert und als Gefährdungspotenzial kontinuierlich abgebaut beziehungsweise werden die Rahmenbedingungen stetig verbessert, sodass keine krank machenden Faktoren überhandnehmen?

Im Anhang finden Sie den ausführlichen Analysebogen zur DELTA-Analyse Organisation und Einsatzmöglichkeiten.

5.3.4   Check-up 4: Prüfen des Handlungsfelds Talentmanagement & Personalinstrumente

In der dritten DELTA-Analyse geht es um Instrumente und Themen des Personalwesens (Bild 5.13). Geprüft wird, ob und in welcher Qualität Systeme, Prozesse und Instrumente vorhanden sind, um die Kompetenzen von älteren Mitarbeitern nachhaltig zu sichern und weiterzuentwickeln. Mit den DELTA-Analysen werden folgende Personalinstrumente und -systeme untersucht:

- Grundsätze zur Personalpolitik,
- Beurteilung und Mitarbeitergespräche,
- Personalentwicklung (PE),
- Entgelt,
- Arbeitszeit.

		0–24 %	25–49 %	50–74 %	75–100 %
1. Grundsätze	Es liegt eine **schriftlich formulierte Personalpolitik** vor, die konkrete Maßnahmen zum Erhalt der Beschäftigungsfähigkeit älterer Mitarbeiter sichert.				
	Die HR-Politik zielt darauf ab, die **Risikogruppe der 45-plus-Generation** gezielt auf eine langfristige Beschäftigungsfähigkeit vorzubereiten (Ausstieg mit 65).				
	Die **Austrittsmodelle** sind so angelegt, dass Mitarbeiter grundsätzlich **bis 65** arbeiten sollen, können und wollen.				
	Es finden **Einschätzungen zur nachhaltigen Beschäftigungsfähigkeit** von Mitarbeitern/Führungskräften statt – zumindest in den essenziellen Kernkompetenzbereichen und Schlüsselfunktionen.				
	Es gibt ein **systematisches Personalmarketingkon**~~~ Suche, Auswahl und zum Einsatz von Mitarb~~~				
	In Großunt~~~~~~~~~~~~ erfolgt eine ~~~~~				

Bild 5.13 DELTA-Analyse HR-Systeme

Im Anhang finden Sie den ausführlichen Analysebogen zur DELTA-Analyse HR-Systeme.

Grundsätze zur Personalpolitik

Die Anforderung an die Instrumente des Personalwesens lautet: lebenslange, intensive Betreuung der Mitarbeiter und Erhalt ihrer Leistungsfähigkeit. Zuständig dafür sind die verantwortlichen Führungskräfte zusammen mit den Verantwortlichen des Personalwesens. Es ist notwendig, die Mitarbeiter systematisch bei sinnvollen Rotationen zu unterstützen und die optimale Besetzung von Kernfunktionen beziehungsweise Kernkompetenzen zu gewährleisten. Ältere Mitarbeiter sollten systematisch weiterentwickelt werden. Internes und externes Personalmarketing und systematische Nachfolgeplanung gehören zum Standardrepertoire. Im Einzelnen wird untersucht, ob es jährlich wertschätzende Mitarbeitergespräche gibt und ob detaillierte Perspektiveinschätzungen zur nachhaltigen Beschäftigungsfähigkeit vorgenommen werden.

Weitere zu prüfende Punkte sind: Werden Talente und Kompetenzen differenziert betrachtet, gewürdigt und gezielt weiterentwickelt? Wird das Jahresgespräch genutzt, um ein detailliertes Feedback des Mitarbeiters darüber zu erhalten, wie er die Chancen und Perspektiven für Mitarbeiter über 45 sieht? Gibt es ein Gesundheitsmanagement und eine Kultur, die es ermöglichen, bis 65 zu arbeiten? Bekommen Ältere berufliche Chancen für die Zukunft? Wie schätzt der einzelne Mitarbeiter jährlich den Faktor „great place to work" ein? Das sind die betrieblichen Rahmenbedingungen, wie die Leistung des Managements, die Zufriedenheit mit den eigenen Arbeitsinhalten, die Leistung des Vorgesetzten, die Arbeitsbedingungen.

Weitere Fragen sind: Erhalten Topmanagement und Geschäftsführung einen jährlichen Gesamtüberblick über die Beschäftigungsfähigkeit ihrer Mitarbeiter – insbesondere in den Kernkompetenzbereichen? Werden dem Management in einer qualitativen Planungsrunde die Gesamtergebnisse aus dem Jahresgespräch und den Gesprächen zur Beschäftigungsfähigkeit präsentiert und werden daraus Folgerungen und Maßnahmen abgeleitet? Werden die Inhaber von Schlüsselfunktionen einem individuellen Audit unterzogen? Stehen attraktive neue Rollen für Mitarbeiter ab 50 zur Verfügung, zum Beispiel als Pate, Mentor, Coach oder Projektleiter? Gibt es überhaupt ein systematisches Personalbetreuungskonzept zur nachhaltigen Unterstützung und Begleitung durch das Personalwesen?

Zur Auswertung des Audits wird beurteilt, inwieweit die Aussagen zutreffen oder nicht. Für eine 100%ige Zustimmung gibt es einen Punkt und für 50 Prozent Zustimmung 0,5 Punkte, sodass am Ende als Ergebnis steht, ob das Unternehmen bezüglich seiner Personalpolitik vorbildlich vorbereitet ist, ob es dabei ist, sich gut vorzubereiten, ob es noch viel zu tun oder es erheblichen Handlungsbedarf gibt.

Nachhaltige Personalentwicklung verfolgt drei Grundsätze: 1. Die Mitarbeiter übernehmen Eigenverantwortung zum Erhalt ihrer Motivation und beruflichen Kompetenzen. 2. Es gibt eine systematische Jobrotation, das bedeutet maximal fünf Jahre in derselben Funktion – vorausgesetzt, dass es sinnvoll ist. 3. Die Personalentwicklung erfolgt grundsätzlich bis 63 (Bild 5.14).

Weiteres Kernmerkmal einer zukunftsorientierten Personalentwicklung ist, die Qualifizierung in der beruflichen Lebensmitte mit 45 plus in die Breite gehen zu lassen, um zu frühe und einseitige Spezialisierung zu vermeiden. In jeder beruflichen Lebensphase haben Mitarbeiter die Möglichkeit, sich auf den nächsten Abschnitt vorzubereiten – vom Eintritt ins Arbeitsleben, über die weitere berufliche Entwicklung in die Breite und Höhe (Karriere) bis zur dritten und letzten Runde. In jedem Fall gilt es, die großen Abschnittsphasen zu nutzen:

Anforderung:	Trifft zu:			
• **Grundsatz 1: Die Mitarbeiter übernehmen Eigenverantwortung zum Erhalt ihrer Motivation und ihrer beruflichen Kompetenzen.** • **Grundsatz 2: systematische Jobrotation, d. h. maximal fünf Jahre in derselben Funktion/Aufgabe.** • **Grundsatz 3: Personalentwicklung erfolgt grundsätzlich bis 63.** • **In der beruflichen Lebensmitte (45 plus) geht die Qualifizierung grundsätzlich in die Breite, um zu frühe und zu einseitige Spezialisierungen zu vermeiden.** • **In jeder (beruflichen) Abschnittslebensphase haben die Mitarbeiter die Möglichkeit, sich auf die nächste Abschnittsphase vorzubereiten: fit für die 1. berufliche Runde bis 45, fit für die 2. berufliche Runde bis 55, fit für die 3. berufliche Runde bis 65.** • **Vorgesetzte sind die ersten Ansprechpartner zur Ermittlung ihrer Bildungsbedarfe vor Ort.** • **Die wahrgenommenen Bildungsangebote entsprechen den Zielen und der Strategie des Unternehmens.** • **Bildung kann in der Arbeitszeit, aber auch in der Freizeit/samstags stattfinden.** • **Qualifizierungsangebote erfolgen auch in Eigeninitiative, gegebenenfalls mit Übernahme der Kosten, wenn es nicht direkt um die Interessen des Unternehmens geht.** • **Für die Lebensabschnitte 45 plus, 55 plus und 63 plus gibt es spezielle Perspektiv- und Zukunftsgespräche.**				
	0–24 %	25–49 %	50–74 %	75–100 %
Es liegt ein schriftlich formuliertes Personalentwicklungskonzept vor: vom beruflichen Einstieg bis zum erfolgreichen beruflichen Ausstieg.				X
Die Ziele der Personalentwicklung unterstützen die Ziele und Strategien des Unternehmens *und* orientieren sich an den Talenten der Mitarbeiter.				
Die Mitarbeiter werden befähigt und gefordert, Eigenverantwortung für ihre erfolgreiche Beschäftigungsfähigkeit bis zum beruflichen Ausstieg mit 65 plus zu übernehmen.				
Die Mitarbeiter werden angehalten, bereit zu sein für sinnvolle Jobrotationen (nach einer Verweildauer von drei bis fünf Jahren). Hinweis: Rotationen innerhalb des jeweiligen Entwicklungspfades oder unterstützte Wechsel in benachbarte Entwicklungspfade.				
Im Rahmen der beruflichen Übergangsphasen/Lebensphasen finden eigene Perspektivgespräche mit dem Ziel statt, die Zukunftsfähigkeit einzuschätzen und die weiteren Entwicklungsschritte und Maßnahmen zur Entfaltung der Talente zu besprechen und zu vereinbaren.				
Es gibt für die Kernkompetenzbereiche des Unternehmens systematische Entwicklungslaufbah...				
In den Kernkompetenzfunktionen/Schlüsselfunktionen...				
In den jährlichen Entwicklungsgesprächen wird... über Ziel und Status der weiteren Entwi... und werden gegebenenfalls M...				
Zur erfolgreich...				

Bild 5.14 DELTA-Analyse Personalentwicklung

- fit für die erste berufliche Runde bis 45,
- fit für die zweite berufliche Runde bis 55,
- fit für die dritte berufliche Runde bis 65.

Die ausgewählten Qualifizierungsmaßnahmen und Bildungsangebote entsprechen dabei den Zielen und Strategien des Unternehmens, das heißt, sie unterstützen sie. Dazu gehört auch die Möglichkeit, dass Bildung außerhalb der Arbeitszeit stattfinden kann, also in der Freizeit und am Samstag. Und dass die Qualifizierungsangebote auch in Eigeninitiative wahrgenommen werden können, zum Beispiel dass der Mitarbeiter die Kosten selbst übernimmt, wenn das Unternehmen keinen Nutzen für sich sieht. In den Lebensabschnitten ab 45, 55 und 65 gibt es zu dieser Thematik spezielle Perspektiv- und Zukunftsgespräche.

Die Personalentwicklung wird nach folgenden Schwerpunkten analysiert: Gibt es überhaupt ein schriftliches Personalentwicklungskonzept? Ist die Personalentwicklung eher nach den Stärken oder Schwächen der Mitarbeiter ausgerichtet? Inwieweit sichert sie die Beschäftigungsfähigkeit bis zum beruflichen Ausstieg mit 65? Stellt sie sicher, dass die Kernkompetenzbereiche des Unternehmens unterstützt werden? Gibt es altersgerechte Lernkonzepte off und on the job? Und vor allem: Kommen in der Produktion oder in produktionsnahen Bereichen praxisbezogene Lernmodelle zur Anwendung, wie zum Beispiel die Lernstatt?

Die gesamte Personalentwicklung richtet sich dabei an den Anforderungen der Kernkompetenzfunktionen aus, überträgt und vergleicht diese mit den Kompetenzangeboten und -möglichkeiten der Mitarbeiter.

Die hier ausgewerteten DELTA-Analysepunkte zeigen wiederum auf, ob das Unternehmen vorbildlich vorbereitet ist oder gegebenenfalls Handlungsbedarf besteht.

Im Anhang finden Sie den ausführlichen Analysebogen zur DELTA-Analyse Personalentwicklung.

Entgeltsysteme

Bei der nächsten DELTA-Analyse geht es um die Anforderungen an ein zukunftsfähiges Entgeltsystem, das die Gehaltsfrage vom Alter des Empfängers abkoppelt (Bild 5.15). Das bedeutet, das Basisgehalt ist dann mehr an den Anforderungen der Aufgabe/Funktion und weniger am Alter festzumachen – so kann das inzwischen nicht mehr zeitgemäße Senioritätsprinzip (jedes Jahr gibt es ein bisschen mehr, unabhängig davon, ob die Ergebnisse das rechtfertigen) vermieden werden. Gleichzeitig muss selbstverständlich der variable Anteil des Gehalts entsprechend den erbrachten Leistungen ansteigen. Demnach sollte der fixe Anteil des Entgelts sinken gegenüber dem variablen. Ältere Mitarbeiter könnten öfter mit Einmalzahlungen und immateriellen Anerkennungen „entlohnt" werden.

Anforderung: • Gehalt abkoppeln von der Person und deren Alter • Basisgehalt strenger an den Anforderungen der Aufgabe festmachen • Anstieg des variablen Anteils an den erbrachten Ergebnissen festmachen und beurteilen • Einmalzahlungen • Immaterielle Anerkennungen überlegen	Trifft zu:			
	0– 24 %	25– 49 %	50– 74 %	75– 100 %
Das „feste" Grundgehalt ist im AT-Bereich im Alter zunehmend abgesenkt. Dafür gibt es einen überproportionalen Anstieg des variablen, erfolgsabhängigen Anteils, an dem auch Ältere gleichberechtigt partizipieren.				
Es lässt sich ungefähr einschätzen, ob und wie sich bei Beibehaltung aller jetzigen Entgeltkomponenten durch die Erhöhung des Durchschnittsalters auch eine Erhöhung der Entgeltstruktur (ohne Produktivitäts-/Leistungs-/Innovationsausgleich) in fünf bis sieben Jahren abzeichnet.				
Sollte sich aufgrund der Verschiebung der Altersstruktur die Entgeltstruktur in fünf bis sieben Jahren kritisch entwickeln, handeln Sie bereits jetzt.				
Es gilt der Grundsatz: Die zunehmende Verschiebung der Altersstruktur (immer mehr ältere Mitarbeiter) darf nicht zu einer höheren Entgeltstruktur und vermehrten Kosten führen, die Wettbewerbsnachteile zur Folge haben können.				
Es gilt der Grundsatz in der Entgeltpolitik: Gehalts durch jährliche Geh				
Es gilt der Grunds nicht der P				

Bild 5.15 DELTA-Analyse zum Entgeltsystem

Die Kernelemente eines zukunftsorientierten Entgeltsystems sind also: Das feste Grundgehalt im Außertarif-Bereich wird mit zunehmendem Alter abgesenkt. Dafür gibt es einen überproportionalen Anstieg des variablen, erfolgsabhängigen Anteils. Das verhindert, dass die Gehälter „automatisch" nach dem Senioritätsprinzip ansteigen.

Gleichzeitig muss festgestellt werden, inwieweit die Entgeltkomponenten allein durch ein gestiegenes Durchschnittsalter zu einer erhöhten Entgeltstruktur führen und nicht ausgeglichen werden durch Produktivitäts-, Leistungs- oder Innovationsanstieg in den nächsten fünf bis sieben Jahren. Dabei muss der Grundsatz aber stets lauten: Leistung lohnt sich auch im Alter – also auch für Mitarbeiter mit 50 plus. Nicht vergessen werden darf dabei, dass das Prinzip der Verantwortung und Fürsorge des Unternehmens auch für Mitarbeiter in den unteren Tarifbereichen greift, die unter erschwerten Arbeitsbedingungen, wie Hitze, Kälte, Nässe, Dämpfe, Wechselschicht usw., arbeiten müssen. Sie gilt es mit Spezialregelungen zu schützen, außerdem sollten sie die Möglichkeit zum vorzeitigen Ruhestand haben.

Die Auswertung der DELTA-Analyse zu diesen Themen ist wieder darauf ausgerichtet zu erfahren, ob das Unternehmen vorbildlich vorbereitet ist oder sich gerade gut darauf vorbereitet, es noch viel zu tun gibt oder erheblicher Handlungsbedarf besteht.

Im Anhang finden Sie den ausführlichen Analysebogen zur DELTA-Analyse Entgeltsystem.

Arbeitszeitsysteme

Ein weiteres Thema im Audit sind die Arbeitszeitsysteme (Bild 5.16). Es sollte der Grundsatz gelten, dass bis 65 gearbeitet werden kann und soll. Aber dass nur jeder so

Anforderung: • Grundsatz 1: Wir arbeiten grundsätzlich bis 65. • Grundsatz 2: Jeder soll so lange arbeiten, wie es sinnvoll ist, also es die Gesundheit zulässt, der Arbeitseinsatz wirtschaftlich sinnvoll ist und in das Konzept der individuellen Lebensplanung passt. • Grundsatz 3: Ein zeitweiser Arbeitsausstieg (Sabbatical) für Gesundheit und Bildung ist möglich.	Trifft zu:			
	0–24 %	25–49 %	50–74 %	75–100 %
Die Arbeitszeitmodelle orientieren sich am Grundsatz, bis 65 zu arbeiten.				X
Es gibt die Möglichkeit, Überstunden, Zusatzschichten, Urlaubstage auf Arbeitszeitkonten anzusparen.				
Guthaben in Ansparzeitkonten können für Bildungsinitiativen, Gesundheitsprogramme und vorzeitigen Ruhestand verwendet werden.				
Es gilt der Grundsatz: Die Arbeitszeitmodelle orientieren sich an den Bedürfnissen des Unternehmens und des Mitarbeiters.				
Es gilt der Grundsatz: Jeder soll so lange arbeiten, wie es für das Unt. (wirtschaftlich, flexibel) und den Mitarbeiter zumutbar ist.				
Für Mita. Hi.				

Bild 5.16 DELTA-Analyse zu Arbeitszeitsystemen

lange arbeiten muss, wie es für ihn zumutbar ist, also die Gesundheit es zulässt, aber auch nur so lange, wie der Arbeitseinsatz wirtschaftlich sinnvoll ist und das Konzept in die individuelle Lebensplanung des Mitarbeiters passt. Eine zweite Anforderung ist, einen zeitweisen Sabbaticalausstieg (Arbeitspause) in der beruflichen Lebensmitte zu ermöglichen, um sich eventuell gesundheitlich und/oder bildungstechnisch neu „aufzurüsten". Es geht dabei also nicht um „verlängerte Ferien", sondern vielmehr darum, die eigene Beschäftigungsfähigkeit zu verbessern und zu sichern. Also lauten die zu stellenden Fragen: Inwieweit lassen die vorhandenen Arbeitszeitsysteme es zu, dass Arbeitszeitkonten angespart werden können durch Überstunden, Zusatzschichten, Urlaubstage etc.? Können diese Zeitguthaben verwendet werden für Bildungsinitiativen, Gesundheitsprogramme oder für einen vorzeitigen Ruhestand?

Auch hier erfolgt die Auswertung nach dem gleichen Prinzip: Das Unternehmen ist gut vorbereitet oder es gibt erheblichen Handlungsbedarf.

Im Anhang finden Sie den ausführlichen Analysebogen zur DELTA-Analyse Arbeitszeitsystem.

5.4   Schritt 4: Ergebnisbericht mit konkreten Empfehlungen zu Zielen und Maßnahmen

Der Ergebnisbericht bewertet die einzelnen, angepassten Handlungsfelder, die aus dem EFQM-Modell als die sogenannten Befähigungsfelder identifiziert wurden. Er nimmt also Stellung dazu, inwieweit die ermittelten Größen in einem Essential-Competence-Diagramm (Übersicht über alle durchgeführten Erhebungen und Betrachtungen) Aussage geben über die Stabilität der betrachteten Handlungsfelder.

Folgende Faktoren wurden untersucht:

1. Unterstützen Führung & Kultur die Beschäftigung bis 65?
2. Schützen und nutzen Gesundheitsmanagement & Einsatzmöglichkeiten die Kompetenz älterer Mitarbeiter?
3. Sind die Personalinstrumente auf die veränderten Herausforderungen zur Beschäftigung älterer Mitarbeiter und Nutzung deren Kompetenzen angepasst?
4. Sind die Mitarbeiter in den Kernfunktionen des Unternehmens gesund und genügen ihre berufliche Kompetenz sowie Einsatzbreite den Anforderungen für die nächsten fünf bis sieben Jahre? Und haben sie eine starke Selbstführung und Selbstmotivation, um nachhaltig beschäftigt zu werden?

Der Ergebnisbericht stellt sämtliche Bewertungen übersichtlich dar und ist unterteilt in:

1. Die Vorgehensweise in der Analyse. Entsprechend dem Vorgehensmodell werden die Ziele und Strategien für die nächsten fünf bis sieben Jahre wiederholt, die man aus dem Businessplan zieht.
2. Die Entwicklung der Altersstruktur in den nächsten fünf bis sieben Jahren und welche Anforderungen sich daraus ergeben hinsichtlich der Kosten, der Leistung und der Innovation.
3. Die Kernkompetenzen und Kompetenzfunktionen des Unternehmens sowie die dazu gehörigen Funktionsträger. Dazu gibt es eine Zusammenfassung aller Analyseinstrumente, die bei der Erhebung eingesetzt wurden, um das Risiko der Beschäftigungsfähigkeit der Mitarbeiter einzuschätzen.

Der Ergebnisbericht enthält also:

- detaillierte Eindrücke zu den einzelnen Handlungsfeldern sowie
- konkrete Aussagen zur Beschäftigungsfähigkeit von Mitarbeitern in Kernkompetenzfunktionen.

Ebenso steht im Bericht die klar formulierte Sollanforderung: Die Mitarbeiter übernehmen Verantwortung für ihre Gesundheit und Vitalität. Das heißt, im Rahmen gezielter Gesundheitsprävention nutzen sie in Eigeninitiative die Angebote des Unternehmens und lassen sich untersuchen. Sie übernehmen auch die Verantwortung für ihre Selbstführung und Selbstmotivation – sie müssen also eine positive Einstellung dazu haben, bis 65 erfolgreich zu arbeiten. Dafür brauchen sie eine klare Orientierung, was sie in der „zweiten beruflichen Runde" erreichen möchten, welche Talente und Kompetenzen sie haben und wie sie diese im Unternehmen nutzen und einsetzen wollen; aber auch, über welche Einsatzbreite sie verfügen. Bezüglich ihres Wissens und ihrer Kompetenzen lautet die klare Anforderung, dass die Mitarbeiter selbstverantwortlich Sorge dafür tragen, ihre Kompetenzen auf aktuellem Niveau zu halten und dass sie aus heutiger Sicht auch für die nächsten fünf bis sieben Jahre genügen. Dazu gehört auch, sich weiterzuqualifizieren und neue Aufgaben wahrzunehmen.

Die Istbeschreibung im Ergebnisbericht unterteilt sich in Plus (positive Erkenntnisse) und Minus (kritische Erkenntnisse). Positiv wäre beispielsweise: Im Wesentlichen ist das Risiko der Mitarbeiter in den Kernfunktionen als gering einzuschätzen, weil

- sie die gesundheitlichen Präventionsprogramme nutzen,
- die Gesundheitssituation der Mitarbeiter überwiegend gut ist.

Kritisch wäre beispielsweise: In verschiedenen Kernfunktionen haben etliche Mitarbeiter ihren Zenit überschritten. Folgende Funktionen sind kritisch zu bewerten: Leiter Vertrieb, Leiter Personalmanagement, Leiter Produktion, Gruppenleiter Gießerei ...

Ein Fazit könnte lauten: Obwohl einzelne Funktionsinhaber hinsichtlich ihrer Zukunftsfähigkeit bezogen auf Einsatzbreite und Wissen eher kritisch zu sehen sind, sind die überwiegenden Kernfunktionen aus heutiger Sicht gut besetzt und die entsprechenden Funktionsträger mindestens in zwei Funktionen einsatzbereit, sie nehmen zudem aktiv an den Entwicklungs- und Qualifizierungsmaßnahmen teil. Ein weiteres Statement könnte sein: Die Mitarbeiter mit kritisch zu bewertenden Einsatzbreiten und Kompetenzen werden gezielt angesprochen und es werden mit ihnen individuelle Gespräche zur Beschäftigungsfähigkeit geführt.

Auf diese Art und Weise werden im Ergebnisbericht alle untersuchten Handlungsfelder beschrieben. Unter den Überbegriff „Beschäftigungsfähigkeit des Mitarbeiters" fallen die Handlungsfelder Führung & Kultur, Gesundheitsmanagement & Einsatzbreite sowie Instrumente des Personalwesens.

Bild 5.17 zeigt die untersuchten Handlungsfelder. Diese können nach dem Ampelprinzip bewertet werden (● = enormer Handlungsbedarf, ○ = in Bearbeitung, ◉ = alles vorbildlich).

Untersuchungen der Handlungsfelder Unternehmen & Mitarbeiter		Begründungen zu erwarteten Entwicklungen & Risiko bei: ...	Bemerkungen	Empfehlungen
Ergebnisse zur Zukunftsfähigkeit (aus heutiger Sicht) der Schlüsselbereiche: VZ-3 TZ-1 etc.	●○○	1. den Kernkompetenzen 2. der Lernqualität 3. Krankheit	Auswirkungen auf: 1. Leistungen 2. Kostenentwicklungen: ... 3. Innovationen: ...	
Ergebnisse zur individuellen Lebenszykluskompetenz von: Herrn Mayer Frau Müller etc.	●○○	1. den Kernkompetenzen 2. der Lernqualität 3. Krankheit	Detailerklärungen	
Ergebnisse zur DELTA-Analyse im Handlungsfeld: Führung & Kultur	●○○	Welche Maßnahmen gibt es bzw. gibt es nicht und wie werden diese bewertet?	Detailerklärungen	
Ergebnisse zur DELTA-Analyse im Handlungsfeld: Organisation & Einsatzmöglichkeiten	●○○	Welche Maßnahmen gibt es bzw. gibt es nicht und wie werden diese bewertet?	Detailerklärungen	
Ergebnisse zur DELTA-Analyse im Handlungsfeld: HR-Systeme & -instrumente	●○○	Welche Maßnahmen gibt es bzw. gibt es nicht und wie werden diese bewertet?	Detailerklärungen	

Bild 5.17 Ergebnisbericht zur Managementanalyse: Fit für die zweite Runde

6 Konkrete Vorgehensweisen zur Sicherung des Erfolgspotenzials

In diesem Kapitel geht es um umsetzbare Ideen und konkrete Vorgehensweisen, die es ermöglichen, die Kompetenzen älterer Mitarbeiter nachhaltig für das Unternehmen zu nutzen.

6.1 Langfristige Personalpolitik formulieren

Nächster Schritt ist, die konkreten Ableitungen aus der Bestandsanalyse für die langfristige Personalpolitik festzulegen und zu überarbeiten. Das heißt, für die sechs Handlungsfelder Führung & Kultur, Gesundheitsmanagement & Einsatzmöglichkeiten, Talentmanagement & Personalinstrumente, Gesundheit & Vitalität, Selbstführung & Selbstmotivation, Wissen & Kompetenzen werden die Ziele aus Sicht des Personalwesens jährlich neu konkretisiert und in den Zielvereinbarungsprozess eingebracht. Beispiele sind:

Ziele im Handlungsfeld Führung & Kultur

1. Eine Informationsveranstaltung für den engeren Führungskreis zum Thema Führung und demografischer Wandel organisieren. Über Zahlen, Daten und Fakten sollen die Führungskräfte die Konsequenzen des demografischen Wandels kennenlernen. Außerdem wird herausgearbeitet, welche Beiträge und Überlegungen sie einbringen können mit ihrer Aufgabe und Rolle als Führungskräfte.
2. Eine Informationsveranstaltung für Mitarbeiter durchführen, um sie über die Konsequenzen des demografischen Wandels zu informieren. Dargestellt werden die betriebliche Altersstruktur und deren Verschiebungen sowie die Konsequenzen, die sich daraus für das Unternehmen ergeben. Es folgt eine offene Diskussion mit den Mitarbeitern. Ergebnis: Die Belegschaft ist informiert über die Folgen des demografischen Wandels, sie kennt die kritischen Handlungsfelder des Unternehmens und weiß über ihre Aufgabe Bescheid.
3. Junge Führungskräfte werden gezielt ausgebildet, ältere Mitarbeiter zu führen. Dafür werden Angebote externer Trainer eingeholt. Ergebnis: Die Teilnehmer wissen nach dem Training, wie man ältere Mitarbeiter führt, und kennen deren Befürchtungen. Außerdem haben sie erfahren, welche Chancen diese bieten und wie das Potenzial der Mitarbeiter ab 45 nachhaltig und langfristig zu sichern ist.

Ziele im Handlungsfeld Gesundheitsmanagement & Einsatzmöglichkeiten

Gesundheitskritische Arbeitsplätze werden erfasst und die jeweiligen Gefahrenpotenziale analysiert. Dafür werden mit dem Instrument „Arbeitsbelastungs-Index" (ABI) die entsprechenden Kostenstellen mit einer hohen Krankheits- und Fluktuationsquote gezielt untersucht. Die einzelnen Arbeitsplätze werden hinsichtlich ihres gesundheitlichen Risikos eingeschätzt und bewertet. Ergebnis ist eine Übersicht aller sogenannten kritischen, gesundheitsgefährdenden Arbeitsplätze. Die Auswertung der Analyse zeigt, bei welchen Arbeitsplätzen durch Verhaltensprävention oder mit Einsatz neuer Maschinen beziehungsweise Neuimplementierung von Prozessen gesundheitliche Gefährdungspotenziale deutlich reduziert werden können. Mit den gefährdeten Mitarbeitern wird gesprochen und mit ihnen werden gesundheitliche Präventionsmaßnahmen vereinbart.

Ziele im Handlungsfeld Talentmanagement & Personalinstrumente

Das Personalentwicklungskonzept bekommt die Grundlage einer lebensphasenorientierten Vorgehensweise. Dafür analysiert und bewertet die Personalabteilung gemeinsam mit einem externen Berater das vorhandene Konzept und erarbeitet anschließend ein neues, das sich daran orientiert, welche Herausforderungen in den einzelnen Lebensphasen auf den Mitarbeiter zukommen und welche Personalentwicklungsbegleitmaßnahmen sinnvoll erscheinen. Ergebnis: Es liegen konkrete Entwicklungs- und Qualifizierungsmaßnahmen vor für die erste berufliche Lebensphase nach Eintritt ins Unternehmen, ebenso für die zweite berufliche Phase ab 45 und die dritte zwischen 55 und 65.

Ziele im Handlungsfeld Gesundheit & Vitalität

Es gibt eine umfangreiche Gesundheitsprävention für Mitarbeiter in Kernkompetenzfunktionen. Dafür wird gemeinsam mit Gesundheitsprofis ein Gesundheitskonzept für die betroffenen Mitarbeiter ab 45 erarbeitet. Ergebnis: Die Mitarbeiter erhalten ein Angebot zum Gesundheitscheck und zur Leistungsdiagnostik.

Ziele im Handlungsfeld Selbstführung & Selbstmotivation

Es wird ein interner Workshop zum Thema Selbstführung & Selbstmotivation mit Mitarbeitern ab 45 durchgeführt. Betroffene werden gezielt angesprochen, um sie zur Teilnahme zu gewinnen. Ergebnis: Die Teilnehmer des Kurses erhalten für sich eine klare Orientierung hinsichtlich der bisher erreichten Ziele und ihrer eigenen Kompetenzen. Sie wissen künftig auch, welche Kompetenzen sie stärker nutzen wollen, wo ihre Stärken noch nicht ausreichend genutzt werden und wo gegebenenfalls kritische Potenziale zu verbessern sind.

Ziele im Handlungsfeld Wissen & Kompetenzen

Die Kompetenzen von Mitarbeitern in Schlüsselfunktionen, deren Wissen aus heutiger Sicht nicht ausreicht, werden auf eine breitere Basis gestellt und verbessert. Die Betroffenen erhalten deshalb ein Angebot zur Teilnahme an einem Festo-Programm. Es ermöglicht an Freitagen und Samstagen über einen Zeitraum von 18 Monaten hinweg, gezielt einzelne Kompetenzen zu erweitern und zu nutzen; gegebenenfalls auch einen MBA-Titel zu erwerben. Ergebnis: Die Teilnehmer nutzen die Möglichkeit, den sogenannten C-Master zu machen und ihr Wissen in konkret zu definierenden Bereichen zu verbessern.

6.2   Aufgaben und Verantwortlichkeiten festlegen

Die Verantwortungsbereiche von Unternehmen und Mitarbeitern sind klar zu definieren. Denn erst im Zusammenspiel günstiger Rahmenbedingungen im Unternehmen und der Selbstverantwortung der Mitarbeiter lässt sich das Erfolgspotenzial der älteren Belegschaft nachhaltig erschließen. Zu oft und meist vergeblich verlassen sich Mitarbeiter auf ihren Arbeitgeber und geben (leichtfertig) ihre Verantwortung für ihr berufliches Lebensrisiko ab. Andererseits darf und kann sie eine verantwortungsvolle Unternehmensführung nicht übernehmen. Es gibt für niemanden eine berufliche und gesundheitliche Vollkaskoversicherung. Was sind nun die Aufgaben von Vorgesetzten und Mitarbeitern beziehungsweise von Geschäftsleitung und Personalwesen? Die Bilder 6.1 und 6.2 geben Antwort.

Erst wenn sich alle Betroffenen – Unternehmensleitung, Personalwesen, Führungskräfte und Mitarbeiter – in die Pflicht nehmen lassen, können nachhaltige Effekte in der Beschäftigungsfähigkeit erzielt werden. Dem einzelnen Mitarbeiter kommt dabei eine „völlig neue", fundamentale Rolle im Rahmen seiner Eigenverantwortung und Selbstbewusstheit zu. Ist er bereit, diese Herausforderung anzunehmen, und erkennen Unternehmensleiter gleichzeitig ihre Verantwortung, für die entsprechenden Rahmenbedingungen zu sorgen, dient das damit nachhaltig „gehobene" Erfolgspotenzial der Generation 45 plus beiden Seiten gleichermaßen.

Kein Zweifel, mit der Frage nach ihrer Zukunftsfähigkeit für das Unternehmen wird der Belegschaft etwas zugemutet, und zwar dass sie sich Gedanken macht über ihre Verantwortung: Allerdings kann sie das nicht leisten, wenn sie unmündig gehalten wird. Deshalb ist die Unternehmensführung dafür zuständig, ihren Leuten zuallererst Orientierung zu geben – sie zu fördern und zu fordern. Das funktioniert jedoch nicht mit allgemeinen Aussagen über den „Zustand der Welt", über demografische Entwicklungen und ihre möglichen Auswirkungen oder mit vage formulierten Zielen oder Zukunftsszenarien.

Vielmehr muss jeder Mitarbeiter im Einzelgespräch erfahren, wie das Unternehmen ihn einschätzt und was es konkret von ihm erwartet. Im Gegenzug wird auch der Mitarbeiter aufgefordert, ein Feedback darüber abzugeben, wie er seine eigene Zukunftsfähigkeit und die des Unternehmens beurteilt, aber auch, ob er weiß, was von

Geschäftsleitung
Orientierung
Organisation
Kultur
Vorbild

Business-plan

Personalwesen
Personalpolitik
Personalentwicklung
Instrumente
Systeme

- Orientierung geben zu den langfristigen Zielen des Unternehmens und deren Anforderungen an die Mitarbeiter
- Kultur entwickeln, die älteren Mitarbeitern Chancen und Perspektiven eröffnet
- Organisation und Einsatzmöglichkeiten zur Nutzung des Potenzials älterer Mitarbeiter schaffen
- Selbst Vorbild sein in den Handlungsfeldern: Gesundheit, Selbstmotivation und Neues lernen (Kompetenzen)

- Formulieren einer langfristigen Personalpolitik mit Soll- und Altersstruktur im Kontext zu den Businessplänen sowie mit Aussagen zu den Zielen in den Handlungsfeldern
- Implementieren einer an den Lebensphasen orientierten Personalpolitik mit Angeboten zum Erhalt der Beschäftigungsfähigkeit
- Umsetzen einer leistungsbezogenen nachhaltigen Entgeltpolitik, flexible Arbeitszeit- und Austrittsmodelle, Führung auf Zeit (Verträge) etc.
- Erstellen von Zukunfts- und Risikoportfolios
- systematische Jobrotationen

Bild 6.1 Aufgaben und Rollen von Geschäftsleitung und Personalwesen

ihm erwartet wird und ob dafür die geeigneten Rahmenbedingungen herrschen oder ob er sich optimal von seinem Arbeitgeber unterstützt fühlt.

Die Aufgabe von Führung und Kultur ist es also, nicht nur an der Oberfläche zu kratzen, sondern tiefer zu bohren und die jeweils betriebseigenen Strukturen genau unter die Lupe zu nehmen, um daraus konkrete Handlungsoptionen für das Unternehmen und die Mitarbeiter zu entwickeln. Geeignete Schritte sind:

1. **Führungskräfte informieren und sensibilisieren.** Dafür werden speziell arrangierte Managementtrainings durchgeführt, die sich mit den Auswirkungen des demografischen Wandels auf die Zukunftsfähigkeit des Unternehmens auseinandersetzen. Für einen entsprechenden Vortrag ließe sich beispielsweise ein externer Wirtschafts-, Personal- oder Demografiespezialist engagieren.
2. **Altersstrukturanalysen durchführen und Handlungsoptionen ableiten.** Dafür gibt es spezielle Checklisten und Fragebögen. Ein Muster finden Sie im Anhang.

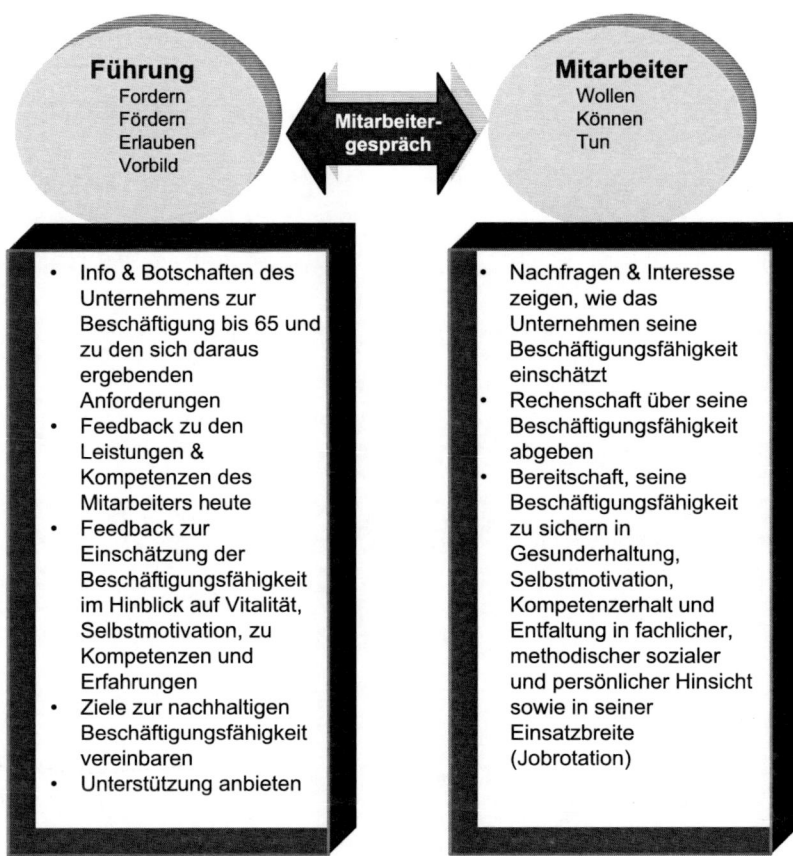

Bild 6.2 Aufgaben und Rollen des Vorgesetzten und Mitarbeiters

3. **Belegschaft informieren und sensibilisieren.** In einer Betriebsversammlung mit Open-Space-Charakter erfahren die Mitarbeiter, was das Unternehmen vorhat und welche neuen Anforderungen daraus entstehen. Sie werden über die konkreten Altersstrukturen in den relevanten Bereichen informiert und darüber, in welchen Abteilungen es möglicherweise massive Veränderungen geben wird und was das konkret für sie bedeutet. Ziel ist es, dass die Leute erfahren, was ihre eigene Beschäftigungsfähigkeit ausmacht und was auf sie zukommt.

4. **Betroffenheit erreichen durch Fragebogenaktion.** Damit lässt sich das Thema noch einmal vertiefen und der Arbeitgeber erfährt, wie die Mitarbeiter das Unternehmen und sich selbst einschätzen. Ziel ist es, die Menschen für die Problematik noch mehr zu sensibilisieren und ein Bewusstsein für die eigene Beschäftigungsfähigkeit zu schaffen.

5. **Führungskräfte trainieren.** In Workshops können die Abteilungsleiter lernen, wie sie bezogen auf die Ziele und Strategien des Unternehmens ihre Zukunfts-

fähigkeit und die ihrer Abteilung feststellen, Handlungsbedarfe erkennen und entsprechende Maßnahmen einleiten können.

6. Anforderungen definieren und den Mitarbeitern in Einzelgesprächen vermitteln.

7. Rahmenbedingungen schaffen, um Kompetenzen und Leistungsfähigkeit zu fördern.

Vorgegangen wird entsprechend den in Bild 6.3 dargestellten Handlungsfeldern.

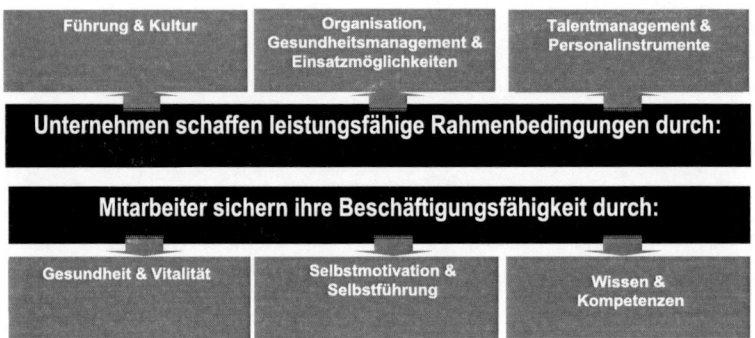

Bild 6.3 Die relevanten Handlungsfelder

6.3   Handlungsfeld 1: Führung & Kultur

Welche Verhaltensmuster, Gedanken, Meinungen, Rituale und Symbole kennzeichnen die Unternehmenskultur in Bezug auf ältere Mitarbeiter? Wie muss sie gegebenenfalls verändert werden, damit auch die Älteren erfolgreich ihren Beitrag leisten können? Was zeichnet eine Kultur aus, in der Jung und Alt wertschöpfend zusammenarbeiten?

Immer mehr junge Führungskräfte stehen älteren, erfahrenen Mitarbeitern und Teams vor. Gleichzeitig müssen immer mehr Führungskräfte bis 67 arbeiten. Sind sie dazu psychisch und physisch in der Lage? Sind sie bereit, ihre Führungsmacht an die jungen Nachwuchskräfte abzugeben?

Welche Anforderungen im Einzelnen an die Unternehmenskultur und an die Führung gestellt werden, wurde in Kapitel 4 dargelegt. Die nun beschriebenen Maßnahmen orientieren sich an den dort formulierten Zielen und Fragen:

- Wie sieht eine Kultur aus, die das Erfolgspotenzial älterer Mitarbeiter optimal nutzt und ihnen Gelegenheit gibt, erfolgreich bis 67 Jahren zu arbeiten?
- Wie überzeugen Personalverantwortliche die Geschäftsleitung, sich dieses Themas anzunehmen?

- Wie lassen sich Mitarbeiter und Führungskräfte ab 45 dazu bringen, in der Phase ihres Erfolgs für die zweite Runde (arbeiten bis 67) vorzusorgen – also Neues zu lernen, zusätzliche Kompetenzen zu erwerben und sich mental, physisch und psychisch „neu aufzustellen"?
- Wie gelingt es, dass Führungskräfte auf die „Langzeitkompetenzen" (Gesundheit, Motivation, Wissen) ihrer Mitarbeiter achten?

Zuerst gilt es jedoch festzustellen, ob es überhaupt Handlungsbedarf gibt und wenn ja, ob die Geschäftsleitung diesen anerkennt! Das ist meist dann ein Problem, wenn Vorstände und Geschäftsführungen lediglich in 3-Jahres-Rhythmen denken und planen. Für eine entsprechende Überzeugungsarbeit hilft es deshalb, Verbündete im Unternehmen zu finden, die ebenfalls vom demografischen Wandel betroffen sind. Meist sind es die Bereiche Vertrieb und Marketing, die erhebliche Auswirkungen im Konsumverhalten der Generation 45 plus spüren und ihre Produkte verändern müssen. Ebenso betrifft es die Bereiche Forschung und Entwicklung. Und diese in der Regel originären Funktionen des Unternehmens sind entscheidend für die Zukunftsfähigkeit des Hauses.

Kein Handlungsbedarf besteht beispielsweise dann, wenn das Unternehmen konkret plant, seinen Standort ins Ausland zu verlagern, mit Personalabbau- oder Fusionsgedanken spielt. Deshalb basieren sämtliche Vorschläge in den folgenden Abschnitten auf der Annahme, dass das Unternehmen langfristig am Standort verbleibt, dass es für die Produkte und Dienstleistungen auch in Zukunft eine Nachfrage gibt und dass die Struktur sowie das durchschnittliche Alter der Belegschaft jetzt zum Handeln verpflichten.

Vorschläge für Handlungsschritte und Maßnahmen

1. **Verbündete im Unternehmen suchen – gemeinsame Vorlage an Vorstand/ Geschäftsführung:** Zusammen mit Marketing/Vertrieb sowie Forschung und Entwicklung erarbeitet das Personalwesen ein Handlungspapier, um die Folgen des demografischen Wandels für Unternehmen und Mitarbeiter aufzuzeigen.
2. **Führungskräfte und Mitarbeiter einbinden,** für das Thema gewinnen und zum Handeln auffordern. Das geschieht über Sensibilisierungsveranstaltungen. Zum Beispiel Vorträge, Dialogveranstaltungen, interaktive Großgruppenveranstaltungen (After Work World-Café-Bar) und Vortragsabendreihen.
3. **Führungskräfte/Mitarbeiter arbeiten in konkreten Projekten mit,** die das Ziel haben, das Erfolgspotenzial älterer Mitarbeiter besser zu nutzen.
4. **Mitarbeiterbefragungen/Kulturanalysen.**
5. **Themenbezogene Ergänzungen in den Leitsätzen** für Unternehmen, Führungskräfte und Mitarbeiter formulieren.

6. **Rituale implementieren und Zeugnis abgeben:** Erst wenn offensichtlich mit den „alten Denkweisen und Mustern" gebrochen wird, glauben die Mitarbeiter an das Neue. Zum Beispiel, wenn Mitarbeiter mit 50 plus befördert werden oder wenn neu eingestellte Mitarbeiter zahlenmäßig spürbar über 50 Jahre alt sind.

7. **Talentmanagementprozess implementieren** zur Sicherung des Mitarbeiter- und Führungspotenzials. Alternativ: Ein Mitarbeiterkompetenzaudit in den Kernfunktionen und Kernprozessen durchführen.

8. **Intensive Auseinandersetzung in Führungskräftetrainings** mit Selbsteinschätzung und konkreten Vereinbarungen für Mitarbeiter-Portfolio-Risikoanalysen, außerdem durch das Führen von Mitarbeitergesprächen mit deren Beschäftigungsfähigkeit und -qualität in fünf, sieben und zehn Jahren.

Die Vorschläge im Einzelnen:

1. **Verbündete im Unternehmen suchen – gemeinsame Vorlage an Vorstand/Geschäftsführung**

Mit den Bereichen Marketing/Vertrieb sowie Forschung und Entwicklung erarbeitet das Personalwesen ein Handlungspapier, um die Folgen des demografischen Wandels für Unternehmen und Mitarbeiter aufzuzeigen. Es stützt sich unter anderem auf das erhobene Datenmaterial der DELTA-Analysen und der Chancen- und Risikoportfolios bezüglich der Kernfunktionen und Kompetenzen des Unternehmens. Die Vorlage ist mit den Zahlen, Daten und Fakten der betroffenen Abteilungen als „Handlungsbedarfe zur Zukunftssicherung" der Geschäftsführung zu übergeben.

Das Personalwesen muss aufzeigen, wo die Chancen und Risiken liegen, wenn das Potenzial älterer Mitarbeiter genutzt werden soll, und wie diese sich auf Personalkosten, Leistungsvermögen und Innovation auswirken. Ebenso wichtig ist es, auf die erforderliche Unternehmenskultur und Führung einzugehen, weil hier die Maßnahmen nur sukzessive greifen. Um deren Nachhaltigkeit zu sichern, müssen sowohl Mitarbeiter als auch die Führungskräfte davon überzeugt werden, mitzumachen.

Geht die Initiative nicht ohnehin von der Geschäftsleitung aus, muss sie in einem ersten Schritt von der Notwendigkeit überzeugt werden – am besten mit konkreten Zahlen, Daten und Fakten zu den Auswirkungen der Altersstruktur auf die Innovationskraft, Kostenstruktur und Leistungsfähigkeit in sieben bis zehn Jahren. Gleichzeitig gilt es die Risiken und Chancen aufzuzeigen, wenn heute für morgen gehandelt wird. Dazu gehört eine genaue *Situationsvorlage mit konkreten Handlungsempfehlungen* und/oder muss ein Auftrag eingefordert werden, die Auswirkungen konkret zu untersuchen oder von externen Fachleuten untersuchen zu lassen. Denn erst auf der Basis einer genauen Analyse können geeignete Handlungsempfehlungen gegeben werden.

2. Führungskräfte und Mitarbeiter einbinden

Glaubwürdigkeit und Verbindlichkeit sind entscheidende Merkmale, um die Chancen der älteren Mitarbeiter zu verbessern und ihre Kompetenzen voll zu nutzen. Glaubwürdigkeit erzielt man mit klaren Zeichen und mit dem Zeugnis für das, wofür man steht. Dabei ist die Topebene in den Unternehmen gefragt. Sie muss überzeugendes Vorbild sein, um glaubwürdig zu sein. Verbindlichkeit wird sie nur erreichen, wenn Maßnahmen und Ziele konsequent formuliert, verfolgt, umgesetzt, aber auch sanktioniert werden. Es geht immerhin um die Zukunftsfähigkeit des Unternehmens. Einen beispielhaften Ablauf zeigt Bild 6.4.

Die Teilnehmer – in der Regel zuerst die Führungskräfte – werden zum Thema demografischer Wandel und dessen Auswirkungen auf das Unternehmen umfassend aufgeklärt. Ziel der Zusammenkunft ist es, die Zuhörer in einem Einstimmungsvortrag über aktuelle Entwicklungen und deren Folgen zu sensibilisieren. Es werden mögliche Gefahren skizziert, aber auch die Chancen aufgezeigt, die entstehen, wenn

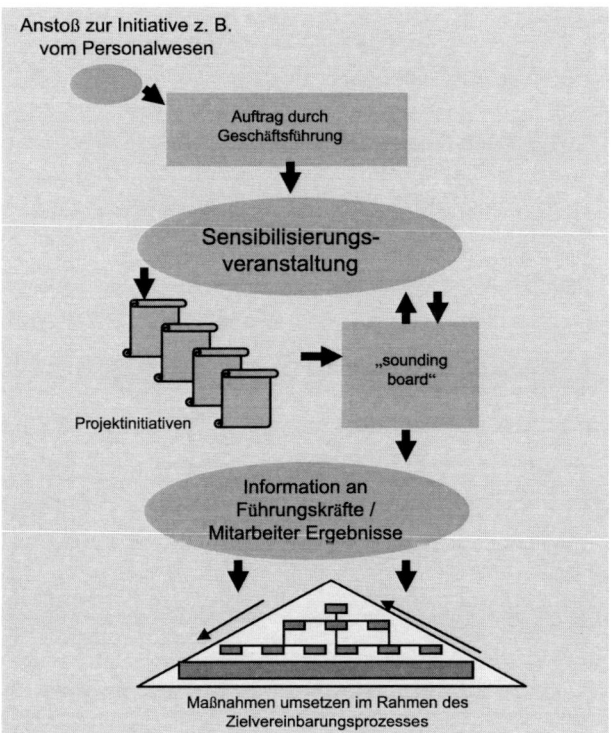

Bild 6.4 Beispiel für Gesamtablauf des Vorhabens

man rechtzeitig auf die Herausforderungen reagiert. Dafür wird die aktuelle Altersstruktur der Belegschaft auf die nächsten zehn Jahre fortgeschrieben, auf deren Basis sich je nach Situation des Unternehmens unterschiedliche Konsequenzen ergeben für:

- die Kostensituation,
- die Innovationskraft,
- die Leistungsfähigkeit.

Idealerweise werden dabei zwei bis drei mögliche Entwicklungsszenarien skizziert und diese im Hinblick auf die Konsequenzen analysiert und besprochen (Bild 6.5). Im Anhang finden Sie einen Mustervortrag zur Sensibilisierung der Führungskräfte und Mitarbeiter, um auf das Thema einzustimmen. Anschließend werden mit den Teilnehmern in einem Workshop – hier World Café – die Themen bearbeitet und diskutiert.

Bild 6.5 Vortrag und Interaktion

Interaktive Werkstattarbeit – World-Café-Bar

Es bietet sich an, die Teilnehmer im Anschluss an den Vortrag in eine World-Café-Bar einzuladen, um dort die im Vortrag aufgeworfenen Fragestellungen zu bearbeiten. Hilfreich dabei ist es, die Teilnehmer in eine „völlig andere Welt" zu entführen – fernab vom Tagesbetrieb. Um das zu erreichen, muss das Ambiente stimmen: Beispielsweise leise Bar-Musik im Hintergrund, anspruchsvolle Galeriebilder an den Wänden und entsprechende Utensilien versetzen die Menschen emotional in eine gelockerte Bar-Atmosphäre. Es kann auch ein Marktplatz sein, entscheidend ist, dass die Teilnehmer mit einer unüblichen Form überrascht und dadurch „geöffnet" werden.

Am Ende des Tages:

- sollen die Teilnehmer einen Überblick über die grundsätzlichen Auswirkungen der demografischen Entwicklung gewonnen haben,
- soll Klarheit herrschen, warum dieses Thema akut wird, wie der Einzelne in seiner Rolle davon betroffen ist und wie seine Verantwortung dazu aussieht,
- sollen die Teilnehmer Lösungsvorschläge einbringen und sich äußern, ob Bereitschaft da ist, in einer Arbeitsgruppe ein konkretes Projekt zu bearbeiten,
- soll der Einzelne wichtige Impulse für sich mitgenommen haben und hinsichtlich seiner Zukunftsfähigkeit sensibilisiert sein.

Zum Schluss werden alle Teilnehmer gebeten, einen Fragebogen zu Hause zu beantworten und ihn ausgefüllt bis zum nächsten Tag 18 Uhr in die dafür aufgestellten Briefkastenboxen an den Eingängen des Betriebs einzuwerfen (Bild 6.6).

Abhängig von der Anzahl der Gruppen sollten unterschiedlich gestaltete Cafés oder Bars vorhanden sein, die die Teilnehmer in eine jeweils andere Zeit versetzen und ihnen gleichzeitig die Möglichkeit geben, sich zu informieren und auszutauschen. In jeder Bar lädt ein moderationserfahrener „Barkeeper" die Besucher ein, an der Diskussion über ein Leitthema zu zwei bis drei Schlüsselfragen teilzunehmen und ihre Meinung kundzutun. Die Ergebnisse werden zusammengefasst: beispielsweise auf Post-its an der Wand, in visuellen Protokollen, einer Galerie oder einem Geschichtenbuch – ganz egal wo und wie, die Ergebnisse müssen nur festgehalten werden. Es arbeiten immer vier bis fünf Teilnehmer etwa 20 Minuten lang an einem sie betreffenden existenziellen Thema. Danach wechseln sie in freier Entscheidung an die nächste Bar mit maximal fünf Teilnehmern und so weiter.

Thema	Trifft zu:			
	0–24 %	25–49 %	50–74 %	75–100 %
In unserem Unternehmen wird langfristig und nachhaltig gedacht und geplant.				
Grundsätzlich sollen wir in unserem Unternehmen bis 65 arbeiten.				
Ältere Mitarbeiter ab 50 genießen im Unternehmen einen hohen Stellenwert.				
Topmanagement und Führungskräfte haben die Einstellung, dass Erfahrene (50 plus) weiterhin über eine hohe Leistungsfähigkeit und Motivation verfügen, und ermöglichen ihnen weitere Entwicklungsperspektiven.				
Junge Führungskräfte sind in der Lage, erfahrene (ältere) Mitarbeiter zu führen.				
Mitarbeiter/Führungskräfte haben auch mit 48 plus noch gleichwertige Chancen, Karriere zu machen.				
Mitarbeiter, die das Unternehmen als „Pensionäre" verlassen, werden ehrlich, wertschätzend und gebührend verabschiedet.				
Die Mitarbeiter wollen lieber bis zur gesetzlichen Altersgrenze arbeiten, als vorzeitig auszuscheiden.				
Führungskräfte achten darauf, dass sich ihre Mitarbeiter gesundheitlich und motivational nicht selbst „ausbeuten". Sie achten auf die Work-Life-Balance und auf die Gesundheit ihrer Mitarbeiter.				

Bild 6.6 Fragebogen für Mitarbeiter und Führungskräfte in der interaktiven Werkstatt

Topführungskräfte gehen mit älteren Mitarbeitern vorbildlich um.				
Im Unternehmen wird Wert darauf gelegt, dass die Mitarbeiter alle fünf Jahre eine neue Aufgabe übernehmen.				
Die Mitarbeiter übernehmen Eigenverantwortung für ihre nachhaltige Beschäftigungsfähigkeit.				
Die Organisation ist so angelegt, dass Mitarbeiter über 50 entsprechend ihren Kompetenzen optimal eingesetzt werden.				
Ab 45 werden Perspektivgespräche geführt, um zu erfahren, wie der eigene Zukunftswert eingeschätzt wird, und um Hinweise zu erhalten, was man tun sollte, um seine Beschäftigungsfähigkeit zu sichern.				
Die Zusammenarbeit zwischen Jung und Alt funktioniert vorbildlich.				
Im Unternehmen gibt es ein effizientes Gesundheitsmanagement.				
Führungskräfte bestärken ihre Mitarbeiter in der Selbstverantwortung und im Selbstmanagement.				
Bei der Besetzung innerbetrieblicher Stellen haben Mitarbeiter über 50 gleichwertige Chancen.				
Die Vergütung erfolgt nach Leistungsgesichtspunkten und nicht additiv nach dem Alter.				
Führungsverträge sind auf Zeit angelegt.				
Mitarbeiter jenseits der 45 nehmen bis zur Rente bzw. zum Ausscheiden regelmäßig an Qualifizierungs- und Entwicklungsmaßnahmen teil.				

Bild 6.6 *(Fortsetzung)*

Als mögliche Bar-Formen bieten sich an:

- **Die „Goldenen-20er-Jahre-Bar"** zeigt typische Bilder und Gegenstände aus den 20er-Jahren. Die Musik passt dazu. Hier könnten die Fragen lauten: In welchem Alter glauben Sie ging man damals in Rente? Unterschied sich das „gefühlte" Alter eines 58-Jährigen im Vergleich zu heute? Was machte der typische Rentner damals? Wie lebte er, was bewegte ihn, wie beschäftigte er sich? Wie sicher war die Rente? Waren die Menschen gesünder und glücklicher?
- **Die „60er-Jahre-Bar":** Was bewegte damals das Unternehmen? Wer prägte es? Was war typisch für die Zeit? Wann gingen die Leute in Rente? Wie „alt" waren damals die Menschen mit 60? Was haben die Leute in ihrer Rentenzeit gemacht? Wie akzeptiert waren die „Alten" im Betrieb? Wie viel Rente gab es damals im Durchschnitt? Welche Unterschiede zeigte die Alterspyramide im Unternehmen von damals zu heute?
- **Die „Szene-Bar" der Gegenwart:** Mit aktuellen Schlagzeilen der Gegenwart, Zeitungsartikel zu heutigen Fragen und Themen. Die Fragen könnten lauten: Was bewegt uns heute, welche Hoffnungen und Ängste haben wir? Wo sehen Sie in unserem Unternehmen den größten Handlungsbedarf? Welche Chancen sehen Sie für Mitarbeiter ab 45? Welche Herausforderungen sehen Sie für diese Altersgruppe? Was erwarten Sie sich vom Vorstand? Was sind die Anforderungen an Führungskräfte? Welche Anforderungen sehen Sie bei sich persönlich? Welche Vorschläge haben Sie an die Weiterbildung, Personalabteilung etc.? Wären Sie bereit, an Projekten mitzuarbeiten? Wenn ja, an welchen?
- **Die „Zukunfts-Bar" im Jahr 2015:** Hier könnten Aussagen von Trendforschern an der Wand hängen. Zahlen, Daten, Fakten zur Situation der Rente, der Bevölkerungsentwicklung und zum Nachwuchs. Sofern Informationen zum Businessplan des Unternehmens vorliegen, ließen sich diese in den Schwerpunkten mit ihren Auswirkungen auf die Mitarbeiter vermitteln. Die Fragen könnten hier lauten: Was zeichnet Mitarbeiter mit 50 plus aus, die im Jahre 2015 in unserem Unternehmen arbeiten? Welche Bereiche werden sich in welcher Form verändert haben – technologisch, aus Sicht des Kunden, im Marketing, von den Produkten her usw.? Welche Anforderungen werden sich aus Ihrer Sicht am meisten verändern? Welche Werte werden bis dahin wichtig sein? Was zeichnet dann die Führungskräfte aus?

Alle Ergebnisse werden vom Moderator zusammengefasst und präsentiert. Sie sind die Grundlage für die nächsten konkreten Schritte, die mit Zeitplan festgelegt werden. Zum Abschluss der Veranstaltung bedankt sich die Geschäftsführung und zeigt das weitere Vorgehen auf. Die Ergebnisse werden dokumentiert und allen Teilnehmern im Intranet zugänglich gemacht. Unter Leitung des betroffenen Fachbereichs werden Arbeitsgruppen zu den offiziell von der Geschäftsführung gewünschten Projekten gebildet. Freiwillige Teilnehmer sollten eingebunden werden.

Im Anhang finden Sie ein weiteres Café-Bar-Konzept mit Inhalten und Vorgehen.

Abendreihe zum Thema „Kompetenzen erfolgreich bis 65 nutzen"

Sofern eine Vertiefung des Themas sinnvoll erscheint und die Kultur nachhaltig bearbeitet und beeinflusst werden soll, empfiehlt es sich, eine „Abendreihe" einmal im Quartal zu installieren. Hier können interne und externe Referenten vortragen und mit den Teilnehmern in Dialog treten. Daraus sollten jedoch keine weiteren Verpflichtungen und Aktivitäten abgeleitet werden. Nur zuhören und wirken lassen …

In einem Einstiegsvortrag werden die Mitarbeiter mit den Fakten des demografischen Wandels und seinen konkreten Folgen für das Unternehmen konfrontiert. Interessante Themen sind:

- Finanzielle Risiken und Absicherungsmöglichkeiten mit 65 plus heute erkennen.
- Voll motiviert und leistungsfähig bis 65 – geht das? Beispiel Orchester und Politik.
- Gesund und munter bis ins hohe Alter? Der salutogenetische Ansatz: Was hält Menschen gesund?
- Diversity – erst in der Vielfalt sind wir stark.
- Das Jonas-Prinzip – Oder: Wie nehme ich mein Leben selbstverantwortlich in die Hand?
- Selbstverantwortung übernehmen für sein Sich-selbst-Aufstellen – erfolgreich arbeiten.
- Best-Practice-Beispiele aus anderen Unternehmen:
  - Hochleistungsorganisation für Erfahrene,
  - betriebliches Gesundheitsmanagement – eine neue Führungsaufgabe,
  - den Jungen eine Chance, den Alten eine Perspektive,
  - Personalsysteme im Wandel,
  - Entgeltpolitik mit neuen Schwerpunkten,
  - Gespräche zur Beschäftigungsfähigkeit für 45-plus-Mitarbeiter,
  - Altersteilzeitmodelle im Wandel,
  - Nachwuchs sichern,
  - neue Einsatzfelder für Erfolgreiche jenseits der 50: Inhouse-Berater, Lobbyist, Lehrer/Coach etc.

3. Führungskräfte/Mitarbeiter arbeiten in konkreten Projekten mit

Die in den Workshops gefundenen Themen sollten unter der Verantwortung der jeweiligen Fachstelle bearbeitet werden. Die Teilnahme interessierter Führungskräfte und Mitarbeiter ist erwünscht. Die Mitarbeit in Projekten erfolgt nach den Regeln des Projektmanagements. Das bedeutet: Festlegen eines Projektleiters, zum Beispiel für das Projekt „Fit für den demografischen Wandel – heute für morgen handeln", mit klar formuliertem Ziel. Auftrag der Gruppe ist es, zu den einzelnen Teilthemen konkrete Umsetzungsvorschläge zu erarbeiten. Die Teilthemen leiten sich aus einem der dargestellten Handlungsfelder ab.

Beispielhafte Projektthemen:

- Projekt 1: Kulturprojekt 45 plus – entwickeln einer leistungs- und werteorientierten Kultur für die Generation 45 plus.
- Projekt 2: Das Leistungspotenzial und Engagement der Generation 45 plus durch erweiterte Einsatzmöglichkeiten und neue Organisationsformen nachhaltiger nutzen.
- Projekt 3: Gesundheitsmanagement und präventiver Arbeitsplatzschutz.
- Projekt 4: Chancen und Anreize durch flexible und leistungsorientierte Vergütung.
- Projekt 5: Aufbau einer lebensphasenorientierten Personalentwicklung.
- Projekt 6: Salutogenese (Gesundheitsentstehung – nach dem Salutogenese-Modell ist Gesundheit kein Zustand, sondern muss als Prozess verstanden werden) als präventiver Gesundheitsschutz der 45-plus-Generation.
- Projekt 7: Fit für die zweite Runde – Talentmanagement und Selbstführung für die Zeit jenseits der 45.
- Projekt 8: Neues Wissen und neue Kompetenzen für die zweite Runde erwerben.
- Projekt 9: Einsatzmöglichkeiten und Potenzialnutzung der Generation 45 plus.

Alternativ zu einer fest eingebundenen Projektmitarbeit können interessierte Führungskräfte und Mitarbeiter als „sounding board" fungieren. Das heißt, sie nehmen Stellung zu den Projektergebnissen, ohne dass sie selbst daran mitarbeiten.

Die freiwillige Beteiligung von Mitarbeitern und Führungskräften ist grundsätzlich zu begrüßen. Allerdings muss selbstverständlich und zwingend notwendig die betreffende Fachabteilung mit ihrem Sachverstand eingebunden werden. Die an sich gute Idee, Freiwillige einzubeziehen, leidet in der Praxis häufig am Zeit- und Disziplinmangel. Die Ergebnisse werden oft nicht ausreichend qualifiziert bearbeitet und abgestimmt. Es empfiehlt sich deshalb, die entsprechenden internen Fachabteilungen oder externen Spezialisten mit dem Projekt zu beauftragen und die freiwilligen Mitarbeiter und Führungskräfte eher als „sounding board" einzubeziehen.

Als besonders praxisnah hat sich bewährt, Betroffene zu Wort kommen zu lassen. Mitarbeiter in den entsprechenden Lebensphasen wissen genau, worauf es ankommt. Ein 58-Jähriger hat klare Vorstellungen davon, was er zum Erhalt seiner Beschäftigungsfähigkeit braucht, gebraucht hätte oder hätte machen müssen. Deshalb sollte man ihre Meinung zu den erarbeiteten Fachergebnissen nutzen.

Falls interne Fachleute nicht zur Verfügung stehen, sollte in gleicher Weise mit externen Fachleuten gearbeitet werden. Wichtig ist, dass der Projektauftrag von der Entscheiderebene/Geschäftsführung kommt!

4. Mitarbeiterbefragungen/Kulturanalysen

In Unternehmen, in denen Mitarbeiterbefragungen ein anerkanntes und eingeführtes Instrument sind, können entsprechende Themen in die nächste Befragungsaktion eingebaut und verwendet werden (Bild 6.7).

Leitsätze und Leitbilder anpassen

Die Unternehmensleitsätze, Führungsgrundsätze und Leitbilder für Mitarbeiter sind anzupassen – sie müssen die Qualität „quantitativ und qualitativ messbarer und beobachtbarer Verhaltensparameter" haben. Arbeiten mit Leitbildern ist ein permanenter Prozess mit Vorbildcharakter. Letztlich zeichnet sich konsequente Kulturarbeit dadurch aus, dass man „dranbleibt", dass gemessen und Rechenschaft abgegeben wird, dass Rituale als Zeichen erlebt werden – dass sich etwas ändert, etwas tut. *Hier ist in ganz besonderer Weise die Geschäftsleitung gefordert.* Als geeignetes Vorbild mögen die 1.400 Jahre alten Leitsätze der Benediktinermönche gelten, die konsequent und individuell auf den spezifischen Kulturkreis und auf das einzelne Kloster bezogen immer wieder zeitgerecht überarbeitet wurden und werden. Die Anwendung erfolgt täglich, wöchentlich und im Jahresrhythmus. Jeder hat zur Qualität beizutragen und Rechenschaft abzulegen.

Ein Beispiel dafür, wie Leitsätze auf die aktuelle Situation des demografischen Wandels angepasst werden und wie Unternehmensleitbilder lauten könnten, demonstrieren die Führungsgrundsätze und das Mitarbeiterleitbild von BMW (Basis: BMW – Nachhaltige Personalpolitik als Erfolgsfaktor: Führungs- und Mitarbeiterleitbild, J. Westermaier, 03.03.2005 Internet):

	Trifft zu:			
Thema	**0–24 %**	**25–49 %**	**50–74 %**	**75–100 %**
In unserem Unternehmen wird langfristig und nachhaltig gedacht und geplant.				
Grundsätzlich sollten wir in unserem Unternehmen bis 65 arbeiten.				
Ältere Mitarbeiter ab 50 genießen grundsätzlich im Unternehmen einen hohen Stellenwert.				
Topmanagement und Führungskräfte haben die Einstellung, dass Erfahrene (50 plus) weiterhin über eine hohe Leistungsfähigkeit und Motivation verfügen, und ermöglichen ihnen weitere Entwicklungsperspektiven.				
Junge Führungskräfte sind in der Lage, erfahrene (ältere) Mitarbeiter zu führen.				
Mitarbeiter/Führungskräfte haben auch mit 48 plus noch gleichwertige Chancen, Karriere zu machen.				
Mitarbeiter, die das Unternehmen als „Pensionäre" verlassen, werden ehrlich, wertschätzend und gebührend verabschiedet.				
Grundsätzlich wollen Mitarbeiter lieber bis zur gesetzlichen Altersgrenze arbeiten, als vorzeitig auszuscheiden.				
Führungskräfte achten darauf, dass sich ihre Mitarbeiter gesundheitlich und motivational nicht selbst „ausbeuten". Sie achten auf die „Work-Life-Balance" und auf die Gesundheit ihrer Mitarbeiter.				
Topführungskräfte gehen mit älteren Mitarbeitern vorbildlich um.				
Im Unternehmen wird Wert darauf gelegt, dass die Mitarbeiter alle fünf Jahre eine neue Aufgabe übernehmen.				
Die Mitarbeiter übernehmen Eigenverantwortung für ihre nachhaltige Beschäftigungsfähigkeit.				

Bild 6.7 Fragenkatalog zur Mitarbeiterbefragung

Die Organisation ist so angelegt, dass Mitarbeiter über 50 entsprechend ihren Kompetenzen optimal eingesetzt werden.				
Es sollten ab 45 Perspektivgespräche geführt werden, damit der Mitarbeiter erfährt, wie der eigene Zukunftswert eingeschätzt wird, und Hinweise erhält, was er tun sollte, um seine Beschäftigungsfähigkeit zu sichern.				
Die Zusammenarbeit zwischen Jung und Alt funktioniert vorbildlich.				
Es gibt ein effizientes Gesundheitsmanagement im Unternehmen.				
Führungskräfte bestärken ihre Mitarbeiter in der Selbstverantwortung und im Selbstmanagement.				
Bei der Besetzung innerbetrieblicher Stellen haben Mitarbeiter über 50 gleichwertige Chancen.				
Die Vergütung erfolgt nach Leistungsgesichtspunkten und nicht additiv nach dem Alter.				
Führungsverträge sollten auf Zeit angelegt sein.				
Auch Mitarbeiter jenseits der 48 nehmen bis zur Rente bzw. zum Ausscheiden regelmäßig an Qualifizierungs- und Entwicklungsmaßnahmen teil.				

Bild 6.7 Fragenkatalog zur Mitarbeiterbefragung *(Fortsetzung)*

Unternehmensleitbild

Wir bieten attraktive und sichere Arbeitsplätze. Das bedeutet:

- Wir erwarten, dass Mitarbeiter Selbstverantwortung für ihre Beschäftigungsfähigkeit und Attraktivität übernehmen, lebenslang lernen und sich entsprechend den eigenen Talenten weiterentwickeln.

- Leistung verlangt Gegenleistung: Das heißt
  - bereit zu sein, nach Leistung bezahlt zu werden – kein Senioritätsprinzip,
  - in unterschiedlichen Arbeits- und Organisationsformen auch mit 55 plus zu arbeiten.

Mitarbeiterleitbild

Eine hohe fachliche Leistung dauerhaft zu erbringen bedeutet:

- Selbstverantwortung für die eigene berufliche Attraktivität zu übernehmen,
- seine Kompetenzen und sein Wissen in der jeweiligen Aufgabenstellung bis zum beruflichen Ausstieg auf aktuellem Stand zu halten,
- bereit zu sein, auch in der Freizeit zu lernen,
- sich mit neuen Technologien auseinanderzusetzen,
- in unterschiedlichen Arbeits- und Organisationsstrukturen zusammenzuarbeiten, was bedeutet:
  - seine Einsatzbreite durch sinnvolle Jobrotationen zu erhöhen,
  - auch in altersgemischten Teams zu arbeiten,
  - bereit zu sein, im Team unterschiedliche Aufgaben wahrzunehmen,
- unternehmerische Verantwortung zu übernehmen, was bedeutet:
  - Verantwortung für seine Leistungs- und Beschäftigungsfähigkeit zu übernehmen,
  - an den betrieblichen Angeboten zur Gesundheit teilzunehmen,
  - seine Talente zu entdecken und zu nutzen.

Führungsleitbild

Führungskräfte definieren im Rahmen konkreter Zielvereinbarungen klare Freiräume und fördern Eigeninitiative und Veränderungsbereitschaft. Das bedeutet:

- Sie geben Feedback über die Zukunfts- und Beschäftigungsfähigkeit, hinsichtlich der Selbstführung und Selbstmotivation, zur Einhaltung von gesundheitsorientiertem Verhalten am Arbeitsplatz und zu Einsatzbreite, Lernqualität und Kompetenzen.
- Bei aller Kosten- und Ergebnisorientierung schaffen Führungskräfte ein Klima, das Spaß an der Arbeit vermittelt. Das bedeutet:
  - Sie nutzen die Motivation und Kompetenzen sowie das Wissen und die Erfahrung von 55-plus-Mitarbeitern.
  - Sie setzen Mitarbeiter mit 55 plus entsprechend ihren Möglichkeiten und Qualitäten optimal ein; zum Beispiel nutzen sie das Potenzial in Projekten, im Coaching und Mentoring, als Trainer bei Qualifizierung und Bildung, bei Auslandseinsätzen etc.
- Führungskräfte besitzen die Souveränität, effiziente Teams zu entwickeln und gleichzeitig starke Mitarbeiter im Team zu fördern. Das bedeutet:
  - altersgemischte Teams zu besetzen und zu entwickeln,
  - den Gedanken der „Diversity" effizient ein- und umzusetzen.

- Führen ist eine persönliche Leistung und nicht das Anwenden von Systemen. Das bedeutet:
  - Gesundheitsmanagement als neue Führungsaufgabe anzunehmen und die nachhaltige Leistungsfähigkeit der Mitarbeiter zu fördern und zu sichern,
  - Burn-outs rechtzeitig zu erkennen und Mitarbeiter in ihrer „Work-Life-Balance" zu unterstützen,
  - das Unternehmensinteresse und das Interesse des Mitarbeiters in seiner Verantwortung für Familie und Kinder zu erkennen und nach Möglichkeit in Einklang zu bringen.

Die Leitsätze werden bei den jährlichen Gesprächen zu den Zielvereinbarungen berücksichtigt und sind Maßstab in der jährlichen Beurteilung der Taten. Sie fließen indirekt in die leistungsgerechte Vergütung mit ein.

6. Rituale implementieren und Zeugnis ablegen

Es sind die Taten, die überzeugen, nicht die Versprechen. Nachvollziehbare Taten sind beispielsweise, wenn die Geschäftsführung deutlich macht, dass ältere Mitarbeiter weder eine positive noch eine negative Sonderrolle einnehmen. Denn das Ausrufen eines „Tages der älteren Mitarbeiter" etwa oder Appelle wie „Geben Sie auch den 50-plus-Neueinstellungen eine Chance!" helfen wenig. Entscheidend sind vielmehr *erlebte Wertschätzung und Anerkennung.* Eine schlechte Leistung wird nicht schlechter, weil der Betroffene 55 oder älter ist, und gute Leistung wird dadurch auch nicht besser. Dennoch ist die jugendorientierte Kultur in den Unternehmen zu korrigieren, in der Ältere oftmals bei Beförderungen „leer" ausgehen, emotional gemobbt werden oder man ihnen weniger zutraut. Das lässt sich nur durch klare und nachhaltige Signale verbessern.

Die Geschäftsführung kann mit folgenden Taten „Flagge zeigen":

- mit Mitarbeitern über 45, die besonders geschätzt werden, eine längere Vertragsdauer bis 65 vereinbaren,
- attraktive Personalentwicklungsaufgaben und Maßnahmen von der PE einfordern und umsetzen lassen,
- Gesprächsrunden zur qualitativen Personalplanung und zur Einschätzung des Chancen- und Risikopotenzials einführen,
- Gespräche zur Beschäftigungsfähigkeit mit Mitarbeitern über 45 einführen,
- interessante Abendveranstaltung zum Thema initiieren,
- leistungsfähige Mitarbeiter über 45 ins Ausland versetzen, ihnen attraktive Aufgaben und Projekte geben,
- attraktive Aufgaben und Funktionen übertragen, die mit Erfahrenen besser besetzt sind,

- neue Entgeltstrukturen (Abkehr vom Senioritätsprinzip) und attraktive Arbeitszeitmodelle einführen,
- ältere Mitarbeiter im Anschluss einer Zusatzqualifikation als Inhouse-Berater
einsetzen.

Es geht nicht darum, den Mitarbeitern über 45 eine Sonderrolle zu geben. Es kommt
darauf an, neue Akzente in einer bisherigen „Jugendwahnpolitik" zu setzen.

7. Talentmanagementprozess implementieren

Der Talentmanagementprozess ist im Handlungsfeld 3 beschrieben.

8. Intensive Auseinandersetzung in Führungskräftetrainings

Führungskräfte absolvieren zu Beginn ihrer Laufbahn in der Regel die unterschied-
lichsten Führungs- und Managementkurse. Die Erfahrenen unter ihnen besuchen
meist zusätzliche Spezialtrainings und ausgewählte Vorträge. Sämtliche Statistiken zu
dieser Thematik sprechen jedoch eine deutliche Sprache: Ab dem Alter von Mitte 40
sieht man Führungskräfte nur in Ausnahmefällen in Führungs- und Managementkursen. Der Grund dafür dürfte darin liegen, dass Unternehmen häufig keine Notwendigkeit für eine erweiterte Führungsrolle und Führungsfitness in der „zweiten
Runde" sehen. Dabei ist es offensichtlich, dass vor dem Hintergrund des demografischen Wandels und dem Trend, länger arbeiten zu müssen, neue und herausfordernde Situationen entstehen.

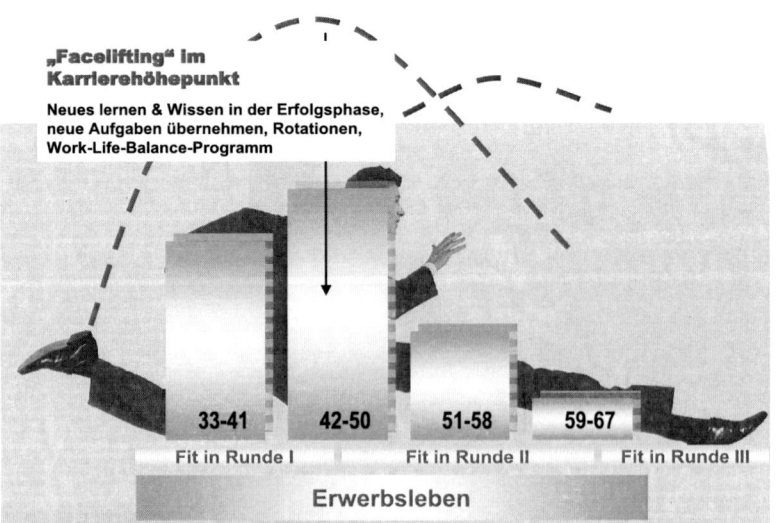

Bild 6.8 Topfit bis zur Rente – nicht zum Nulltarif

Bild 6.8 zeigt, dass kontinuierliches Lernen und Qualifizieren eine stabile Leistungs-kurve bis zum erfolgreichen Ausstieg möglich macht. Konkrete Qualifizierungsmaß-nahmen für junge und ältere Führungskräfte, in denen sie lernen, die künftigen Aufgaben zu meistern, könnten sein (Bild 6.9):

1. Jung führt Erfahrung

Zielgruppe: Junge Führungskräfte, die ältere Mitarbeiter führen müssen.

Ziel: Junge Führungskräfte erhalten Einblicke und Tools in die neue Herausforde-rung, „Ältere zu führen". Erfolgreich ältere Mitarbeiter führen heißt, als Jüngerer Akzeptanz in der eigenen Führungsrolle zu erzielen, ältere Mitarbeiter für das, was sie geleistet haben, zu würdigen, gleichzeitig aber auch konsequent neue Anforderungen zu stellen und dafür Unterstützung zu geben. Das Ergebnis: Die „geführten älteren Mitarbeiter" akzeptieren die junge Führungskraft und fühlen sich von ihr angenom-men, verstanden und gefordert.

Nutzen: Akzeptanz in der eigenen Führungsrolle erreichen. Wissen, wie man Ältere führt und gemeinsam mit ihnen Ziele und Ergebnisse erreichen kann.

Thema: Die Jungen kennen den PC bereits aus dem Kinderzimmer, schwimmen lässig in der Informationsflut, setzen auf die Geschwindigkeit und haben mit Hierar-chien nichts am Hut. Eine neue Generation von neuen Mitarbeitern revolutioniert die Arbeitswelt. Sie übernehmen Führungsverantwortung und sehen sich älteren Mitar-beitern gegenüber, die oftmals andere Werte für wichtig erachten, die weniger schnell im Internet surfen, aber auf Geleistetes mit Stolz zurücksehen. Ohne ihre Leistung in der Vergangenheit stünde das Unternehmen nicht da, wo es heute ist. „Soll das nichts mehr gelten?"

Wie und warum müssen sich junge Führungskräfte auf die älteren Mitarbeiter einstellen? Die Geführten ärgern sich, wenn die junge Führungskraft nicht auf sie hört und keine Verantwortung abgibt. Sie sind frustriert und fühlen sich entmündigt – manche beschweren sich, andere ziehen sich zurück. Das Klima verschlechtert sich, bis hin zur Verweigerung der Zusammenarbeit.

Die jungen Führungskräfte hingegen sind schnell überfordert durch die Fülle der Aufgaben und die mögliche Ablehnung der Älteren. Fehler passieren. Oftmals halten die Jungen diesem Druck nicht stand. Hektik kommt auf. Die junge Führungskraft verliert zunehmend die Beherrschung, wird ungerecht und das Verhältnis zu ihren älteren Mitarbeitern verschlechtert sich drastisch. Meist reagiert die Führungs-kraft dann mit noch mehr Druck, was bei den Mitarbeitern wiederum noch mehr Ärger und Angst auslöst. Fehler werden vertuscht und der Unternehmer wundert sich,

Bild 6.9 Führungstrainings im Überblick

die Leistung in einem vorher gut funktionierenden Team oder einer erfolgreichen Abteilung plötzlich abbaut.

Inhalt: Anhand von konkreten Fallsituationen werden junge Führungskräfte Schritt für Schritt an die Aufgabe herangeführt. Sie setzen sich damit auseinander,

- was es für ältere Mitarbeiter bedeutet, bis 65 zu arbeiten,
- was ältere Mitarbeiter fühlen und denken,
- welche Erwartungen ältere Mitarbeiter an die junge Führungskraft haben,
- wie man ältere Mitarbeiter motivieren kann,
- wie man ein Team mit unterschiedlichen Qualitäten und Merkmalen zu einem Erfolgsteam formt,
- welche Instrumente eingesetzt werden sollten, um ältere Mitarbeiter zu führen (Gespräche zur erfolgreichen Beschäftigung bis 65, Analyseinstrumente zur Einschätzung von Talenten und Potenzialen, systematische Personalentwicklungserhebung).

2. Mit Wissen und Weisheit erfolgreich führen

Zielgruppe: Führungskräfte ab 45, die weiter in Führungsfunktionen Verantwortung tragen und gegebenenfalls bis zur Rente exzellent führen.

Ziel: Ältere Führungskräfte haben Gelegenheit, sich „neu aufzustellen", das heißt Rückschau zu halten auf Erfolge und gute Führungsleistungen, aber auch auf Misserfolge und Fehler, aus denen man lernen kann. Es geht darum, aufbauend auf der aktuellen Führungsqualität, neues Führungshandwerkszeug zu erhalten und das vorhandene Wissen aufzufrischen, aber auch sich mit der Führungsrolle in der heutigen Zeit auseinanderzusetzen.

Nutzen: Führungskräfte setzen sich neu mit ihrer Führungsrolle auseinander, lernen neues Führungshandwerkszeug und können auf ihrem vorhandenen Führungswissen aufbauen und ihre Führungsqualität weiterentwickeln. Sie lernen, aktives Gesundheitsmanagement zu betreiben und sich darüber im Klaren zu werden, was das bedeutet.

Thema: Immer weniger nehmen Führungskräfte ab 45 an Führungsqualifizierungen und -weiterentwicklungen teil. Sie sind in der Regel sehr erfahren und erhalten auch gute Noten in ihrer Führungskompetenz, dennoch besteht die Gefahr, sich abzunutzen, die eigenen Führungsqualitäten nicht zu hinterfragen, sich nicht mit neuen Führungsfragen auseinanderzusetzen oder neues Führungswissen anzueignen. Insbesondere sind sie immer stärker gefordert, die eigene Mitarbeiterschaft gesund zu erhalten. Das bedeutet, auf Langstreckenqualitäten der Mitarbeiter zu achten und aktives Gesundheitsmanagement zu betreiben. Dazu gehört:

- stärker auf Anzeichen von Burn-out-Syndromen zu achten,
- immer mehr gesundheitliche Prävention einzufordern.

Das heißt, Mitarbeitern Feedback zu geben hinsichtlich ihrer Employability, also zu ihrer Beschäftigungsfähigkeit.

Inhalt:

- Auseinandersetzung mit der bisherigen Führungsrolle, mit den Erfolgen und Misserfolgen.
- Sich neu aufstellen: Wo will ich in meiner Führungsqualität wachsen?
- Am eigenen (neuen) Stil, Auftritt, Charisma arbeiten.
- Vorgehen und Methoden lernen zum aktiven Gesundheitsmanagement (ein erfahrener Arzt kann dazu einen Beitrag leisten).
- Mit älteren Mitarbeitern erfolgreich Ziele erreichen.
- Diversity: Lernen, wie man Mitarbeiter mit unterschiedlichen Erfahrungen und unterschiedlich kulturellem Hintergrund zu einem Hochleistungsteam formt.

Hinweis: Bei diesen Trainings kommt der sogenannte Harrison-Test zum Einsatz (freiwillig). Der vom Amerikaner Harrison entwickelte Persönlichkeitstest zeichnet sich durch seine besondere Aussagekraft und komplexe Anwendung aus. Das Verfahren arbeitet mit Paradoxien. Damit erhält der Anwender ein tief gehendes Profil nicht nur über die Stärken einer Testperson, sondern auch über ihre Vermeidungstendenzen. Es geht um persönliche Eignung, Eigenschaften, Interessen, Aufgaben und Umfeldpräferenzen, außerdem um die fachliche Eignung, Berufserfahrung, Bildungsstand und Ausbildung.

3. Erfolgreiche Employability – Gespräche mit Mitarbeitern führen

Zielgruppe: alle Führungskräfte.

Ziel: Mitarbeiter auf hohem Niveau beschäftigungsfähig halten.

Nutzen: Die Führungskraft lernt die Unterschiede zwischen Jahresgespräch, Beurteilungsgespräch und Gespräch zur Beschäftigungsfähigkeit. Das versetzt sie in die Lage, differenzierte Perspektivgespräche zu führen, die zum Ziel haben, die Beschäftigungsfähigkeit der Mitarbeiter bis 65 nachhaltig zu sichern.

Thema: Gespräche zur Beschäftigungsfähigkeit sind Zukunftsgespräche (Perspektivgespräche) ab 45 und sollten alle zwei bis drei Jahre stattfinden. Im Mittelpunkt steht, die Kompetenz älterer Mitarbeiter zu nutzen und zu sichern. Das Gespräch ist eine Art berufliche Vorsorgeuntersuchung. Es weicht grundlegend ab vom üblichen Jahresgespräch. Das Ziel ist hier, dem Mitarbeiter eine höhere Selbstverantwortung für die eigene berufliche Zukunft nahezubringen und ihm aufzuzeigen, wie er bis 65 leistungsfähig bleiben kann. Nämlich: Nicht in die Spezialisierungsfalle zu geraten. Das bedeutet, den technologischen Wandel nicht zu verpassen, Neues in der Breite zu lernen, die gesamten Kompetenzen zu verbessern durch neues Allgemeinwissen, neues Methodenwissen, das Wissen zu eigener Gesundheit, Sinn und Lebensfreude, sozialer Kompetenz und gegebenenfalls auch Führungskompetenz. Es ist nicht nur ein Beurteilungsgespräch, vielmehr geht es im stets wertschätzend zu führenden Perspektivgespräch um Klärung von Handlungsbedarf. Es gibt verschiedene Zielrichtungen, zum Beispiel Mitarbeiter, die man auf keinen Fall verlieren darf und will, Mitarbeiter, die bleiben sollen, oder Mitarbeiter, die man tendenziell „loswerden" möchte.

Inhalt: Die Inhalte beziehen sich auf das Führen von wertschätzenden Mitarbeitergesprächen bezogen auf die unterschiedlichen Rollen:

• Selbstverantwortungskonzept des Mitarbeiters und Führungskonzept der Führungskraft.

• Führen von Perspektivgesprächen mit Mitarbeitern,
  – die über herausragende Zukunftsfähigkeiten verfügen und die man unbedingt halten möchte. Hier geht es vor allem darum, Perspektiven zu entwickeln und aufzuzeigen.
  – die über gute Zukunftsfähigkeiten verfügen. Hier geht es um die Verbesserung der Einsatzbreite.
  – die aus heutiger Sicht nicht die Zukunftsfähigkeit haben, aber denen man das zutraut. Hier geht es darum, auszuloten, wie und womit diese Zukunftsfähigkeit zu erreichen ist – über Qualifizierungsmaßnahmen, gesundheitliche Prävention, verbesserte Einsatzbreite, erhöhte Selbstmotivation und -führung.

– die aus heutiger Sicht künftig nicht die Beschäftigungsfähigkeit aufweisen hinsichtlich Erhalt von Wissen und Kompetenzen, Gesundheit und Leistungsfähigkeit oder Leistungswillen und Motivation. Hier geht es darum, Gespräche zu führen, die helfen, diese Mitarbeiter doch noch in die Beschäftigungsfähigkeit zu bringen (intern, extern), eventuell mit personellen Einzelmaßnahmen.

Alle Gespräche sind wertschätzend zu führen. Ideal ist es, diese Trainings anhand eigener Fälle im Unternehmen „aufzuziehen" oder an anderen konkreten Fallbeispielen.

4. Diversity als Führungsaufgabe

Zielgruppe: Führungskräfte, die Mitarbeiter mit unterschiedlichen Fähigkeiten, unterschiedlicher Kultur und unterschiedlichen Alters führen.

Ziel: Erfolgreich führen in komplexen Führungssituationen.

Nutzen: Teamformungskonzepte erlernen, das heißt Handwerkszeug an die Hand bekommen, um unterschiedliche Mitarbeiterqualitäten zu einem Team zu formen. Dazu gehört das Kennenlernen von Performanceinstrumenten, die es erlauben, Mitarbeiter in einem komplexen Projekt mit unterschiedlichen Hintergründen zu führen.

Thema: Klassische Führung, also das Führen einer Anzahl von Mitarbeitern, reicht häufig nicht mehr aus. Immer öfter sind Führungskräfte gefordert, Mitarbeiter zu führen mit Migrationshintergrund, aus anderen Kulturen, aus voneinander abweichenden Werte- oder Beurteilungssystemen, eventuell aus Tochtergesellschaften, die zeitweilig im Team oder bei speziellen Projekten mitarbeiten, und diese zu einem Hochleistungsteam bezüglich einer besonderen Aufgabe zu formen. Hinzu kommt, dass die Teams zunehmend auch vom Alter her gemischt sind. Ältere stehen Jungen mit unterschiedlichen Wertvorstellungen und Kompetenzen gegenüber, die es als Summe zu führen gilt.

Inhalt: Führungskräfte lernen Teams zu führen, die aus Mitarbeitern unterschiedlichen Alters, unterschiedlicher Kulturen und Verhaltensmustern bestehen. Es geht um Instrumente, mit denen die Menschen motiviert werden können, und es wird vermittelt, welcher Führungsstil bei Multigenerationenteams (bestehend aus „Y-er", „X-er", „Babyboomer" und „Traditionals") ankommt. Sie sind altersgerecht anzusprechen, anzuleiten und zu motivieren. Das Feedback unterscheidet sich jeweils, ebenso die Anwendung von Personalmanagementinstrumenten und die Umsetzung von Personalentwicklungsinitiativen.

Die Schwerpunkte des Workshops sind:

- Wie arbeiten unterschiedliche Generationen zusammen?
- Das 4-Generationen-Konzept.
- Führung konkret – lösen von konkreten Führungsherausforderungen.
- Personalmanagementinstrumente sensibel, aber konsequent anwenden.
- Wertschätzende Mitarbeitergespräche führen.
- Handlungsempfehlungen und Erarbeiten konkreter Optimierungsmaßnahmen.

5. Auf der Mittellinie des Lebens: Fit für die zweite Runde

Zielgruppe: hochkarätige Spezialisten, Führungskräfte.

Ziel: Erhalt und Steigerung der beruflichen Attraktivität.

Nutzen: Teilnehmer bereiten sich systematisch – möglichst rechtzeitig in der Phase der Stärke – auf die weitere berufliche Phase (fit für die zweite Runde) vor. Sie klären für sich, ob sie Neues wagen können und sollen und wie sie ihre weitere berufliche und persönliche Entwicklung in die Hand nehmen können.

Thema: Erst im Dreiklang von Gesundheit/Fitness, Selbstmotivation/Selbstführung und neuen beruflichen Kompetenzen ist die persönliche und berufliche Attraktivität erreichbar. Das Überschreiten der Mittellinie des Lebens erfordert deshalb umfangreiche und sorgfältige Vorbereitung auf die weiteren bevorstehenden persönlichen und beruflichen Herausforderungen. Es geht um eine berufliche und gegebenenfalls persönliche Bestandsaufnahme, um „Work, Life und Balance" sowie um Erneuerungen. Welche Punkte befinden sich im Einklang und welche im Ungleichgewicht? Es ist Zeit für das Identifizieren von kritischen Belastungsfaktoren und die Analyse des eigenen beruflichen Marktwerts, sowohl intern als auch extern.

Der Weg dahin beginnt mit einem medizinischen Gesundheits- und Fitnesscheck mit internistisch-kardiologischer beziehungsweise orthopädischer Untersuchung durch Fachärzte einschließlich konkreter Anleitungen zur gesundheitlichen Prävention. Es folgt die Ermittlung des Fitnessstatus mit individuellen, alltagstauglichen Trainingsempfehlungen und -plänen. Abgerundet wird der Workshop mit einer modernen Ernährungsberatung mit Vorträgen und Kochkurs.

Inhalt:

- **Medizinischer Gesundheits- (Orthopädie und Kardiologie) und Fitnesscheck.** Internistisch-kardiologische Präventionschecks durch Fachärzte der Orthopädie, Kardiologie. Ernährungsberatung. Ermittlung des Fitnessstatus im Zentrum für Leistungsdiagnostik mit professionellen Messtechniken und konkrete Trainingsempfehlungen von Sportwissenschaftlern. Angebot zum Gesundheitscoaching.

- **Workshop „Sinn und Orientierung".** Check-up der persönlichen Ziele einschließlich Work-Life-Balance-Analyse. Klären des beruflichen Marktwerts: intern/extern. Welche Ziele habe ich, welche Einsatzbreite und welche Lernqualitäten? Diagnose der eigenen Werte, Talente und Kompetenzen. Inwieweit werden diese genutzt? Stelle ich mich meinen Lebensthemen?

Gearbeitet wird mit Analogien, wirksamen Lehrerzählungen und Lehrstücken biblischer Figuren zum Thema Führung. Dabei werden Elemente aus Kunst und Theater eingesetzt, um neue Perspektiven und Zugänge zu finden. In die Arbeit fließen außerdem Erkenntnisse aus Studien zu Talentmanagement und zu Benedikt ein. Stichwort: dienen statt herrschen. Zudem gibt es individuelles Coaching und Einzelgespräche, um alltagstaugliche Empfehlungen und Pläne zu erarbeiten.

- **Workshop „Neue Kompetenzen in Szene setzen":** Das eigene (neue) Drehbuch schreiben. Es geht um
  - das spielerische Gestalten der eigenen Zukunft und des eigenen (glaubwürdigen) Auftritts,
  - das Formulieren sauberer Regieanweisungen zur eigenen Lebens- und Berufsgestaltung,
  - das Konkretisieren der Aufgaben und Rollen.

Unter der Anleitung einer Regisseurin steht das szenische Erproben eigener konkreter Lebens- und Arbeitsgestaltung im Vordergrund. Es werden emotionale und intellektuelle Herausforderungen erlebt und gemeistert. Schwerpunkte können sein: die Kunst des eigenen Auftritts, des eigenen Führens; die Kunst der Präsentation; die Kunst der Kommunikation; die Kunst der Teamarbeit; überwinden eigener Blockaden; eigenes Selbstvertrauen erleben. Im spielerischen Experiment mit Rollenbildern und Verhaltensweisen bietet die Bühne die Freiheit, neue Wege zu erproben. In einem Theatertraining haben die Teilnehmer die Gelegenheit, in spielerischer Auseinandersetzung die eigene Person, eigene und fremde Verhaltensmuster sowie Team- und Berufssituationen zu reflektieren. Sie können Schritte zur Optimierung einleiten und diese konkret prüfen. Aber auch klären, welche Blockaden im Wege stehen und Entscheidungen für die weitere Lebensplanung vorbereiten. Sie fragen sich, was Neues geplant und gelernt werden muss, und erarbeiten sich einen individuellen Aktionsplan.

6. Perspektiven entwickeln für die Zeit danach: Fit für die dritte Runde

Zielgruppe: hochkarätige Spezialisten, Führungskräfte.

Ziel: Vorbereitung eines geglückten (gleitenden) beruflichen Ausstiegs und Umstiegs in eine neue Lebensphase/Schaffensphase.

Nutzen: Klären, wie ein geglückter beruflicher Ausstieg für sich aussieht und vollzogen werden kann, welches „Haus zu bestellen" ist, welches Wissen, welche Erfahrung weitergegeben werden soll. Wissen, welche Prioritäten in der Zeit nach dem beruflichen Ausstieg von Belang sind.

Thema: Es geht darum, die „geschenkten" zehn Jahre zwischen 60 und 70 aktiv zu nutzen und bewusst zu entscheiden, ob man sich „zur Ruhe setzen" will oder lieber noch andere Pläne verwirklicht werden sollen. Vielleicht lockt ein familiäres oder soziales Engagement oder ein berufliches im Ausland? Oder man will einfach nur Zeit für sich und seine Hobbys haben.

Inhalt:

- **Gesundheit erhalten, Leistungsfähigkeit sichern.** Medizinischer Gesundheits-(Orthopädie und Kardiologie) und Fitnesscheck. Internistisch-kardiologische Präventionschecks durch Fachärzte der Orthopädie, Kardiologie. Ernährungsberatung. Ermittlung des Fitnessstatus im Zentrum für Leistungsdiagnostik mit professionellen Messtechniken und konkrete Trainingsempfehlungen von Sportwissenschaftlern. Angebot zum Gesundheitscoaching.
- **Workshop „Fit für die dritte Runde".** Check-up der persönlichen Ziele. Was „hinterlasse" ich? Welches Wissen, welche Erfahrungen sind wertvoll, welche sind gewollt, welche nicht? Mit welchem Gefühl schaue ich zurück? Was war mir wichtig, was habe ich erreicht, was konnte ich nicht erreichen? Was erwarte ich von meiner Zukunft, was will ich für mich – was wollen andere? Was kann ich wem geben, wer braucht mich, wen brauche ich? Was ist mir wertvoll? Angeboten wird eine persönliche Fallberatung. Danach erarbeiten die Teilnehmer das künftige Drehbuch mit Instrumenten und Mitteln des Theaters – leicht und ernst. Es geht darum, sich selbst etwas wert zu sein.

Gearbeitet wird mit Analogien, wirksamen Lehrerzählungen und Lehrstücken biblischer Figuren zum Thema Führung. Dabei werden Elemente aus Kunst und Theater eingesetzt, um neue Perspektiven, Zugänge und Erkenntnisse zu finden. Dazu gehören ein individuelles Coaching und Einzelgespräche, um alltagstaugliche Empfehlungen und Pläne zu erarbeiten.

7. Gesundheitsmanagement als Führungsaufgabe

Zielgruppe: alle Führungskräfte.

Ziel: Erhalt der nachhaltigen Leistungsfähigkeit von Mitarbeitern. Achten auf Work-Life-Balance, Gesundheit und Leistungsvermögen.

Nutzen: Verringerung von krankheitsbedingten Ausfällen und Abbau von Überforderungen. Erhalt einer möglichst nachhaltigen Leistungsfähigkeit und Leistungswilligkeit.

Thema: Arbeiten bis 65 bedeutet, Langstreckenqualitäten zu entwickeln und dauerhaftes Arbeiten am Limit mit Gefahr auf Burn-out und/oder einseitige körperliche Belastungen zu vermeiden.

Inhalte: Im Rahmen des Programms für Führungskräfte, die Gesundheitsmanagement als Führungsaufgabe begreifen, werden Lösungen erarbeitet zu folgenden Problemstellungen:
- Bei Burn-out-Symptomen und Überforderungen.
- Wie sichern wir die nachhaltige Beschäftigungsqualität?
- Wie sehen wir das Leistungspotenzial unserer Mitarbeiter für die nächsten drei, fünf und sieben Jahre?
- Was gefährdet ihre Gesundheit und Motivation?
- Was macht sie einzigartig? Über welche Talente und Kompetenzen verfügen sie? Welche zeigen sie nicht und welche werden zu wenig genutzt?
- Wie erhalten wir die Lernfähigkeiten und fördern die Einsatzbreiten?
- Erstellung der persönlichen Risikobilanz (Absicherung im Alter).

Im Workshop wird an den eigenen „Glaubenssätzen" gearbeitet und es werden individuelle Risikoportfolios von Mitarbeitern erstellt. Im Vordergrund stehen konkrete Fallbearbeitungen und Maßnahmenplanungen. Welche Mitarbeiter sind gefährdet, welche weniger? Was ist die Aufgabe als Führungskraft, um Krankheitsausfälle zu vermeiden und Gesundheit zu fördern? Inwieweit muss sich mein Führungsstil ändern?

6.4 Handlungsfeld 2: Organisation, Gesundheitsmanagement & Einsatzmöglichkeiten

Im Folgenden geht es darum, wie ein professionelles Gesundheitsmanagement aussieht, welche Anforderungen moderne Organisationsformen an Mitarbeiter stellen, wie Mitarbeiter entsprechend ihren Kompetenzen eingesetzt werden können und wie eine systematische Entwicklung unterstützt werden kann.

6.4.1   Die Ausgangssituation in den Unternehmen

Es gibt vor allem funktionale, matrixbezogene und projektorientierte Organisationsmodelle – doch kaum noch feste, einheitliche Organisationsformen im klassischen Sinne. Die zunehmende Dynamik in den Unternehmen und die wachsende Komplexität der Aufgaben führen dazu, dass unterschiedliche Organisationsmodelle und Einsatzstrukturen gleichzeitig existieren.

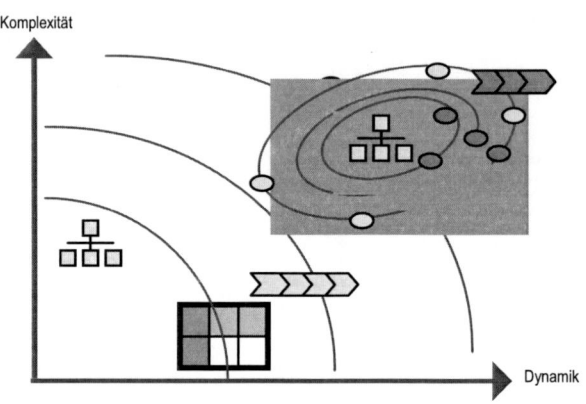

Bild 6.10 Zunehmende Dynamik und Komplexität (in Anlehnung an Riekmann, 1996)

Bild 6.10 zeigt, dass bei geringer Dynamik und Komplexität die klassischen, funktionellen Organisationsstrukturen ausreichen. Bei zunehmender Dynamik und Komplexität jedoch arbeiten viele Unternehmen heute weltweit in Projekt- oder Prozessstrukturen, aber auch in Matrixorganisationen und in „klassischen" funktionalen Organisationsformen über Landes-, Zeitgrenzen und kulturelle Unterschiede hinweg, mit modernster IT-Technologie.

Daraus folgt eine weitere Herausforderung vor dem Hintergrund des demografischen Wandels: Ältere erfahrene Mitarbeiter halten gerne an den klassischen Funktionen fest. Sie haben sich in den althergebrachten Strukturen eine gewisse Kompetenz erarbeitet und dementsprechend etwas zu sagen. Das gibt ihnen Sicherheit, sie fühlen sich anerkannt. Die Gefahr dabei ist: Sie versäumen es, Neues zu wagen. Sie geraten schnell ins Hintertreffen, wenn innovative Technologien und moderne Maschinen eingesetzt werden. Darauf sind sie nicht vorbereitet und die damit einhergehende Angst lähmt ihre Leistungsfähigkeit massiv. Ein Teufelskreis beginnt.

Das heißt: Die Alten halten an bestehenden Organisationsmodellen zu lange fest und sind nicht offen, neue Risiken einzugehen, indem sie den Job wechseln oder eine erweiterte Aufgabe übernehmen, sich versetzen lassen oder ins Ausland gehen. Es ist zu wenig Bereitschaft vorhanden, sich in ungewohnte Arbeitsstrukturen und Herausforderungen zu begeben. Doch das gefährdet ihre Existenz, denn sie können mit dem Neuen (Arbeitsmodelle, Techniken, Philosophien) nicht mithalten und ihr bisheriges Wissen reicht für die veränderten Aufgaben nicht mehr aus. Ein größerer Technologiesprung drängt sie sofort ins Abseits.

Die Aufgabe: Es ist die Frage zu beantworten, was für das Unternehmen Sinn macht. Denn jede Schlüsselfunktion muss stets optimal besetzt sein. Deshalb ist genau zu definieren, welche Funktion welche Kompetenzen braucht. Wie lässt sie sich im Kontext des Umfelds und der notwendigen Beziehungen optimal gestalten? Handelt es sich beispielsweise um Aufgaben mit komplexen Strukturen, die viel Erfahrung erfordern und viele Unwägbarkeiten enthalten, dann eignen sich ältere erfahrene Mitarbeiter eindeutig besser als „Neulinge". Geht es allerdings um Aufgaben mit hoher Innovationsgeschwindigkeit, die neuestes Wissen und hohe Dynamik erfordern, dann ist die Position besser mit einem jüngeren Mitarbeiter besetzt.

Eine zentrale Schlussfolgerung für das Arbeiten in komplexen Organisationsstrukturen lautet deshalb: Mitarbeiter müssen grundsätzlich ihr gesamtes berufliches Leben lang mit Wechsel und Veränderung konfrontiert werden. Das heißt, das Arbeiten in unterschiedlichen Arbeits- und Organisationsformen und in neuen Aufgaben – egal ob in der Produktion oder im Marketing – ist ein Muss! Als Beispiel denke man an internationale Unternehmen, die für ein Produkt (zum Beispiel Auto) rund um den Globus konstruieren, einkaufen und produzieren. Auch in kleineren Unternehmen: Die Forderung zur Flexibilität kann sich nicht alleine an der Bereitschaft für Überstunden festmachen und als Forderung, die man bei Stellenausschreibungen an externe Bewerber richtet. Deshalb sind entsprechend den modernen Anforderungen zeitgerechte Organisationsformen zu schaffen und ohne Wenn und Aber den Mitarbeitern zuzumuten. Wer nicht die Gelegenheit bekommt, das ein berufliches Leben lang zu trainieren und zu lernen, von dem kann nicht plötzlich im Alter von 55 verlangt werden, in neuen komplexen Arbeitsformen zu arbeiten.

Mit veränderten Arbeits- und Organisationsformen einhergehen gemischte Teams – aus verschiedenen Nationalitäten, Männer, Frauen, Junge, Alte, mit unterschiedlichen Fähigkeiten und Kompetenzen. Ein neuer Begriff umschreibt das mit „Diversity". Er bedeutet wörtlich übersetzt: Vielfalt oder Verschiedenartigkeit. Damit entsteht für das Team und seine Führung eine neue, enorme Herausforderung – und zwar mit Andersartigkeiten umzugehen. Herausforderung, weil ein gemischt zusammengesetztes Team aus Jüngeren und Älteren, Männern und Frauen, Mitarbeitern mit langer und kurzer Berufserfahrung ein enormes Potenzial bietet. Es ist grundsätzlich lebendiger und damit eher zukunftsfähig. Allerdings nur über den Preis einer „konstruktiven Auseinandersetzung und gegenseitigen Wertschätzung" – unabhängig davon, welchen Geschlechts, welcher Nationalität, Religion, sexueller Orientierung oder gesellschaftlichen Gruppe sie oder er angehört. Diversity ist daher kein Programm oder eine Initiative, auch keine Sonntagsrede, sondern eine professionelle Aufgabenstellung für die Führungsriege.

Mit dieser Aufgabe verbindet sich der ganzheitliche Ansatz, die Unterschiede der Mitarbeiterinnen und Mitarbeiter als Chance für diese selbst und das Unternehmen zu verstehen. Die Herausforderung an die Leitung solcher Teams (Diversity Manager) ist enorm und sollte in den Managementkursen dringend berücksichtigt werden. Aufgaben eines Diversity Managers:

*   die gezielte Wahrnehmung,
*   das aufrichtige Wertschätzen und
*   das bewusste Nutzen von Unterschieden.

Der Diversity Manager setzt diesen ganzheitlichen Ansatz um. Das bedeutet beispielsweise, operative Personalprozesse anzustoßen und zu unterstützen. Dabei geht es in erster Linie um die Kommunikation mit verschiedenen Interessengruppen und -bereichen sowie um das Verständnis und die Akzeptanz der Andersartigkeit. Es geht um zuhören, verstehen, integrieren und gegebenenfalls auch korrigieren.

Die Aufgabenvielfalt spiegelt sich im Kompetenzprofil eines Diversity Managers wider. Neben besonderen kommunikativen Fähigkeiten und dem ehrlichen Interesse am Thema steht ein hohes Maß an Sensibilität für die Belange unterschiedlicher Menschen ganz oben auf der Anforderungsliste. Die Bandbreite der nötigen Kompetenzen wird zudem deutlich, wenn der Manager gefordert ist, ein Verständnis für die Zusammenhänge zwischen Diversity und dem Unternehmenserfolg zu entwickeln. Die vielfältigen Qualitätsansprüche der Kunden sind hierbei ebenso wie die Veränderungen immer älter werdender Mitarbeiter starke Argumente für diese Aufgabe. Daher liegt die Zukunft von Diversity und Diversity Management darin, einerseits die Wertschätzung der Unterschiede der Mitarbeiter hervorzuheben und andererseits den Anforderungen der Aufgaben eines Bereichs gerecht zu werden.

Fazit: Die Integration älterer Mitarbeiter in das Team ist nicht alleine eine Frage des Alters. Sie ist vielmehr Bestandteil eines ganzheitlichen Ansatzes: Diversity. Zudem ist das Arbeiten in komplexen Arbeits- und Organisationsformen neben dem Erhalt der Wettbewerbsfähigkeit eine Frage des lebenslangen Lernens „on the job“. Unternehmen, die es versäumt haben, hier eine gezielte Personalpolitik zu leben, müssen über teure Trainingsprogramme „nachsitzen“ – eine kostenintensive und zeitaufwendige Prozedur. Doch ist es besser, spät als überhaupt nicht zu handeln.

GROKU AG

Die mittelständische GROKU AG produziert und vertreibt Dampfgaröfen für Großküchen und tummelt sich als Weltmarktführer in einem extrem innovativen Markt. Sehr stolz ist die Firmenleitung auf ihre zentrale, hochmoderne Produktion an ihrem angestammten süddeutschen Standort. Von dort aus werden die Geräte in alle Herrenländer verschickt. Der Wettbewerb ist hart, deshalb steht das Unternehmen unter einem immensen Qualitäts- und Kostendruck – vor allem was die Produktion der Dampfgeräte betrifft. Vor fünf Jahren wurden deshalb die Arbeitsprozesse komplett restrukturiert. Wurde bisher am Fließband produziert und war jeder Mitarbeiter für zwei bis drei Handgriffe pro Gerät zuständig, gibt es heute die sogenannte Inselproduktion. Das heißt, jeweils ein Mitarbeiter ist für die Herstellung und Qualität einer kompletten Maschine verantwortlich. Damit hat sich die Anforderung an den Einzelnen deutlich erhöht. Denn jetzt muss jeder Produktionsmitarbeiter in der Lage sein, die neuen Ablaufprozesse zu verfolgen, eine moderne Produktionssteuerung zu bedienen, das Logistiksystem zu verstehen, die Qualität zu prüfen und vor allem bereit sein, die Verantwortung für seine Arbeit zu übernehmen. Denn wenn es technische Probleme welcher Art auch immer mit GROKU-Geräten beim Kunden gibt, lässt sich genau nachvollziehen, wer das Modell wann zur Auslieferung freigegeben hat.

Horst Pullau (56) ist an dieser neuen Herausforderung gescheitert. Seit über 30 Jahren war er in der Produktion des Geräteherstellers tätig und kannte ausschließlich die althergebrachte Fließbandproduktion. Aufgrund seiner Erfahrung und seines Geschicks war er einer der Besten seines Metiers. Keiner arbeitete schneller und präziser. Gab es Probleme, kamen die jüngeren Kollegen zu ihm und fragten ihn um Rat. Horst Pullau gefiel sich in der Rolle des „überlegenen Silberrückens". Und wenn es nach ihm gegangen wäre, hätte das bis zu seinem Ruhestand so weitergehen können. Doch es kam anders. Vor fünf Jahren stellte GROKU seine Produktionsabläufe komplett um. Der erfahrene Mitarbeiter sollte sich plötzlich mit den speziellen Fertigungsprogrammen auskennen, die Logistikabläufe beherrschen und dem Produktmanagement Rede und Antwort stehen können. Doch darum hatte er sich zeit seines Berufslebens nie gekümmert; und keiner hatte das je von ihm verlangt. Horst Pullau verstand die Welt nicht mehr. Bisher fragten die Kollegen ihn um Hilfe. Plötzlich musste er die Jüngeren bitten, ihm die neuen Abläufe zu erklären. Doch mit dem Verständnis haperte es deutlich. Alles ging ihm zu schnell, er kam einfach nicht mehr mit. Besondere Probleme bereitete dem PC-Unerfahrenen der Umgang mit der Computersteuerung. Er musste ständig nachfragen und hielt damit sich und die Kollegen auf. Die Produktionsvorgaben konnte er so nicht einhalten.

Bald wurde er zum Problemfall der Produktionsabteilung. Die Jüngeren hatten mit ihren eigenen Aufgaben zu tun. Sie konnten und wollten sich nicht auf Dauer mit ihm und seiner Schwerfälligkeit abgeben. Die Folge: Horst Pullaus Leistungsfähigkeit baute spürbar ab – keine Motivation, keine Energie, lustlos schleppte er sich in die Arbeit und fühlte sich zusehends nutzlos. Nach wenigen Monaten ahnte er, dass die Geschäftsleitung ihn lieber heute als morgen loswerden würde – nach über 30 Jahren! Eine schlimme Demütigung. Es kam, wie es kommen musste: Sein Vorgesetzter legte ihm ans Herz, in Vorruhestand zu gehen – eine Abfindung sollte ihm das Ende seines Berufslebens erleichtern.

So oder ähnlich läuft es zurzeit in vielen Betrieben. Die älteren Mitarbeiter haben massive Probleme mit den neuen Aufgabenstellungen und veränderten Herausforderungen moderner Unternehmensstrukturen. Sie sind unbeweglich und festgefahren –

sie kommen mit dem aktuellen Tempo einfach nicht mehr mit. Außerdem fehlt die Bereitschaft, Neues zu lernen und unbekannte Funktionen zu übernehmen. Das jedoch ist keineswegs allein die Schuld der Mitarbeiter. Vielmehr zeigen solche Situationen, dass sowohl Arbeitnehmer als auch Unternehmensführung eklatant versagt haben in Bezug auf die Entwicklung ihrer Zukunftsfähigkeit. Denn dafür tragen beide Seiten die Verantwortung.

6.4.2 Zukunftsorientierte Unternehmenspolitik schafft altersgerechte Rahmenbedingungen

Eine zukunftsorientierte Unternehmenspolitik beispielsweise schafft eine Organisation und Einsatzmöglichkeiten, die eine nachhaltige Leistungsfähigkeit des Mitarbeiters unterstützen und sichern. In diesem Sinne sind systematische Laufbahnentwicklungen zu überlegen und zu planen. Es ist wie mit dem Schachspieler. Ein erfolgreicher Schachspieler hat mehr Chancen, wenn er mehr Schachzüge beherrscht. In diesem Sinne ist eine gezielte Entwicklung und Verbesserung der Einsatzbreite und Nutzung der Kompetenzen – sofern das Potenzial es zulässt – die beste Personalentwicklung on the job und eine Art berufliche Zusatzversicherung. Das bedeutet, dass die Mitarbeiter hinsichtlich ihrer Funktionsdauer und im Hinblick auf (noch unerschlossene) Kompetenzen regelmäßig eingeschätzt und systematisch entwickelt werden sollten.

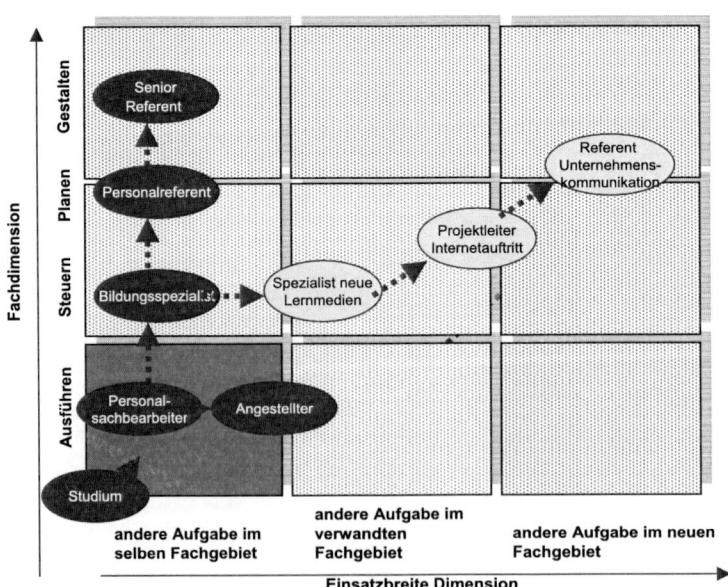

Bild 6.11 Laufbahnentwicklung im Angestelltenbereich

Bild 6.11 zeigt im Beispiel einer Laufbahnentwicklung im Angestelltenbereich, wie ein Mitarbeiter des Personalwesens eines größeren Unternehmens in einen anderen Fachbereich hineinentwickelt wird.

In Abteilungen mit schwerer, einseitiger körperlicher Arbeit ist die Gefahr des vorzeitigen Verschleißes besonders groß. Sofern hier Effekte im Sinne einer nachhaltigen Beschäftigungsfähigkeit erreicht werden sollen, sind ein systematischer Belastungswechsel und Aufgabenerweiterungen bei Berufsgruppen wie Montage, Bauhandwerk, Bergbau, Stahlgießerei etc. zwingend und beizeiten anzustreben – nicht erst mit 45 plus.

Menschen brauchen sowohl körperliche als auch psychische Belastungen. Dabei sind jedoch sowohl Über- als auch Unterforderungen zu vermeiden, ist also auch das Alter zu berücksichtigen (Bild 6.12). Das gilt für Büroarbeiten ebenso wie beispielsweise schwere Arbeiten im Schichtbetrieb in der Produktion. Unterbelastungen sind: geringe Anforderungen, Bewegungsmangel, dauerndes Sitzen, fehlende Handlungsfreiheit, keine Entscheidungen, Monotonie. Überbelastungen sind: zu schwere körperliche Arbeit, zu starke Muskelbelastungen, Zwangshaltungen, Vibrationen, Lärm, Daueraufmerksamkeit, Zeitdruck, Ärger mit Vorgesetzten und Kollegen, fehlende Anerkennung (INQA, 2007; BGAG, 2004).

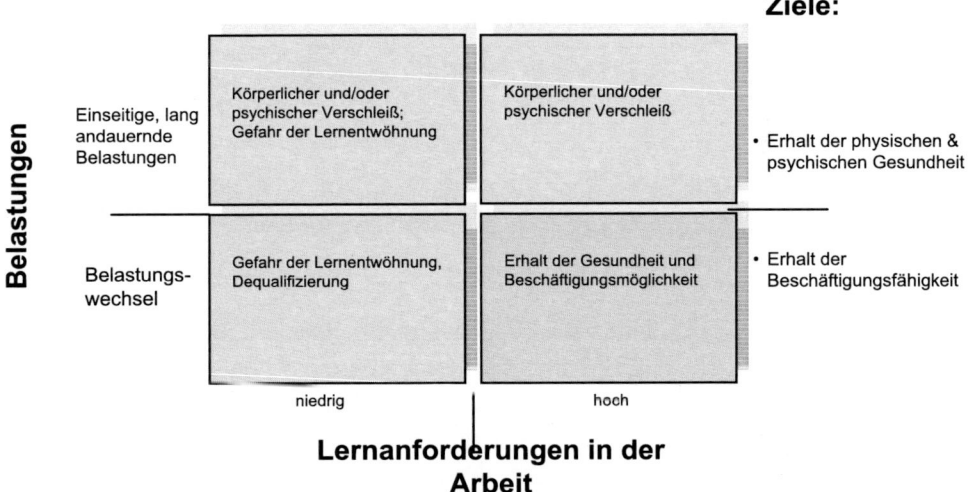

Bild 6.12 Altersgerechte Arbeitsbedingungen (Quelle: Kistler, 2006)

Diese Beispiele verdeutlichen, dass betriebliche Gesundheitsförderung nur im Kontext mit Arbeitsorganisation, Gestaltung der Arbeitsplätze, Personaleinsatz und Personalentwicklung zu verwirklichen ist. Deshalb: Je eher mit den betroffenen Arbeitnehmern individuell gesprochen und gehandelt wird, umso höher ist die

Wahrscheinlichkeit einer nachhaltigen Beschäftigungsfähigkeit. Auch hier gelten die Führungsprinzipien „fordern und fördern" sowie die Prinzipien für Eigenverantwortung „wollen, können und tun".

Eine zentrale Aufgabe altersgerechter Arbeitsgestaltung besteht also darin, Aufgaben und Arbeitsumgebung möglichst abwechslungsreich zu gestalten (Bild 6.13). Denn körperlicher Belastungswechsel sowie attraktive Lernanreize beugen dem individuellen Leistungsabbau vor. Regelmäßige Weiterbildung „on the job", „nearby the job" und „off the job" sind damit Grundvoraussetzungen und zwingende Anforderungen an Mitarbeiter. Unternehmen, die das nicht umsetzen, versagen ganz einfach und leben auf Kosten von morgen.

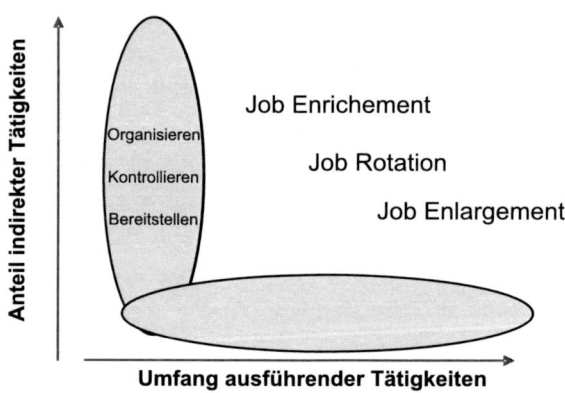

Bild 6.13 Anforderungswechsel durch Rotation (Quelle: Kistler, 2006)

Berufliche Leistungsfähigkeit ist vor allem auch eine individuelle Herausforderung! Ist der Berufsverlauf durch Lern- und Entwicklungsprozesse, vielseitige Arbeitsanforderungen und Anerkennung geprägt, dann tritt an die Stelle des gesundheitlichen Verschleißrisikos die Chance wachsender Kompetenz im Alter (vgl. Bertelsmann Stiftung, 2003; Bundesvereinigung der deutschen Arbeitgeberverbände, 2003). Damit steht fest: Die berufliche Attraktivität und Beschäftigungsfähigkeit hat keinen schematischen Verlauf. Auch Ältere können – müssen aber nicht – über herausragende Fähigkeiten verfügen, sofern eine hohe Motivation besteht, Neues zu lernen. Gefragt sind hier als Gegenstück neben neuem Wissen und zusätzlichen Erfahrungen beispielsweise Arbeitsgestaltung, Arbeitsorganisation oder Wechsel in den Aufgaben. Das verdeutlicht Bild 6.14.

Die Führungsrolle besteht dabei eindeutig darin, die Menschen zu fordern. Das heißt, Orientierung zu geben und ihnen etwas abzuverlangen. Das wiederum bedeutet, den Mitarbeitern rechtzeitig klarzumachen, dass sie selbst für eine optimale Arbeitsfähigkeit bis 65 zu sorgen haben. Dazu gehört selbstverständlich, jedem einzelnen Mitar-

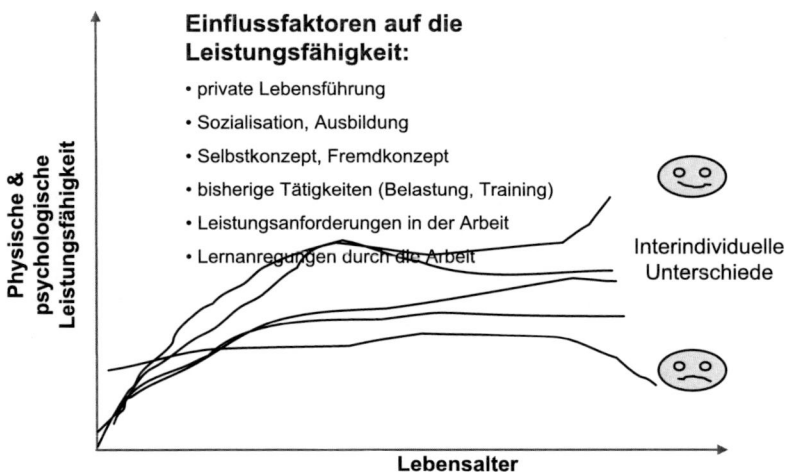

Bild 6.14 Einflussfaktoren auf die Leistungsfähigkeit (Quelle: Kistler, 2006)

beiter darüber Feedback zu geben – und zwar frühzeitig –, was der Arbeitgeber genau von ihm erwartet und ob er aus Sicht des Unternehmens die notwendigen Anforderungen erfüllt oder nicht.

Im zweiten Teil der Führungsaufgabe geht es darum, die Mitarbeiter zu fördern. Das heißt: Das Unternehmen hilft seinen Leuten, sich fit zu machen und fit zu halten für ein breiteres Aufgabenspektrum. Ziel dabei ist, das Schicksal des frühzeitigen Ergrauens, sprich der beruflichen Unattraktivität, zu vermeiden.

Der dritte Aspekt, der in die Verantwortung der Unternehmensführung fällt, sind die Rahmenbedingungen. Sie müssen es der Belegschaft ermöglichen, sich bis zum Ruhestand arbeitsfit – körperlich, mental und die Kompetenz betreffend – zu erhalten. Dazu gehören beispielsweise gesundheitsfreundliche Arbeitsplätze, die Degeneration und Krankheiten vermeiden. Sie müssen so gestaltet sein, dass sie nachhaltig dafür sorgen, dass die Menschen gesund und arbeitsfähig bleiben.

Ein Beispiel aus der Praxis ist die Mannesmannröhren-Werke AG, die als Ziel ihrer Rahmenbetriebsvereinbarung formuliert: „… den Gesundheitszustand der Belegschaftsmitglieder zu verbessern, die Zufriedenheit und die Motivation der Mitarbeiter an ihrem Arbeitsplatz zu erhöhen. Um dieses Ziel zu erreichen, soll den Ursachen von betrieblichen Gesundheitsgefährdungen und Gesundheitsschäden nachgegangen und auf deren Beseitigung hingewirkt werden."

Die Herausforderung besteht also darin, Maßnahmen der Gesundheitsförderung in die betrieblichen Abläufe systematisch so zu integrieren, dass sich die Lebensqualität und das Wohlbefinden, gleichzeitig die Produktivität und Qualität der Arbeit erhöhen. Betriebliche Gesundheitsförderung bedeutet, die Human Resources im Rahmen betrieblicher Personal- und Organisationsentwicklung bewusst zu pflegen. Sie zielt darauf ab:

- die Mitarbeiter zu gesundheitsförderlichem Verhalten zu bringen,
- gesundheitsfördernde Arbeitsbedingungen zu schaffen, in denen ein solches Verhalten ermöglicht und erleichtert wird,
- möglichst viele Beschäftigte direkt zu Wort kommen zu lassen bei der Analyse gesundheitlicher Probleme und der Entwicklung geeigneter betrieblicher Maßnahmen,
- den Dialog und die Kooperation zwischen allen Fachleuten, Interessenvertretern und Entscheidungsträgern in Sachen Gesundheit zu fördern,
- in den Unternehmensleitlinien zu verankern, dass bei allen Veränderungen betrieblicher Strukturen und Abläufe der Aspekt der Gesundheitsförderlichkeit berücksichtigt wird.

Zahlreiche Studien aus den USA zeigen, dass Aufwendungen für die Gesundheitsförderung sich meist in kurzer Zeit amortisieren sowie mittel- und langfristig auch monetär messbaren Ertrag bringen. Auch die deutschen Unternehmen profitieren von den positiven Effekten betrieblicher Gesundheitsförderaktionen. Das sind beispielsweise:

- geringerer Krankenstand,
- weniger Fluktuation,
- erhöhte Produktivität,
- gesteigerte Produkt- beziehungsweise Dienstleistungsqualität,
- verbesserte innerbetriebliche Kooperation,
- verbesserte Corporate Identity,
- verbessertes Unternehmensimage.

Aus der Sicht der Beschäftigten bringt Gesundheitsförderung vor allem folgende Pluspunkte für die Arbeits- und Lebensqualität:

- weniger Arbeitsbelastung,
- verringerte gesundheitliche Beschwerden,
- gesteigertes Wohlbefinden,
- verbesserte Beziehung zu Kollegen und Vorgesetzten,
- mehr Freude an der Arbeit,
- erweitertes Wissen und erhöhte praktische Fähigkeiten zu gesundem Verhalten in Betrieb und Freizeit.

Den Zusammenhang von nachhaltiger beruflicher Leistungsfähigkeit zu Gesundheitsmanagement und Führung untermauert Bild 6.15.

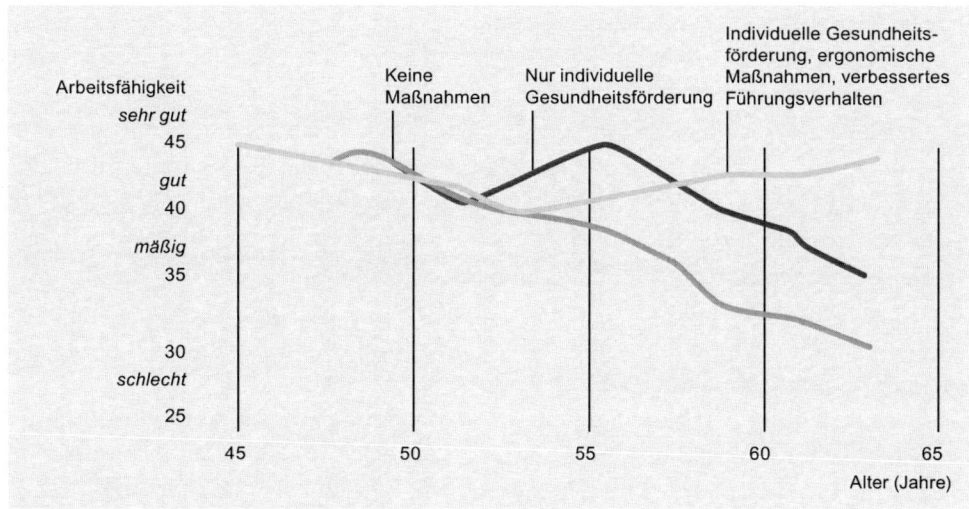

Bild 6.15 Arbeitsfähigkeit in Abhängigkeit vom Alter (Quelle: Kistler, 2006)

Der Zusammenhang von Gesundheit und Ökonomie ist unbestritten. Dafür praktikable Lösungen zu finden ist eine weltweite Herausforderung. Stress gilt als Epidemie des 21. Jahrhunderts. Sie kostet entwickelte Volkswirtschaften jährlich bis zu zehn Prozent des Bruttosozialprodukts. Angesichts dessen ist ein schonender Umgang mit der Ressource Gesundheit eindeutig lohnenswert.

6.4.3   Klares Konzept für Gesundheitsförderung

Der Bundesverband der Betriebskrankenkassen empfiehlt aufgrund zahlreicher Erfahrungsberichte aus deutschen Unternehmen, betriebliche Gesundheitsförderung als festen Bestandteil einer langfristigen Unternehmens- und Personalpolitik zu etablieren. So erziele sie den besten Erfolg. Eine selbstverpflichtende betriebliche Gesundheitsphilosophie beziehungsweise eine gesundheitsorientierte Unternehmensphilosophie wirke dabei als Orientierungshilfe für die zielgerichtete und schrittweise Umsetzung einzelner Maßnahmen.

Unternehmensleitung, Betriebsrat sowie Arbeitsschutz- und Gesundheitsexperten sollten sich in ihrem Handeln übereinstimmend auf die folgenden Leitlinien ganzheitlicher Gesundheitsförderung beziehen:

1. Ziel der Gesundheitsförderung ist es, das körperliche, seelische und soziale Wohlbefinden der Mitarbeiter zu erhalten und zu stärken. Gesundheitsförderung schließt Unfall- und Krankheitsverhütung ein, will aber darüber hinaus die gesund erhaltenden betrieblichen Strukturen und Kräfte des Einzelnen stärken.

2. Die betriebliche Gesundheitsförderung muss langfristig, flexibel und auf Dauer angelegt sein, um dem dynamischen Charakter von Gesundheit und den sich wandelnden Einflüssen von Arbeitsbedingungen Rechnung zu tragen.

3. Betriebliche Gesundheitsförderung ist eine Gemeinschaftsaufgabe. Je besser es gelingt, die Zusammenarbeit aller mit Gesundheit befassten Experten und Entscheidungsträger im Betrieb sicherzustellen, desto besser sind ihre Resultate. Um entsprechende Aktivitäten abzustimmen und zu koordinieren könnte beispielsweise ein Arbeitskreis Gesundheit im Betrieb gebildet werden.

4. Betriebliche Gesundheitsförderung nutzt alle intern und extern verfügbaren Datenquellen, um auf Basis einer sorgfältigen Problemanalyse rational Prioritäten für konkrete Maßnahmen zu setzen.

5. Die Beteiligung der Beschäftigten von der Planung bis zur Verwirklichung des betrieblichen Gesundheitsförderungsprogramms erschließt deren Erfahrungswissen für Problemanalyse und Lösungsansätze. Betriebliche Gesundheitszirkel fördern zudem die Akzeptanz der gemeinsam erarbeiteten Maßnahmen.

6. Betriebliche Gesundheitsförderung zielt gleichermaßen auf die Entwicklung persönlicher Gesundheitskompetenzen und die Schaffung gesundheitsfördernder Arbeitsbedingungen.

7. Betriebliche Gesundheitsförderung richtet sich prinzipiell an alle Beschäftigten, berücksichtigt aber zugleich spezifische Bedürfnisse, die sich aus den Lebens- und Arbeitsbedingungen einzelner Mitarbeitergruppen ergeben.

8. Um den Erfolg langfristig zu sichern, müssen die Maßnahmen regelmäßig bewertet werden. Denn nur so lassen sich die Kosten-Nutzen-Relation und die Wirksamkeit des Programms prüfen und Schlussfolgerungen für die gezielte Weiterführung ziehen.

Es gilt, erste Ideen und Initiativen zur betrieblichen Gesundheitsförderung in ein Konzept und in systematische Aktivitäten umzusetzen. Dann entwickeln sich schrittweise ein umfassendes Gesundheitsbewusstsein und eine gesundheitsförderliche Arbeitspraxis im Betrieb. Die folgenden vorbildlichen beiden Ansätze aus Unternehmen unterschiedlicher Größe und Branchen veranschaulichen praktische betriebliche Gesundheitsförderung:

Kölner Betriebskrankenkasse Carlswerk

Zu den Pionieren betrieblicher Gesundheitsförderung gehört die Kölner Betriebskrankenkasse Carlswerk. Sensibilisiert durch die eigene Erfahrung, wie gut ein gesunder Lebensstil tut, überzeugte der Geschäftsführer seine Spitzenmanager, beim Modellversuch „Hab' ein Herz für dein Herz" mitzumachen. Das Konzept dieses Präventionsprogramms entwickelte das Institut für Dokumentation und Information, Sozialmedizin und öffentliches Gesundheitswesen IDIS. Die Kernidee ist, dass ein gesunder Lebensstil nicht von heute auf morgen erlernt wird, sondern dass man den Weg dorthin schrittweise bahnen muss. Mit welchen Aktionen und Maßnahmen man die Mitarbeiter für die Gesundheitsvorsorge sensibilisieren und aktivieren wollte, erörterte zunächst der eigens gegründete Arbeitskreis „Gesundheit".

Es begann mit einer internen Werbekampagne. Mit einem persönlichen Schreiben und einer Ankündigung in der Hauszeitschrift wurden alle Mitarbeiter zum Mitmachen eingeladen. Dann folgten in zweimonatigen Abständen während der Arbeitszeit Screening-Aktionen zu Herz-Kreislauf-Risikofaktoren verbunden mit kurzen Beratungen, was der Einzelne gegen erhöhte Risikowerte tun könne. Dazu gab es konkrete Hinweise auf eigens eingerichtete Kurse zu gesunder Ernährung, Stressbewältigung und Fitness, die betriebsnah und im direkten Anschluss an die Arbeitszeit angeboten wurden.

Dem Vorbild des Personalvorstands und weiterer Führungskräfte folgend machten 86,7 Prozent der Belegschaft mit. Vor allem die Messungen der medizinischen Daten und Aktionstage mit gesunden Snacks und Informationsständen kamen gut an. 400 Mitarbeiter nahmen an den stets ausgebuchten Kursen teil.

Mithilfe von Scheckkarten wurden die Ergebnisse der Screenings und die Teilnahme an den Kursen (anonym) dokumentiert. Nach zwei Jahren zeigte sich der Erfolg: Vor Kursbeginn hatten 29 Prozent der Teilnehmer Bluthochdruck, nach zwei Jahren nur noch 17 Prozent. Einen zu hohen Cholesterinspiegel hatten zuvor 26 Prozent, nachher nur noch 19 Prozent. 40 Prozent der Raucher, die sich akupunktieren hatten lassen, verzichteten schon nach einem Jahr völlig auf Zigaretten. Über Umfragen wurde außerdem ermittelt, dass sich darüber hinaus auch das Betriebsklima und das Firmenimage verbesserten.

Die Kosten des Programms betrugen rund 40.000 Euro. Das Fazit: eine lohnende Investition.

Ebenso wie für andere Unternehmensaktivitäten muss auch für die betriebliche Gesundheitsförderung eine fundierte Analyse des Ausgangszustands erstellt werden. Das heißt, sowohl die Arbeitsplatz- als auch die Symptomsituation gilt es, professionell unter die Lupe zu nehmen. Anhand der Krankenstatistiken, Ausfallzeiten, Art der Erkrankungen und Verbesserungsvorschläge aus den Abteilungen mit vorwiegend älteren Mitarbeitern beispielsweise werden entsprechende Schlussfolgerungen gezogen. Mithilfe dieser Informationen lassen sich erste Auffälligkeiten über Art und Umfang des Krankheitsgeschehens im Betrieb ermitteln. Vergleiche der Arbeitsunfähigkeitszeiten und der häufigsten Krankheitsarten mit Durchschnittswerten der Branche sowie betriebsintern zwischen verschiedenen Tätigkeitsbereichen erlauben es, gesundheitliche „Problemzonen" schnell herauszufiltern. Daten über Absentismus, Fluktuation, Produktivität und Leistungsqualität in einzelnen Unternehmensbereichen sowie Statistiken über Arbeitsunfälle und die Ergebnisse betriebsärztlicher Untersuchungen können die Problemanalyse ebenso vertiefen wie gezielte Befragungen der Belegschaft.

Gesundheitszirkel beteiligen die Betroffenen

Die Beteiligung der Beschäftigten – vom Planen bis zum Durchführen – trägt entscheidend zum Erfolg betrieblicher Gesundheitsförderung bei. Entsprechende Beteiligungsmodelle reichen von anonymen und gezielten Mitarbeiterbefragungen mit anschließender Ergebnisdiskussion bis zu eigens entwickelten und flächendeckenden Zirkel- oder Gruppenarbeitsmodellen auf allen hierarchischen Ebenen des Unternehmens. Neue Unternehmenskonzepte bieten vor allem dann gute Möglichkeiten, die Mitarbeiter zu beteiligen, wenn Gesundheitsaspekte beim Umsetzen in die betriebliche Arbeitsorganisation konsequent berücksichtigt werden. Wurden über den betrieblichen Gesundheitsbericht bereits gesundheitliche Problembereiche aufgedeckt, empfiehlt es sich, dort sogenannte Gesundheitszirkel einzurichten.

Gesundheitszirkel sind spezielle Gesprächskreise, in denen Krankheit und Arbeitsunfähigkeit aus Sicht der Mitarbeiter des jeweiligen Arbeitsbereichs näher erörtert werden. Ihm können Mitarbeiter, betriebliche Entscheidungs- und Mitbestimmungsträger sowie Arbeits- und Gesundheitsschutzexperten angehören. Ein Moderator hilft, gezielt, sachlich und konstruktiv miteinander zu reden. In den ersten Sitzungen geht es darum, die Ursachen gesundheitlicher Beschwerden am Arbeitsplatz genauer zu identifizieren. Im weiteren Verlauf stehen dann technische, organisatorische oder personenbezogene Lösungsvorschläge im Vordergrund.

Der Erfolg der Gesundheitszirkel liegt darin begründet, dass hier ein organisatorischer Rahmen geschaffen wird, in dem wertvolles Erfahrungswissen der Mitarbeiter mit dem Sachverstand von Experten und Führungskräften zusammengeführt wird.

Nach einer vorbereitenden Information der Belegschaft und ihrer Befragung reichen in der Regel sechs bis acht Sitzungen, um eine Vielzahl kurz- und mittelfristig realisierbarer Lösungsvorschläge zu erarbeiten. Diese werden jeweils möglichst schnell in den betrieblichen Entscheidungsprozess eingebracht. In der Folge verbessern sich nicht nur die Arbeitsbedingungen und das Wohlbefinden. Die Produktivität steigt, der Krankenstand und die Fluktuation gehen zurück. Der langfristige Gewinn liegt insbesondere im verbesserten gegenseitigen Verständnis von Führungskräften, Mitarbeitern und Arbeitsschutzexperten.

In den für das Unternehmen entscheidenden Kernkompetenzen muss dann gefragt werden nach:

1. Kosten: Sind sie stabil, steigen oder sinken sie? Warum?
2. Leistungsfähigkeit: Werden die geforderten Durchlaufzeiten erreicht? Stimmt die Qualität?
3. Innovationsfähigkeit: Gibt es Verbesserungsvorschläge, neue Ideen etc.?

Im Rahmen eines langfristigen Controllings ist es sinnvoll für das Unternehmen, sich diese Fragen mindestens einmal im Jahr zu stellen und die entsprechenden Daten zu erfassen und auszuwerten. Denn anhand solcher Frühindikatoren können entsprechende Zukunftsprognosen für die Schlüsselbereiche erstellt werden. Immer vor dem Hintergrund, dass die Führung stets die Intention und strategische Ausrichtung des Unternehmens sowie zu erwartende Markttrends im Auge hat.

Volkswagen AG

Dem Gesundheitswesen und der Betriebskrankenkasse (BKK) der Volkswagen AG war klar, dass einseitige körperliche Belastungen, Zwangshaltungen sowie körperliche Inaktivität vor allem zu Erkrankungen des Stütz- und Bewegungsapparates führen. Sie wussten, dass sie in vielen Unternehmen mitunter über 30 Prozent der Arbeitsunfähigkeitszeiten verursachen. Um diesem Trend entgegenzuwirken, ergriffen sie gemeinsam mit den in den einzelnen Werken des Konzerns tätigen Arbeitskreisen „Gesundheit" die Initiative. Ausgewählt wurden Tätigkeitsbereiche, in denen verstärkt einseitige körperliche Belastungen auftreten, und Mitarbeitergruppen, von denen aufgrund der BKK-Arbeitsunfähigkeitsstatistik bekannt war, dass sie vermehrt unter Beschwerden des Stütz- und Bewegungsapparates litten.

Gemäß dem bei Volkswagen geltenden Grundsatz, dass die gesundheitsgerechte Gestaltung der Arbeit Vorrang haben sollte vor der Verhaltensprävention, wurden zunächst die Arbeitsplätze sorgfältig untersucht. Wo notwendig und möglich, wurden ergonomische Verbesserungen eingeführt, zum Beispiel bessere Stühle/Tische, Hebe- und Traghilfen. Zusätzlich entwickelte man verschiedene Ausgleichsprogramme. So wurde beispielsweise ein Raum der Näherei des Werkes Wolfsburg als Gymnastikraum ausgestattet – für eine präventive Ausgleichsgymnastik. Um die Motivation zur Teilnahme zu fördern, bekamen im ersten Schritt zwölf freiwillige „Übungsleiterinnen" eine mehrwöchige Schulung für ihre neue Aufgabe. Inzwischen wird die Pausengymnastik in der Näherei mehrmals täglich erfolgreich durchgeführt. Ähnlich erfolgreich sind die Programme Ausgleichsgymnastik für Versuchsfahrer, verschiedene Rückenschulen, das Training richtiges Sitzen sowie ein Hebe-Trage-Krafttraining.

Gesundheitsförderung bei Volkswagen umfasst außerdem das gesamte Spektrum verhaltens- und verhältnispräventiver Maßnahmen, zum Beispiel Stressbewältigung, Screening, psychosomatische Beratung, Ernährungsberatung. Besonderes Augenmerk gilt dabei der Verhaltensprävention sowie der weitreichenden Beteiligung der Betroffenen – beispielsweise über Mitarbeiterbefragung oder Gesundheitszirkel. Oberstes Ziel des betrieblichen Gesundheitswesens ist es, gesundheitsrelevante Aspekte bereits bei der Produktentwicklung und Planung neuer Anlagen sowie Maschinen zu berücksichtigen. Dafür gibt es ein Verfahren zur ergonomischen Arbeitsplatzgestaltung.

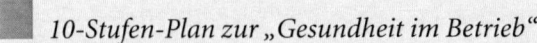 *10-Stufen-Plan zur „Gesundheit im Betrieb"*

Für die systematische Entwicklung ganzheitlicher betrieblicher Gesundheitsförderung hat sich die Vorgehensweise in zehn Arbeitsschritten bewährt:

1. Ein betrieblicher Entscheidungsträger, ein Experte oder der Betriebs- beziehungsweise Personalrat thematisieren gesundheitliche Probleme einschließlich ihrer wirtschaftlichen Bedeutung im Kreis der obersten Führungskräfte.
2. Das Management entscheidet gemeinsam mit der Interessenvertretung der Belegschaft, Gesundheitsförderung ausdrücklich in die Unternehmensziele aufzunehmen und in betriebliches Handeln einfließen zu lassen.
3. Mit der Planung und Steuerung aller Gesundheitsförderungsaktionen wird ein „Arbeitskreis Gesundheit im Betrieb" beauftragt. Ihm gehören alle wichtigen Entscheidungsträger, Interessenvertreter und Experten an.
4. Der Arbeitskreis trägt alle verfügbaren Informationen für eine Istanalyse zusammen und sorgt dafür, dass ein betrieblicher Gesundheitsbericht erstellt wird.
5. Der Arbeitskreis diskutiert die Ergebnisse des betrieblichen Gesundheitsberichts und legt Prioritäten fest, welche Gesundheitsprobleme vorrangig bearbeitet und gelöst werden sollen.
6. Der Arbeitskreis entwickelt ein mittel- bis langfristiges Programm der Gesundheitsförderung und stellt einen detaillierten Aktionsplan für das erste Jahr auf.
7. Der Arbeitskreis formuliert konkrete Ziele, die mit bestimmten Gesundheitsförderungsmaßnahmen erreicht werden sollen.
8. Der Arbeitskreis unterstützt alle Gesundheitsförderungsaktivitäten mit einer offensiven Kommunikation und Öffentlichkeitsarbeit nach innen und außen.
9. Der Arbeitskreis koordiniert die arbeitsteilige Durchführung der beschlossenen Maßnahmen.
10. Der Arbeitskreis bewertet die durchgeführten Maßnahmen anhand der zuvor formulierten Ziele und zieht Schlussfolgerungen für eine bedarfsgerechte Erweiterung oder Anpassung, wenn einzelne Maßnahmen oder -pakete in anderen Unternehmensbereichen eingesetzt werden sollen.

Betriebliche Gesundheitsförderung verlangt manchmal, lieb gewonnene Gewohnheiten aufzugeben, manchmal erfordert sie, Arbeitsbedingungen und -abläufe zu verändern. Menschliches Verhalten und betriebliche Verhältnisse lassen sich aber nur sehr selten völlig reibungslos ändern oder umgestalten. Engagierte Initiatoren und Mitarbeiter betrieblicher Gesundheitsförderung sind durch anfängliche Widerstände jedoch nicht zu entmutigen. Oft gibt es bereits erprobte Lösungswege, an denen man sich orientieren kann.

Fazit: Betriebliche Gesundheitsförderung ist eine ständige Herausforderung und Aufgabe für das Unternehmen. Veränderungen im betrieblichen Umfeld, bei Arbeitsbedingungen, Maschinen und Abläufen vollziehen sich in wechselndem Tempo. Das hat immer auch Konsequenzen für das individuelle Wohlbefinden und die Gesundheit als betrieblichem Produktionsfaktor. Gesundheitsförderung wird daher umso erfolgreicher, je besser sie in diese Veränderungsprozesse integriert wird. Die gesundheitsorientierte Umgestaltung betrieblicher Verhältnisse sowie die Entwicklung persönlicher Gesundheitskompetenzen gelingen am besten schrittweise, mit realistischen Zielen für ein, zwei, drei, vier und fünf Jahre.

1. Jahr

- Einrichten eines Arbeitskreises.
- Istanalyse: Schwachstellen/Ressourcen; erster betrieblicher Gesundheitsbericht.
- Formulierung von Unternehmensleitlinien.
- Bestimmung vorrangiger Zielgruppen und Arbeitsfelder der Gesundheitsförderung, zum Beispiel gesunde Ernährung für alle, verbesserte Schichtpläne, Büroarbeit ohne Rückenschmerzen.
- Information der Beschäftigten.
- Kantinenberatung durch externe Fachleute.
- Start einer Projektgruppe „verbesserte Schichtpläne".
- Aktionswoche im Betriebsrestaurant.
- Beratungs- und Kursangebote zu gesunder Ernährung.

2. Jahr

- Testlauf der Projektgruppe in einem Modellbereich.
- Start einer Aktion „Sitzen und Bewegen im Büro".
- Information der Beschäftigten.
- Ergonomiecheck in einem Bürobereich, in dem Rückenprobleme gehäuft auftreten.
- Klärung und Veranlassung notwendiger Investitionen, zum Beispiel Fußstützen, Beleghalter.
- Beratung und praktische Anleitung durch Betriebsarzt oder andere Fachkraft.
- Kursangebot „Ausgleichsgymnastik fürs Büro".
- Auswertung des Testlaufs „verbesserte Schichtpläne".
- Zweiter betrieblicher Gesundheitsbericht zur Beobachtung von Trends.

3. Jahr

- Befragung zur Auswertung der Aktion „Sitzen und Bewegen im Büro".
- Entscheidung über Fortsetzung und/oder Veränderungen der bisherigen Aktionen.

Zum Beispiel:
- Gymnastik am Arbeitsplatz,
- verbesserte Schichtpläne in weiteren Arbeitsbereichen,
- Integration von Gesundheitsthemen in betriebliche Aus- und Weiterbildung,
- Einrichtung eines Gesundheitszirkels.
• Information der Beschäftigten.
• Gesundheitszirkel in Abteilung A und B.
• Dritter betrieblicher Gesundheitsbericht zur Beobachtung von Trends.

4. Jahr

• Zwischenbilanz auf Basis des dritten betrieblichen Gesundheitsberichts einschließlich der Auswertung einzelner Aktionsschwerpunkte und deren Kosten/Nutzen.
• Umsetzung der Ergebnisse der Gesundheitszirkel.
• Bestimmung eines neuen Aktionsschwerpunkts für das Jahr, zum Beispiel Stressprävention.
• Information der Beschäftigten.
• Aktion „Gelassenheit statt Stress":
- Führungskräfteseminar(e),
- Analyse organisatorischer Stressauslöser,
- Stressmanagementkurse.
• Gesundheitszirkel in Abteilung C.
• Vierter betrieblicher Gesundheitsbericht zur Beobachtung von Trends.

5. Jahr

• Auswertung der Aktion „Gelassenheit statt Stress".
• Fortsetzung dieser Aktion und/oder (aktualisierte) Fortsetzung anderer Aktionen, abhängig vom erkannten Bedarf.
• Umsetzung der Ergebnisse der Gesundheitszirkel.
• Eventuell Verwirklichung mittelfristiger Investitionen aufgrund vorheriger Aktionen, zum Beispiel Ergonomie.
• Gesundheitszirkel in Abteilung D.
• Information der Beschäftigten.
• Fünfter betrieblicher Gesundheitsbericht zur Beobachtung von Trends.

Abhängig davon lässt sich ein Risikoportfolio für jede Abteilung erarbeiten. Es enthält Antworten auf die Fragen:

• Wie steht es mit der Lernqualität der Mitarbeiter?
• Wie steht es mit deren Gesundheit?
• Wie bewähren sich neue Organisationsformen?

Daraus wiederum lässt sich ableiten, ob und in welchem Maße jeder einzelne Mitarbeiter gefährdet ist, künftige an ihn zu stellende Anforderungen nicht bewältigen zu können. Jetzt ist es außerordentlich wichtig, mit diesen Ergebnissen ins individuelle Gespräch mit den Betroffenen zu gehen. Dafür eignet sich hervorragend das Jahres- oder Mitarbeitergespräch: Unter vier Augen wird besprochen, was das Unternehmen basierend auf der individuellen Analyse dem Arbeitnehmer zutraut und was nicht, aber auch was die Unternehmensführung von ihm erwartet und wie der Einzelne das erreichen kann.

KUKA Schweißanlagen GmbH

In der KUKA Schweißanlagen GmbH sind die Führungskräfte und Topleister sowohl hohen physischen als auch psychischen Anforderungen ausgesetzt. Einseitige Belastung und Bewegungsmangel tun ihr Übriges, um die Leistungsfähigkeit und Gesundheit der Kompetenzträger zu beeinträchtigen. Die Geschäftsleitung des Unternehmens sah deshalb dringenden Handlungsbedarf, um die Work-Life-Balance ihrer Führungskräfte zu verbessern, und entwickelte ein Programm, das sich verstärkt um deren Gesundheit und Fitness kümmert (Bild 6.16). In den Jahren 2004, 2005, 2006 und 2007 (jeweils im Herbst) wurden deshalb detaillierte Diagnostiken des Bewegungsapparates und der Wirbelsäule vorgenommen. Und weil die Betroffenen viel auf Reisen sind, wurde gleichzeitig ein Impfstatus erhoben sowie ein umfangreicher kardiologischer Check-up durchgeführt.

Das Ziel ist neben einem umfassenden Gesundheitscheck auch, dass die Führungskräfte gesundheitsförderndes Verhalten erleben, lernen und trainieren. Dabei ist wichtig, dass sie

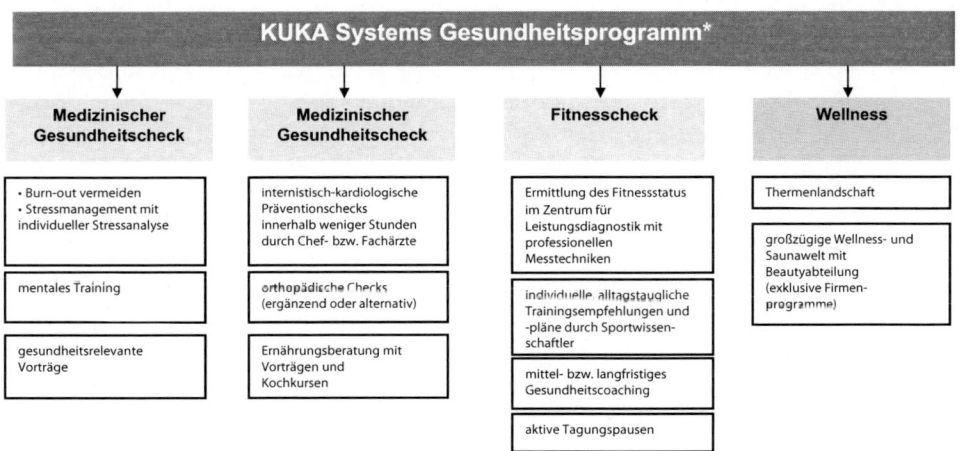

Bild 6.16 KUKA-Gesundheitsprogramm

bereits in den ersten Präventionstagen die Nachhaltigkeit möglicher Verhaltensänderungen erfahren. Die Führungskräfte wissen nach dem Seminar, wie es um ihre Gesundheit und ihre Fitness steht, wie sie neue Energien aufbauen und Strategien für ihre persönliche Work-Life-Balance entwickeln. Gleichzeitig erhalten sie wertvolle gesundheitliche Impulse für ihre Führungsarbeit. Dieses Ziel verbindet KUKA mit ihrer jährlichen Strategietagung des Topführungskreises.

Hier ein Programmbeispiel aus den Jahren 2005/06: Veranstaltungsort ist das Thermenhotel im südbayerischen Bad Endorf. Die Teilnehmer werden in Gruppen zu jeweils 16 Personen eingeteilt. Erster Schritt sind die Diagnostik des Bewegungsapparates und eine allgemeine Leistungsdiagnostik. Betreut werden die Führungskräfte vom Chefarzt der Kardiologie der Klinik St. Irmingard, von einem diplomierten Sportwissenschaftler sowie einem Sportlehrer. Nach einer kurzen Einführung beginnt die erste Sequenz mit Tai-Chi – Entspannung pur. Am frühen Abend folgt ein Erlebnisessen – leicht und genussvoll. Gleichzeitig gibt es einen kurzweiligen Vortrag zum Thema „gesunde Ernährung". Anschließend gemütliches Beisammensein.

Der nächste Tag beginnt mit einem Bewegungsangebot für Frühaufsteher: 20 Minuten joggen und Gymnastik im Park unter Anleitung eines Diplom-Sportlehrers. Anschließend Medical Fitness mit Diagnostik, eine umfangreiche Leistungsdiagnostik mit Laktatbestimmung, Messung der Milchsäurekonzentration und Blutuntersuchung unter gezielter körperlicher Reizsetzung. Nächste Punkte sind die Ausdauerdiagnostik auf Laufband und Fahrrad sowie eine Diagnostik des Bewegungsapparates unter physiotherapeutischer Muskelfunktionsanalyse zur Feststellung des muskulären Status im Hinblick auf verkürzte und abgeschwächte Muskeln. Untersucht werden eventuelle sportartspezifische, berufsspezifische oder alltagsspezifische Einschränkungen. Es folgt eine weitere computergestützte Analyse von Rücken, Rumpf sowie der oberen und unteren Extremitäten mit Kraftdiagnostik unter standardisiertem Widerstand mit hoher Messgenauigkeit. Die Ganganalyse ermöglicht es, Auffälligkeiten von Bewegungsmustern zu erkennen und sie durch gezielte Trainingsinhalte, Umstellung und Optimierung zu verbessern. Ergänzt wird diese mit einer 3-D-Analyse der Laufbewegung.

Während die eine Seminargruppe sich im Gesundheits-Check-up befindet, beschäftigt sich die zweite Gruppe mit Nordic Walking sowie Stretching und lernt dabei die progressive Muskelentspannung nach Jacobson kennen. Am Nachmittag erhalten die Teilnehmer die Ergebnisse ihres Check-ups mit individuellen Auswertungen aus dem Labor, Krafttraining und Muskelaufbau mit entsprechenden Empfehlungen. Im Anschluss daran gibt es einen Vortrag zum Thema „Impfen". Was ist dringend erforderlich? Welche Impfung ist für welche Länder günstig? Welche Impfungen sind sinnvoll?

Der restliche Nachmittag steht zur freien Verfügung – die Saunalandschaft und der Wellnessbereich laden zur Entspannung ein. Nach dem gemeinsamen Abendessen folgt die Fortsetzung der KUKA-Strategiesitzung.

Der dritte Tag gestaltet sich traditionell kopfgesteuert mit Themen für die Konzernstrategie und einem interessanten Vortrag. Beispielsweise: „Ordnung im Chaos, Chaos in der Ordnung". Den Abschluss bildet die Vorbereitung auf eine anstehende Führungstagung.

Im Jahr darauf folgt ein weiteres ärztliches Programm in der Klinik St. Irmingard am Chiemsee. Es steht das gemeinsame Erlebnis im Vordergrund. Neben einem ausführlichen gesundheitlichen Aufbau-Check-up wird unter Anleitung eines Starkochs gemeinsam gekocht und gegessen. Zur Verdauung gibt es einen Vortrag über die benediktinischen Führungslehren.

Im Mittelpunkt des Gesundheitsprogramms stehen die Untersuchung und das Gespräch mit dem Chefarzt, ein umfangreicher Kardio-Check-up mit Laboruntersuchungen, Belastungstest und Laktatmessungen mit individuellen Trainingsempfehlungen, das Lernen und Anwenden von Entspannungstechniken nach Jacobson, Rückenschule nebst Krafttraining unter Anleitung eines Therapeuten. Die Untersuchung wird abgerundet von drei Vorträgen:

- Vortrag 1: Was Topführungskräfte fit macht und vor dem Infarkt schützen kann.
- Vortrag 2: Diäten sind out – genießen Sie Ihr Essen mediterran.
- Vortrag 3: Die Ergebnisse des Check-ups.

Das KUKA-4-Säulen-Programm der Gesundheit besteht aus:

- Säule 1: Seminare zum Thema Stressmanagement, Stressanalyse etc. einschließlich gesundheitsrelevanten Vortragsprogramms.
- Säule 2: medizinische Gesundheits-Check-ups durch internistische kardiologische Präventions-Check-ups, alternativ: orthopädische Check-ups. Ernährungsberatung mit Vorträgen und Kochkursen.
- Säule 3: Fitness-Check-ups, Ermittlung des Fitnessstatus im Zentrum der Leistungsdiagnostik mit professionellen Messtechniken. Individuelle, alltagstaugliche Trainingsempfehlungen und Pläne durch Sportwissenschaftler einschließlich eines Gesundheitscoachings.
- Säule 4: Wellness, Sauna, Beauty. Exklusives Firmenprogramm.

Aus diesen vier Säulen entwickelt sich wiederum das neue Programm im folgenden Jahr für die KUKA-Geschäftsleitung und ihre Führungskräfte.

Firma ABC

Kernkompetenz der Firma ABC ist die Produktion hochmoderner Fertigungsmaschinen. Die Innovationszyklen liegen bei fünf bis sieben Jahren. Die Umstellung auf neueste Technologien und Arbeitsweisen ist also für die betroffenen Mitarbeiter eine selbstverständliche Anforderung und ein regelmäßiges Muss. Der Firmenchef ist sich der Bedeutung der Produktionsabteilung für sein Unternehmen und des damit zusammenhängenden hohen Anspruchs an seine Mitarbeiter sehr bewusst und will keinesfalls unliebsame Überraschungen erleben. Deshalb hat er bereits vor Jahren eingeführt, dass regelmäßige Risikoportfolios für diese und andere Schlüsselbereiche des Hauses erstellt werden, um dort die Lernqualität, den Gesundheitszustand und die Organisationsabläufe abzuchecken. Das bedeutet umfassende Analysen der Arbeitsbedingungen: Was verlangen moderne Technologien, neue Maschinen und die damit zusammenhängenden unbekannten Prozesse von den Mitarbeitern? Welche Aufgaben und Belastungsfaktoren führen dabei lang-, mittel- und kurzfristig zu einseitigen Schädigungen? Wie kann das Unternehmen präventiv dagegensteuern?

Gleichzeitig wird regelmäßig festgestellt, ob die bestehende Mannschaft bezüglich ihrer Kompetenzen weiterhin in der Lage ist, die neuesten Aufgabenstellungen zu meistern. Dafür werden die betroffenen Arbeitsplätze und Personen jeweils einer Einzelanalyse unterzogen, um das Ergebnis mit den neu zu stellenden Anforderungen abzugleichen. Erst jetzt weiß die ABC-Geschäftsleitung, ob und welche Mankos in der Abteilung bestehen. Auf dieser Basis lassen sich entsprechende Maßnahmen erarbeiten und einleiten, um rechtzeitig für die neue Aufgabe gerüstet zu sein.

Fazit: Wer verantwortungsvolle Personalarbeit leisten will, muss sich stets darüber Klarheit verschaffen, wie sich die Anforderungsprofile an die Mitarbeiter in den Schlüsselbereichen verändern werden. Frühzeitig. Denn es gilt, stets einen Tick schneller zu sein als der Betroffene selbst, um ihn zu konfrontieren und ihm früh genug die Möglichkeit zu geben, sich damit auseinanderzusetzen. Sind die Faktoren unbekannt, muss eine präventive Lernsituation dafür sorgen, dass die Menschen nicht einrosten und sie stets der Forderung ausgesetzt sind, Neues zu lernen.

Die Hauptaufgabe eines Unternehmens im Handlungsfeld 2 „Organisation, Gesundheitsmanagement & Einsatzmöglichkeiten" ist es also, dafür zu sorgen, dass sich die Mitarbeiter in der Lebensmitte – bei Angestellten etwa im Alter ab Mitte 40 bis 50, bei Arbeitern zwischen 35 und 40 Jahren – mit ihrer gesundheitlichen und körperlichen Verfassung, der Qualität ihrer Kompetenzen und dem Zustand ihrer Selbstmotivation auseinandersetzen. Jeder Einzelne muss zu diesen Themen von seiner Führungskraft ein individuelles Feedback bekommen, in dem klargestellt wird, wie das Unternehmen seine Fähigkeiten beurteilt, was es von ihm erwartet und welche Möglichkeiten man ihm anbietet, um das Gewünschte zu erreichen.

Ein Beispiel: Die BMW Group nutzt im Bereich der Einsatzmöglichkeiten das Instrument „Mitarbeitergespräch" exzessiv und bietet gleichzeitig umfangreiche präventive Maßnahmen zum Erhalt der Gesundheit an; etwa spielerische Fitnessstationen am Arbeitsplatz gefährdeter Mitarbeiter. Sie können beispielsweise Fahrrad fahren oder Laktattests machen lassen.

Das hektische Tagesgeschäft ist nicht unbedingt geeignet, um sich im Unternehmen grundlegende Gedanken über künftige Anforderungsprofile für Mitarbeiter und die möglichen Auswirkungen des demografischen Wandels in diesem Zusammenhang zu machen. Vielmehr sollten Personalverantwortliche bestimmte Anlässe im Unternehmensgeschehen nutzen, um sich um die Zukunftsfähigkeit der Belegschaft zu kümmern. Zum Beispiel: Es wird eine neue Maschine angeschafft. Es startet eine neue Produktreihe. Die Arbeitsabläufe werden umgestellt. Es wird für einen neuen Kunden gefertigt.

Das heißt, konkret anfallende Aufgaben mit ihren neuen Anforderungen an Technik und Mensch sind die Gelegenheit, um festzustellen: Welche Fähigkeiten fehlen im Team? Oder: Wer kann die neue Maschine bedienen? Passt die vorhandene Mannschaft, um die geforderte Arbeit zu leisten? Sie bieten aber auch den Anlass, um Aufgabenfelder zu erweitern, beispielsweise dem Produktionsteam zusätzlich die Lagerhaltung oder die Qualitätschecks zu übertragen. Das geht natürlich nicht zum Nulltarif. Dafür müssen die Leute entsprechend qualifiziert werden.

Im Rahmen des Modells eines Kontinuierlichen Verbesserungsprozesses (KVP) oder Qualitätszirkels werden die Betroffenen von Anfang an mit in die Analyse eingebunden und wird die für sie individuelle Lösung gemeinsam erarbeitet einschließlich bedarfsorientierter Qualifizierungs- und Gesundheitserhaltungsmaßnahmen.

Vertriebsmitarbeiter im Versicherungsaußendienst

Der erfahrene Versicherungsverkäufer im Außendienst hat einen immensen und extrem wertvollen Wissensschatz über Kunden und Markt. Bislang war das sein persönliches Kapital, über das nur er verfügte und das die Basis für seinen geschäftlichen Erfolg bildete. Um heutzutage als Versicherungsunternehmen wettbewerbsfähig zu bleiben, muss dieses Know-how aber auch dem Innendienst verfügbar gemacht werden. Dafür bedarf es intensiver Kommunikation. In vielen Vertriebsorganisationen ist das Verständnis des Innendienstes für den Außendienst jedoch eher unterentwickelt. Ebenso umgekehrt. Diese Problematik kann ein Unternehmen nur lösen, indem man die Betroffenen jeweils mit den Aufgaben des anderen vertraut macht. Das kann in regelmäßigen gemeinsamen Treffen stattfinden, in dessen Rahmen die Verwaltung ihre Themen vermittelt und der Außendienst von seinen Problemen berichtet. Ideal wäre es, wenn es nur um ein Thema ginge: den Kunden. Wie verändert sich das Kundenverhalten? Wie verändern sich der Bedarf am Markt und in der Folge die Produkte? Welche Konsequenzen ergeben sich daraus für den Innen- und den Außendienst? Wie gehen wir mit Kundenbeschwerden um?

Für den älteren Mitarbeiter im Außendienst bedeutet das, dass er in die Lage versetzt wird, mit der zunehmenden Dynamik und Komplexität des Marktes, der Kunden und der internen Prozesse besser umzugehen. Dazu gehört, dass das Unternehmen gleichzeitig die klare Erwartung ausspricht, dass er seine Verantwortung für seine Zukunftsfähigkeit wahrnimmt.

Konkrete Maßnahmen zur Integration älterer Mitarbeiter sind: Gemischte Teams aus Älteren und Jüngeren bilden; jeweils ihre Stärken nutzen. Das könnte bedeuten, dass

ältere Mitarbeiter für spezielle Aufgaben, die besondere Erfahrung erfordern, eingesetzt werden, etwa zum Bearbeiten von Reklamationen oder in der Kundengewährlei-
stung. Ein Außendienstler könnte in den Innendienst wechseln, um schwierige
Kunden oder Großkunden zu betreuen. Oder die Älteren übernehmen die Einarbeitung neuer Mitarbeiter, das Personalmarketing auf Messen oder an Hochschulen,
weil sie genau wissen, wie es im Unternehmen läuft und worauf es ankommt. Aus
diesem Grund wäre beispielsweise eine ideale Einsatzmöglichkeit für sie, den Prozess
der möglichen Einführung und Umsetzung von SAP im Unternehmen zu begleiten.
Denn die Erfahrenen wissen, wo und warum es intern immer wieder Ärger und
Beschwerden gibt. Sie können also die Fachkonzepte hervorragend unterstützen.
Auch die Position eines Inhouse-Beraters wäre denkbar und erspart den Einsatz
teurer externer Berater.

Welche Aufgaben kommen alternativ beziehungsweise zusätzlich für Mitarbeiter über
55 infrage? Grundsätzlich alle Aufgaben, wo es verstärkt um Erfahrungs-Know-how
oder um soziale und persönliche Kompetenzen geht. In der Produktion können das
sein:

- Verantwortung im Rahmen einer (neuen) Anlaufsteuerung, zum Beispiel bei
  Produktionsstart eines neuen Fahrzeugs,
- Verantwortung im Rahmen des Qualitätsmanagements/der Qualitätszirkel wie
  Kontrollaufgaben,
- Unterstützung in Lernstattkonzepten und Weiterbildung,
- Ansprechpartner für interne und externe Lieferanten,
- Lehr- und Coachingaufgaben für Azubis und neue Mitarbeiter,
- Einweisen, Anlernen und Unterrichten.

In der gehobenen Administration und Führung können das sein:

- Inhouse-Beratungsaufgaben,
- Mentor/Coach,
- Beratertätigkeiten,
- Changeberater,
- öffentliche Mandate,
- Interimsmanagementaufgaben,
- Coach und Trainer in internen Weiterbildungen,
- Expatriat,
- Auslandsrepräsentant,
- Aufbau eines neuen Werkes,
- Aufbau einer neuen Repräsentanz,
- Mitarbeit an internen Kommunikationen und Publikationen (Werkzeitung),

- Repräsentant des Unternehmens gegenüber Verbänden, Behörden etc.,
- Projektaufgaben.

Die genannten Beispiele gelten nur, wenn eine Eignung oder Zusatzausbildung mit Qualifikationsnachweis erbracht wird. Ansonsten kann das Ergebnis kontraproduktiv sein.

Das Schaubild der Lufthansa (Bild 6.17) beispielsweise zeigt eine Übersicht über theoretische Möglichkeiten.

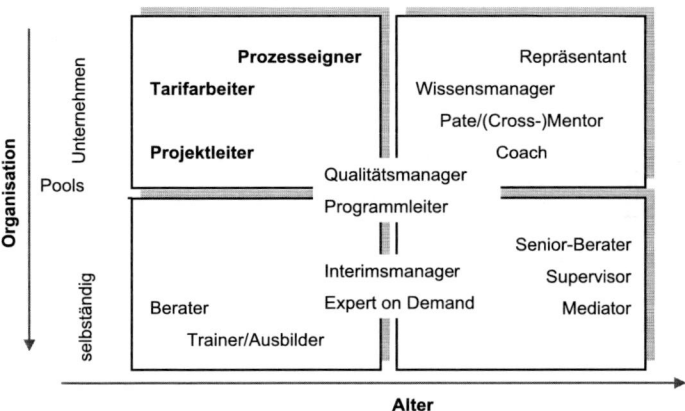

Bild 6.17 Übersicht über theoretische Möglichkeiten bei der Lufthansa (Quelle: Rühl, Lufthansa, 2004)

Um die Stärken und Schwächen des einzelnen Mitarbeiters zu analysieren, ließe sich eine Art „Werkstatt" mit Kompetenz-Check-up einrichten. Entsprechende Testverfahren geben Aufschluss darüber, ob die Fachkompetenzen à jour sind, für welche Aufgaben sich die Person am besten eignet, welche Ziele sie hat, welche besonderen Fähigkeiten, aber auch welche Mankos. Geprüft werden können beispielsweise methodische Kompetenzen, Zeitmanagement, Prozessmanagement, Arbeitssystematik, Sozialkompetenz oder das individuelle Konfliktpotenzial. Daraus lassen sich Handlungsbedarfe ableiten, abgestimmt auf die persönlichen Ziele und die des Unternehmens. Abhängig davon ergeben sich bedarfsorientierte Qualifikationsmaßnahmen, die detailliert mit dem Betroffenen besprochen und ausgewählt werden. Das können sein: Volkshochschule oder spezielle Weiterbildungskurse.

Die Werkstatt ermöglicht also eine umfassende Bestandsaufnahme mit integrierter Prüfungssituation, um die vorhandenen Kompetenzen mit den im Betrieb geforderten Schlüsselkompetenzen abzugleichen. Konkrete Handlungsableitungen werden dann als verbindliche Ziele formuliert, um den betroffenen Mitarbeiter entsprechend zu qualifizieren. Je präziser das Unternehmen weiß, wie sich die entscheidenden

Funktionsbilder in den Schlüsselbereichen in den nächsten drei, fünf und sieben Jahren verändern werden, desto gezielter können die Kompetenzträger darauf vorbereitet werden. Das sichert sowohl die Zukunftsfähigkeit der Mitarbeiter als auch die des Unternehmens.

Ein Beispiel zum Funktionsbild Personalmanager: Aufgrund der sich regelmäßig verändernden rechtlichen Situation in Deutschland beziehungsweise der Europäischen Union, beispielsweise das Gleichstellungsgesetz, braucht er Kenntnisse über internationales Arbeitsrecht und internationales Vertragsrecht. Englisch ist in diesem Zusammenhang sowieso Pflicht. Das alles gehört zum geforderten Kompetenzfeld. Über die genannten Testverfahren (DELTA-Analysen) werden die einzelnen Themen mit null bis zehn Punkten bewertet. Zehn ist optimal, alles unter sechs ist kritisch. Auf diese Weise erhalten Unternehmen und Betroffene ein konkretes Kompetenz-Feedback, wo der „Prüfling" bezogen auf die an ihn künftig zu stellenden Anforderungen steht. Aufgrund dessen ist zu überlegen, wie fehlendes Know-how übermittelt und angeeignet werden kann.

Autos müssen alle zwei Jahre zum TÜV – Mitarbeiter sollten wenigstens einen 3-Jahres-TÜV absolvieren als sogenannten Employability-Check. Das gilt selbstverständlich nur für die „Crème de la Crème" des Unternehmens: Spitzenkräfte oder Spezialkräfte – also für die Personen, die für die Kernkompetenzen im Betrieb bedeutsam sind, zum Beispiel Ingenieure, Produktionsmitarbeiter oder Finanzleute. Das müssen nicht unbedingt Führungskräfte sein. Mit ihnen wird im 4-Augen-Gespräch über beispielsweise alternative Einsatzmöglichkeiten gesprochen. Auf diese Weise erhält das Unternehmen „Spielmasse", das heißt eine breite Einsatzflexibilität seiner entscheidenden Mitarbeiter, und sichert sich damit seine Zukunftsfähigkeit. Denn je mehr Spielmasse man hat, desto besser lässt sich spielen. Mit nur einer Figur auf dem Schachbrett lässt sich schlecht gewinnen. Also muss sich ein Unternehmen möglichst viele Funktionen virulent halten, um alternative Einsatzmöglichkeiten zu generieren.

Fazit: Ein Unternehmen muss Bewegung in seine Organisationsstruktur bringen – geeignet dafür ist Jobrotation oder Projektarbeit. Das hält die Leute fit und entwickelt ihre Bereitschaft, sich zu verändern. Ihre Attraktivität ist umso höher, je mehr sie für verschiedene Funktionen geeignet sind und dafür entsprechend auch begehrt werden. Projektarbeit hat den Vorteil, dass ältere Mitarbeiter aus den Linienfunktionen und damit aus der harten Schusslinie, sprich dem enormen Druck genommen werden können. Das wiederum ermöglicht dem Nachwuchs, sich zu profilieren. Projektarbeit kommt den Erfahrenen extrem entgegen: Denn Projekte sind zeitlich befristet und man kann sowohl als Projektleiter als auch als Teammitglied tätig sein. Das ermöglicht den Älteren, im hektischen Alltag auch mal durchzuatmen und Kraft zu sammeln. Abhängig vom Erfolg des Projekts lässt sich dann die Bezahlung ebenso flexibel gestalten. Eine besondere Qualität der Projektarbeit ist außerdem, dass der Einzelne genau weiß, worauf er sich einlässt und welche Fähigkeiten er dafür mitbringen muss. Sie ist deshalb ein optimales Instrument für den Erhalt und die Entwicklung der Kompetenz erfahrener Mitarbeiter.

6.5 Handlungsfeld 3: Talentmanagement & Personalinstrumente

In diesem Abschnitt geht es darum, wie sich die Personalabteilung auf die Herausforderungen des demografischen Wandels einstellt und eine proaktive Personalarbeit zur Sicherung des Mitarbeiterpotenzials implementiert. Viele Instrumente entstanden in „besseren" Zeiten bei weniger globalem Wettbewerbsdruck und Standortfragen. Die Personalentwicklung war meistens auf jüngere Mitarbeiter zugeschnitten – was unschwer die Ausgaben beweisen. Man war stolz, jährlich die Gehälter zumindest tarifrechtlich anzupassen, zahlte üppige Vorruhestandsgehälter und diskutierte „neueste" Managementmethoden. Diese Zeiten sind vorbei, die schmerzhaften Anpassungen der letzten Jahre mit „Nullrunden" und Streichungen von Qualifizierungsmaßnahmen sowie der Streit um das Abschaffen besonders üppiger Haustarife zeigen das deutlich.

In Abschnitt 6.1 wurde ausführlich auf die Notwendigkeit einer langfristigen Personalpolitik zur Nutzung des Erfolgspotenzials älterer Mitarbeiter eingegangen.

Grundgedanke für eine künftige Personalpolitik ist der Erhalt der nachhaltigen Beschäftigungsfähigkeit der Mitarbeiter in allen Kern- und Schlüsselpositionen des Unternehmens. Die Personalpolitik sollte zwei Strategien verfolgen:

- den Erhalt der Beschäftigungsfähigkeit und die Nutzung des (oft brachliegenden) Mitarbeiterpotenzials (= mitarbeiterzentrierter Ansatz),
- die optimale Besetzung der Kern- und Schlüsselfunktionen – unabhängig vom Alter – sicherstellen (= unternehmenszentrierter Ansatz).

Aus den vorgenannten Analysen des Businessplans und aus der prognostizierten Entwicklung der Altersstruktur werden die Anforderungen für eine nachhaltige Personalpolitik ermittelt. Für die einzelnen (EFQM-)Handlungsfelder werden diesbezüglich Leitlinien formuliert, um

- die Selbstverantwortung der Mitarbeiter für ihre Beschäftigungsfähigkeit, ihre Gesundheit, ihre Work-Life-Balance und den Erhalt ihres Wissens und ihrer Kompetenzen zu unterstützen,

- eine entsprechende Führungsqualität und Unternehmenskultur zu generieren,
- ein präventives Gesundheitsmanagement sowie gesundheitserhaltende Arbeitsplätze und Einsatzmöglichkeiten zu gestalten,
- eine lebensphasenorientierte Personalentwicklung und entsprechende Instrumente und Systeme des Personalwesens zu implementieren.

Fazit: Die formulierte nachhaltige Personalpolitik stellt einen Sollorientierungsrahmen dar. Mithilfe der jährlich neu festzulegenden Ziele und Maßnahmen sollen demnach die Kompetenzen älterer Mitarbeiter erhalten und besser genutzt und die Kern- und Schlüsselfunktionen optimal besetzt werden.

6.5.1   Implementierung eines intergenerativen Talentmanagementprozesses

Ein intergenerativer Talentmanagementprozess, also die gezielte Entwicklung von Kompetenzen und Talenten über Generationen hinweg, ist das „Kronjuwel" einer nachhaltigen Personalarbeit. Verschiedene Bausteine wirksamer Personalarbeit werden zu einem Prozess gebündelt.

Bild 6.18 zeigt die Prozessschritte eines intergenerativen Talentmanagementprozesses.

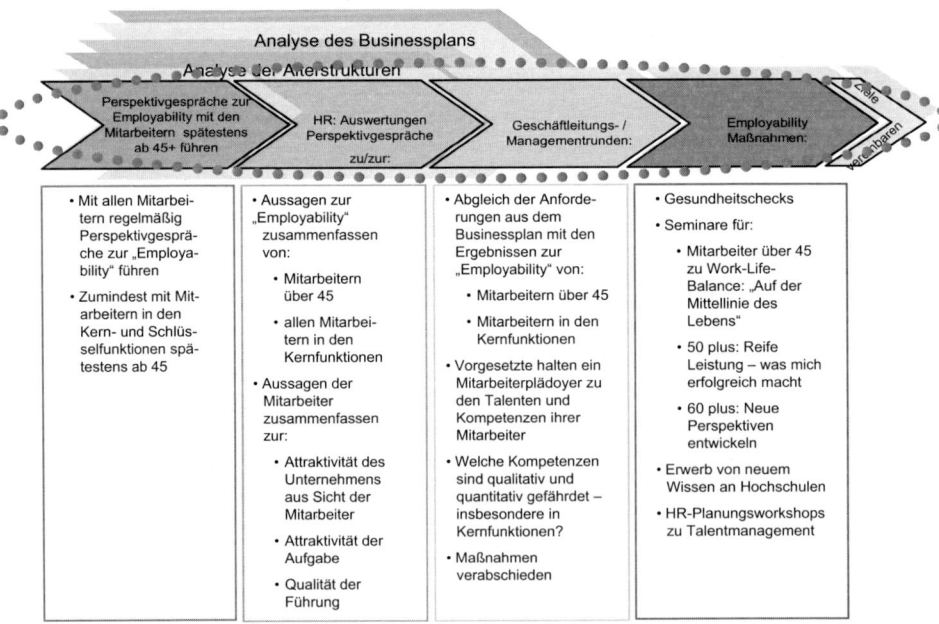

Bild 6.18 Die Schritte eines intergenerativen Talentmanagementprozesses

Der Prozess erfolgt altersunabhängig, denn letztlich ist das Alter egal. Im Unternehmen geht es schließlich immer um Leistung, also darum, sämtliche Kern- und Schlüsselfunktionen sowie Kern- und Schlüsselteams bestmöglich zu besetzen. Ein intergenerativer Talentmanagementprozess soll

1. einen Überblick verschaffen über erbrachte Leistungen in den Kern- und Schlüsselfunktionen: Wer hat welche Leistungen erbracht?
2. einen Überblick verschaffen über Kompetenzen von „Alt" und „Jung": Wer hat welche Kompetenzen?
3. einen Überblick verschaffen, welche Kompetenzen zukünftig gebraucht werden: Wer verfügt über die erforderlichen Kompetenzen?
4. einen Überblick verschaffen über die Zufriedenheit der Mitarbeiter mit dem Arbeitsplatz, dem Unternehmen, der Qualität der Führung.
5. Einschätzung bringen, ob die Leistungen von „Alt" und „Jung" auch in Zukunft erbracht werden können: Sind die Mitarbeiter auch in fünf bis sieben Jahren gesund? Wie motiviert werden sie in fünf bis sieben Jahren sein? Wem traut man diese Leistungen in fünf bis sieben Jahren zu?
6. Kenntnis bringen, welche Maßnahmen zu ergreifen sind, um in fünf bis sieben Jahren geforderte Leistungen und Kompetenzen in den Kern- und Schlüsselfunktionen zu erhalten: Welche gesundheitlichen Präventionsmaßnahmen sind zu ergreifen? Welche Seminare und Qualifizierungsbausteine sind für die Zielgruppen 45 plus, 50 plus und 60 plus zu initiieren, um die Leistungsfähigkeit zu erhalten? Welche Personalsysteme (Entgelt, Arbeitszeit ...) sind zu verändern? Welche Jobrotationen sind sinnvoll? Wie erhalten auch „abgestempelte" Mitarbeiter im Alter von 50 plus noch eine Chance? Wie viele Nachfolge-/Erweiterungs- und Ersatzbedarfe gibt es? Wie sichert man Wissen und Kompetenzen?

Die einzelnen Bausteine:

- Schritt 1: Das Gespräch zur Beschäftigungsfähigkeit – spätestens alle zwei Jahre
- Schritt 2: Vorbereitungen
- Schritt 3: Managementrunde

Schritt 1: Das Gespräch zur Beschäftigungsfähigkeit – spätestens alle zwei Jahre

Mit Mitarbeitern ab 45 sollte regelmäßig – spätestens alle zwei Jahre – einvernehmlich über ihre Zukunft und Perspektiven im Unternehmen gesprochen werden. Beide Seiten legen dabei ihre Vorstellungen offen und versuchen, auf einen gemeinsamen Nenner zu kommen. Diese Gespräche haben keinesfalls das Ziel, eventuelle Austrittszeitpunkte zu fixieren, vielmehr geht es einzig und allein darum, die individuelle Beschäftigungsfähigkeit zu sichern. Die Inhalte und Zielsetzungen variieren deshalb je nach Alter. Dem Mitarbeiter wird aufgezeigt, wie sich in seinem Aufgabenbereich die Anforderungen verändern können und werden. Deshalb sind mögliche und konkrete Anforderungsveränderungen an ihn zu besprechen – sofern keine Geheimnisse preisgegeben werden, wie Standortverlagerung etc. – mit dem Ergebnis, dass er detailliert die Auswirkungen auf seinen Arbeitsplatz und seine Person erfährt. Inhalt dieses Gesprächs sind zwei Fragestellungen: Wie werden aus Sicht des Unternehmens in fünf bis sieben Jahren die Perspektiven des Mitarbeiters (= interner Marktwert) eingeschätzt und wie sieht der Betroffene das Unternehmen und die Qualität der Führung? Der Marktwert des Mitarbeiters ist umso günstiger, je attraktiver einerseits seine Leistungen und Kompetenzen, sein Wissen und seine Erfahrungen sind und andererseits eine positive Grundstimmung von Management und Kollegen ihm gegenüber herrscht.

Eine wichtige Rolle spielen außerdem die Einsatzbreite und Lerngeschwindigkeit, das Engagement und die Motivation sowie Gesundheit, Belastbarkeit und Vitalität. Die Schlüsselfrage lautet: Welche Aufgaben traut das Unternehmen dem Mitarbeiter heute und in fünf bis sieben Jahren (noch/weiter) zu und ist das „emotionale" Umfeld positiv oder kritisch auf den Mitarbeiter eingestellt? Auf die Spitze getrieben: Würden wir diesen Mitarbeiter auch morgen noch einstellen?

Im zweiten Teil des Perspektivgesprächs geht es darum herauszufinden, wie zufrieden der Mitarbeiter mit seiner Aufgabe ist und wie gut er die Qualitäten seines Unternehmens als Arbeitgeber, die Qualität der Führungsleistung des Topmanagements und des direkten Vorgesetzten einschätzt. Ebenso muss geklärt sein, wie gut er sich gefordert und gefördert fühlt und wie er die Möglichkeiten zur Fort- und Weiterbildung einschätzt.

Die Perspektivgespräche können wie folgt unterschieden werden:

• **Perspektivgespräch mit Anerkennungscharakter:** Der Vorgesetzte schätzt die Perspektiven positiv ein, weil der Mitarbeiter in allen drei Kategorien Gesundheit, Motivation, Kompetenzen/Einsatzbreite „gute" Chancen sieht. Das Gespräch soll Wertschätzung und Anerkennung zeigen sowie emotionale Sicherheit geben. Es kommt darauf an, gemeinsam Zukunftsperspektiven abzuklären und zu überlegen, wie der Mitarbeiter seinen „Marktwert" erhalten/erweitern kann. Welche Maßnahmen sind dafür zu planen, welche Einsatzalternativen sollten konkret weiterverfolgt werden? Was kann und soll der Vorgesetzte tun? Der zweite Teil des Gesprächs sollte sich auf die Mitarbeiterzufriedenheit beziehen: Wie werden die Kriterien zur Zufriedenheit des Mitarbeiters mit seiner Aufgabe, mit den Qualitäten seines Unternehmens als Arbeitgeber und die Qualität der Führungsleistung des Topmanagements und des direkten Vorgesetzten aus Sicht des Mitarbeiters eingeschätzt?

- **Perspektivgespräch mit Exzellenzcharakter:** Der Vorgesetzte schätzt die Zukunftsperspektiven in allen drei Kategorien Gesundheit/Vitalität, Motivation/ Selbstführung und Kompetenzen/Einsatzbreite als „exzellent" ein. Deshalb kann konkret über weitere auch höherwertige Einsatzmöglichkeiten und Karrieresprünge gesprochen werden, die es zu verifizieren gilt. Die genannten Punkte im „Anerkennungsgespräch" gelten hier analog. In diesem Gespräch kommt es vor allem darauf an, den Mitarbeiter für das Unternehmen zu halten, weil er hinsichtlich seiner Kompetenzen, seines Wissens, seiner Einsatzbreite, Motivation und Gesundheit eine herausragende Stelle einnimmt. Die Kriterien zu Teil 2 werden wie oben erfragt.
- **Perspektivgespräch mit Optimierungscharakter:** Der Vorgesetzte schätzt die Zukunftsperspektiven aus heutiger Sicht weniger günstig bis schlecht ein. Das heißt, es geht um ein klares Feedback zu den Kriterien Gesundheit/Vitalität, Motivation/Selbstführung sowie Kompetenzen/Einsatzbreite. Das Gespräch hat zum Ziel, den Mitarbeiter zukunftsfähig zu machen. Im Vordergrund stehen deshalb Qualifizierungsmaßnahmen, Jobrotationen und Aufgabenerweiterungen beziehungsweise Maßnahmen zur Gesundheitserhaltung/-verbesserung. Unter welchen Bedingungen ist die jeweilige Person zukunftsfähig und damit letztlich tragbar für das Unternehmen? Gibt es Chancen zusammen mit dem Mitarbeiter? Gibt es Alternativen? Sollten „weiche" Formen des Ausstiegs, wie Vorruhestand, Altersteilzeit, Outplacement oder Aufhebungsvertrag, im gegenseitigen Einvernehmen in Betracht gezogen werden? Auch hier werden die Kriterien wie zu Teil 2 erfragt.

Alle Gespräche sind nach Möglichkeit einvernehmlich mit konkreten Vorschlägen und Überlegungen zwischen Vorgesetztem und Mitarbeiter abzuschließen. Sie werden schriftlich festgehalten. Entscheidend ist, dass der Mitarbeiter will. Sein Wollen ist die notwendige Basis für seine Weiterentwicklung. Für den Fall des Nichtwollens gibt es wenig gemeinsame Perspektiven. Für diese in der Regel seltenen Fälle sind dann Alternativszenarien zu besprechen.

Perspektivgespräche können separat geführt oder in das jährliche Mitarbeitergespräch integriert werden. In letzterem Fall sind die Gesprächsbögen entsprechend um die Kategorien „Beschäftigungsfähigkeit" und „Feedback des Mitarbeiters zum Arbeitsplatz, zum Unternehmen und zur Führung" zu ergänzen.

Finden die Perspektivgespräche unter der Leitung von Führungskräften statt, ist eine vorangehende entsprechende Schulung dieser Führungskräfte empfehlenswert.

Bild 6.19 zeigt einen Vorschlag für das Feedback des Mitarbeiters zu seiner Zufriedenheit, Bild 6.20 zeigt einen Musterfragebogen zur Einschätzung der Beschäftigungsfähigkeit aus Sicht des Vorgesetzten.

Name: ....Abteilung: ....Datum: ....Vorgesetzter:	< 50 %	= 50 %	= 80 %	= 100 %	= 120 %	> 120 %
Feedback des Mitarbeiters zu seiner Zufriedenheit mit dem Arbeitgeber (ggf. ins Mitarbeiterjahresgespräch integrieren)						
Aufgabe **Wie zufrieden sind Sie mit**						
1. dem Inhalt und den Anforderungen Ihrer Aufgabe?						
2. dem Freiraum für eigenes Handeln?						
3. der Anerkennung Ihrer Leistung?						
4. den Möglichkeiten für Ihre Weiterbildung?						
Vorgesetzter						
1. Fühlen Sie sich von Ihrem Vorgesetzten genügend gefordert?						
2. Fühlen Sie sich von Ihrem Vorgesetzten genügend gefördert?						
3. Empfinden Sie Ihren Vorgesetzten als Vorbild?						
4. Gibt er Ihnen offen und ehrlich Feedback zu Ihren Kompetenzen/Talenten?						
5. Wissen Sie von ihm, wie er Ihre Leistungen einschätzt?						
6. Haben Sie ein „Vertrauensverhältnis"?						
Unternehmen						
1. Wie zufrieden sind Sie mit der Führung des Unternehmens?						
2. Empfehlen Sie Ihr Unternehmen als attraktiven Arbeitgeber weiter?						
3. Sind Sie von den Produkten/Dienstleistungen des Unternehmens überzeugt?						
4. Stimmen Ihrer Meinung nach Leistung und Gegenleistung?						
5. Gibt es genügend Möglichkeiten für Sie, sich zu entwickeln?						
Bemerkungen:						

Bild 6.19 Musterfragebogen für ein Perspektivgespräch – Feedback des Mitarbeiters zur Zufriedenheit mit dem Arbeitgeber

Name: .... **Abteilung:** .... **Vorgesetzter:** ....

Einschätzung: Gesundheit und Vitalität (freiwillig)	Rot = kritisch, Gelb = Gefahr, Grün = in Ordnung [⬚]
	Beschreibung / Begründung und Bewertung:

1. Gesundheit/Arbeitsbedingungen

- Es gibt Hinweise auf (einseitige) körperliche Be- und Überlastungen.
- Es gibt Hinweise auf psychosomatische Überlastungen, ausgelöst durch Zeit- und Termindruck.
- Es gibt Hinweise auf Mobbing.
- Es gibt Hinweise auf berufliche Überforderung.
- Es gibt krankheitsbedingte Ausfälle.
- ...

2. Familie & Umfeld

- Der Mitarbeiter hat genügend Zeit für seine Familie.
- Er nutzt die freie Zeit, sich zu entspannen.
- Der Mitarbeiter treibt regelmäßig sportliche Aktivitäten.
- Der Mitarbeiter hat Hobbys.
- Es gibt Hinweise darauf, dass es gute soziale Kontakte und Freundschaften gibt.

3. Berufliche Situation

- Einsatzmöglichkeit in derselben Verantwortungsebene in unterschiedlichen Aufgabenstellungen im selben Fachbereich möglich: heute:...... in 5 Jahren: ......
- Einsatzmöglichkeit in derselben Verantwortungsebene in unterschiedlichen Aufgabenstellungen in fremden Aufgabenbereichen möglich: heute: ...... in 5 Jahren: ......
- Das Wissen und die Erfahrung ist auf hohem aktuellen Niveau: heute:...... in 5 Jahren: ...... Was ist zu tun?:......
- Bereitschaft, Neues zu tun, ist hoch, weniger hoch, nicht hoch:
- Die Akzeptanz bei Kollegen und Vorgesetzten ist:
  - o als Person
  - o als Experte
  - o als Führungskraft
  - o als „Mensch"

Bitte insgesamt einschätzen im Portfolio.

Kommentar des Mitarbeiters:

Bild 6.20 Musterfragebogen zur Einschätzung der Beschäftigungsfähigkeit aus Sicht des Vorgesetzten

Schritt 2: Vorbereitungen

Es versteht sich von selbst, dass die Erhebungen durch das Personalwesen ausgewertet werden und für die Managementrunde aufbereitet werden müssen. Damit erhält das Unternehmen einen Gesamtüberblick über die Talenteinschätzungen aller Mitarbeiter, die Qualitäten zur nachhaltigen Beschäftigung, insbesondere der Mitarbeiter über 45 und deren Einschätzungen zu den Qualitäten des Unternehmens als Arbeitgeber. Die Essenz daraus wird für die Managementrunde vorbereitet, die damit einen Gesamtüberblick über die Situation der Talente aller Mitarbeiter erhält (Bild 6.21). Die Einbeziehung von Betriebsräten/Personalräten ist jederzeit möglich.

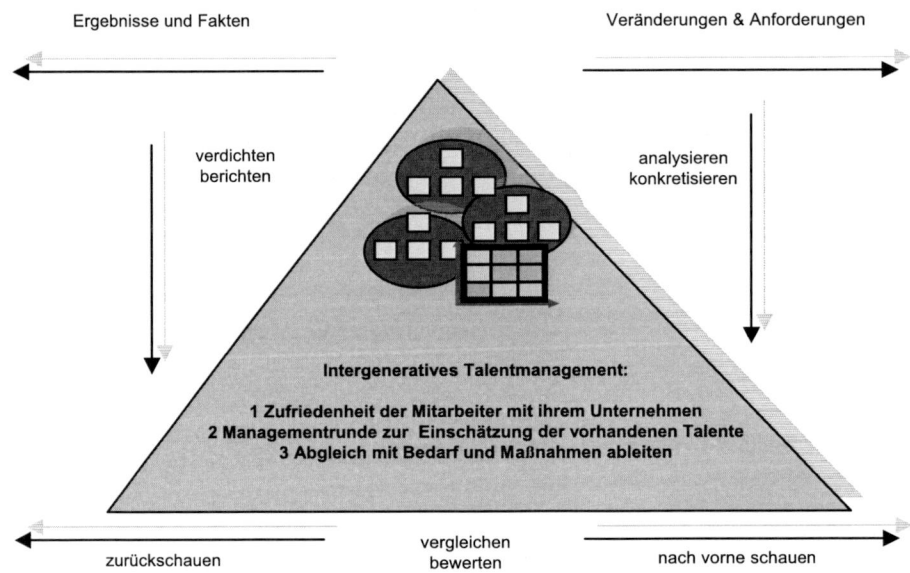

Bild 6.21 Managementrunde – intergeneratives Talentmanagement

Das Personalwesen lädt als Moderator die disziplinarischen Führungskräfte eines Bereichs oder Werks und deren Vorgesetzte zu einer Talentmanagementrunde ein. Sie setzen sich mit den Talenten ihres Teams auseinander und begründen ihre Einschätzung in einem individuellen Mitarbeiterplädoyer. Zusätzlich erhalten sie konkrete Anregungen zum Erhalt und zur Verbesserung der Beschäftigungsfähigkeit und beruflichen Attraktivität der Betroffenen.

Das Topmanagement bereitet sich auf folgende Themen vor: Welche Arbeitsplätze verändern sich aufgrund technologischen Fortschritts? Welche fallen weg? Welche organisatorischen Veränderungen sind zu erwarten? Welche Auswirkungen ergeben sich aus Kunden- und Lieferantensicht? Entscheidend sind die im Businessplan des

Unternehmens für die nächsten fünf bis sieben Jahre anvisierten Eckdaten, die es auf den jeweiligen Bereich abzuleiten gilt. Im Mittelpunkt stehen die Fragen: Was sind die und Strategien des Unternehmens? Welche Auswirkungen haben sie auf die einzelnen Unternehmensbereiche und welche veränderten Anforderungen ergeben sich daraus an Mitarbeiter und deren Beschäftigungsfähigkeit?

Schritt 3: Managementrunde

In der Managementrunde nimmt das Topmanagement zuerst zu den sich verändernden Rahmenbedingungen und Anforderungen Stellung. Bild 6.22 zeigt eine Übersicht zu den Anforderungen an die qualitative Planung der Mitarbeitertalente.

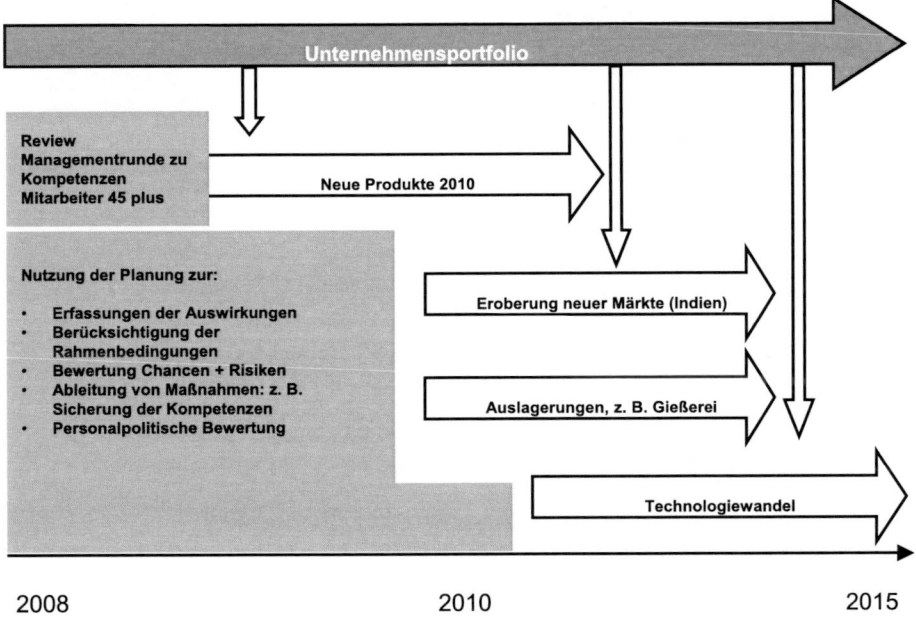

Bild 6.22 Die Ergebnisse der Managementrunde geben Hinweise für die Planung der Mitarbeitertalente

Danach folgt die Auswertung der Ergebnisse: Der Personalleiter stellt die Ergebnisse aller ausgewerteten Perspektivgespräche vor, und zwar anhand der verschiedenen Mitarbeiterportfolios zu den aktuellen Talenten und Kompetenzen, zur Beschäftigungsfähigkeit und zur Zufriedenheit mit dem Unternehmen als Arbeitgeber. Anschließend nehmen die Vorgesetzten Stellung zu den besonders Talentierten und zu jenen Mitarbeitern, die ihre Talente zu wenig oder ungenügend nutzen. Es gibt jeweils ein Portfolio zu Gesundheit/Leistungsfähigkeit, Kompetenzen/Einsatzbreite, Motivation/Handeln im Sinne der Leitbildanforderungen (Bild 6.23).

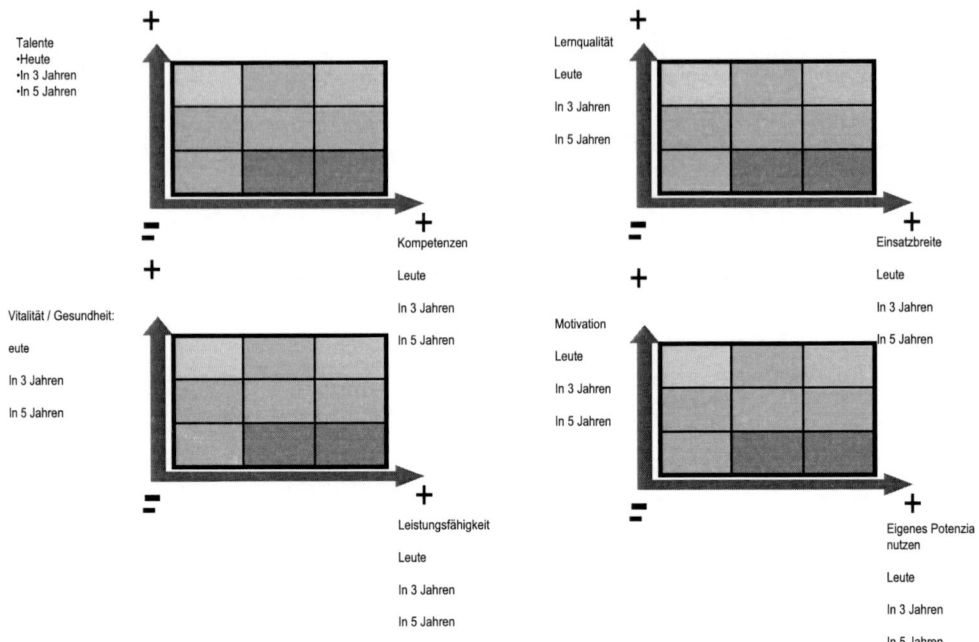

Bild 6.23 Managementrunde: Portfolios der Talente mit 45 plus

Anhand der Ergebnisse schließen sich Fragen, Diskussionen und Maßnahmen zu Unternehmens- und Personalpolitik an. Die Portfolios und ihre Einschätzungsfelder geben zudem Auskunft, welche Maßnahmen hinsichtlich Weiterbildung, Einsatzbreite und Gesundheit zu ergreifen sind, um die Talente zu sichern und zu entwickeln. Zwingend besprochen werden in der Managementrunde jene Mitarbeiter,

- deren Attraktivität und Beschäftigungsfähigkeit als „exzellent" eingestuft werden, und jene,
- deren Attraktivität und Beschäftigungsfähigkeit als hochgradig gefährdet angesehen werden.

Nächster Punkt sind die Mitarbeiterplädoyers: Der Vorgesetzte schätzt die nachhaltigen Beschäftigungsqualitäten seiner Mitarbeiter für die nächsten fünf bis sieben Jahre ein. Es geht darum, sich im Sinne der Beschäftigungsattraktivität mit jedem Einzelnen intensiv auseinanderzusetzen. Die Ergebnisse sind die Basis für ein wertschätzendes Mitarbeitergespräch zur weiteren beruflichen Entwicklung. Die Stellungnahme bezieht sich auf die Zukunftsprognose des Mitarbeiters zu

- seinen Werten (Welche Werte leiten ihn? Welche sind ihm besonders wichtig?),
- seinem Leistungspotenzial (Wie entwickelt sich vermutlich seine Leistung in den nächsten drei, fünf und sieben Jahren?),
- seiner Einzigartigkeit (Was macht ihn einzigartig? Über welche Talente und Kompetenzen verfügt er? Welche zeigt er, welche werden vermutlich zu wenig oder gar nicht genutzt?),
- seiner Einsatzbreite (Über welche Einsatzbreite verfügt er sofort, welche ist gewünscht und erreichbar? Wie gerne lernt er? Was hindert ihn?).

Gleichzeitig gibt es Empfehlungen zur Gesunderhaltung, zu alternativen Einsatzmöglichkeiten und zur Qualifizierung. Für diese Personen werden konkrete Maßnahmen besprochen beziehungsweise erhalten der Vorgesetzte und gegebenenfalls das Personalwesen die „Hausaufgabe", konkrete Lösungen in Zusammenarbeit mit dem Mitarbeiter zu erarbeiten (Bild 6.24).

Anschließend erfolgt die Positionierung in einem der Portfoliofelder (Bild 6.25). Die Erklärungen für die einzelnen Portfoliofelder finden Sie in Bild 6.26. Die Talentmanagementrunden schließen mit den Portfolioergebnissen und konkreten Vereinbarungen zu den nächsten Schritten. Die Ergebnisse geben Hinweise für Handlungsbedarfe bezüglich weiterer Instrumente für die Personalarbeit (Bild 6.27).

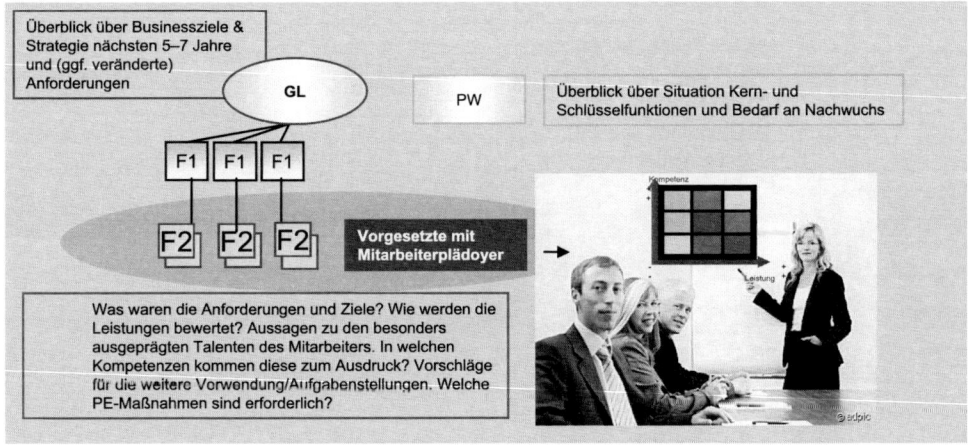

Bild 6.24 Mitarbeiterplädoyer

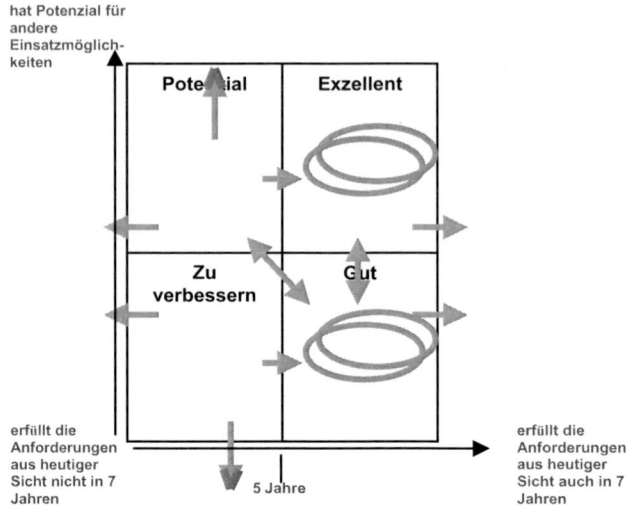

Bild 6.25 Portfoliofelder der Talente

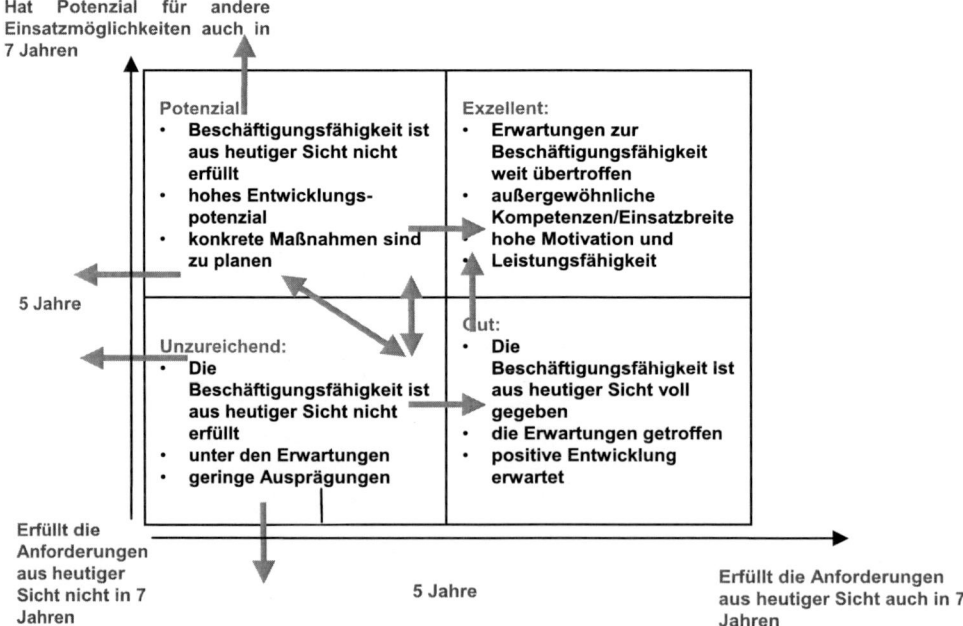

Bild 6.26 Erklärungen für Portfoliofelder der Talente

Bild 6.27 Ergebnisse aus Talentmanagement

6.5.2 Entgelt- und Arbeitszeitsysteme

Eine der größten Herausforderungen für die Personalarbeit besteht darin, die „Versorgungsmentalität" der Menschen – insbesondere in größeren Unternehmen – zu verändern. Das bedeutet: Abkehr vom Senioritätsprinzip hin zu einem konsequenten Leistungsprinzip. Viele „lieb gewordene" Zusatzleistungen sind auf den Prüfstand zu stellen. Verdienstsichernde Entgeltelemente müssen aufgelöst werden. Das bedeutet, dass gute Leistungen unabhängig vom Alter vergütet werden müssen, gleichzeitig aber auch ein adäquates Leistungsergebnis von einem Jüngeren mit geringerem Einkommen erbracht werden kann. Parallel muss deshalb verstärkt über „absichernde" Grundgehälter mit zusätzlich deutlich höheren „variablen" Vergütungsanteilen nachgedacht werden. Sie stehen dann als attraktive Einmalzahlungen im Kontext zur erbrachten Leistung. Die Konsequenz könnte sein, dass Einkommen ab 50, spätestens ab 60 Jahren strukturell sinken – gegebenenfalls auch in Verbindung mit der Wochenarbeitszeit. Alternativ wäre eine vermehrte Bezahlung abhängig von Ergebnissen aus Projekteinsätzen möglich.

Das Entgelt ist zunehmend auch im Zusammenhang mit Arbeitszeit- und Ansparmodellen zu sehen, um individuelle Wahlmöglichkeiten – Geld oder mehr Freizeit – anzubieten. Gefragt sind attraktive Modelle, die einen finanziellen Ausgleich für Einkommenseinbußen im Alter bieten und das Ansparen von Zeit und Geld in der „aktiven" Phase ermöglichen. Der Volksmund sagt: „Spare in der Zeit, dann hast du in der Not." Konkret bedeutet das: Die Mitarbeiter verzichten auf erworbene Zeit- und/oder Entgeltbestandteile. Der Arbeitgeber schreibt diese auf einem Konto gut.

Die Mitarbeiter erwerben sich mit jeder Gutschrift Ansprüche auf bezahlte Freistellung zu einem späteren Zeitpunkt. Die Konten unterliegen keinem fortlaufenden Ausgleichsdruck, allerdings können das Volumen und/oder die Laufzeit begrenzt sein.

Bild 6.28 verdeutlicht die Einbringungsmöglichkeiten von Zeit- und Entgeltanteilen.

```
Zeitanteile:

 •  Zeitguthaben

 •  Freischichten

 •  Altersfreizeit

 •  Urlaub

 •  Mehrarbeit
```

Umwandlung in Langzeitkonten / Wertguthaben, die umgewandelt werden können in: vorzeitiges Ausscheiden ab 60, Verringerung der Regelarbeitszeit ab 60, Umwandlung in zusätzliche Altersbezüge, Verwendung von Fortbildung mit Abschluss, Sabbatical, Teilnahme am Gesundheitsprogramm

```
Entgeltanteile

 •  Zuschläge

 •  Zulagen

 •  Übertarifliche Entgelte

 •  Tarifliche Entgelte soweit
    möglich

 •  Teilzeitvereinbarung bei
    Vollzeit
```

Umwandlung in Langzeitkonten / Wertguthaben, die umgewandelt werden können in: vorzeitiges Ausscheiden ab 60, Verringerung der Regelarbeitszeit ab 60, Umwandlung in zusätzliche Altersbezüge, Verwendung von Fortbildung mit Abschluss, Sabbatical, Teilnahme am Gesundheitsprogramm

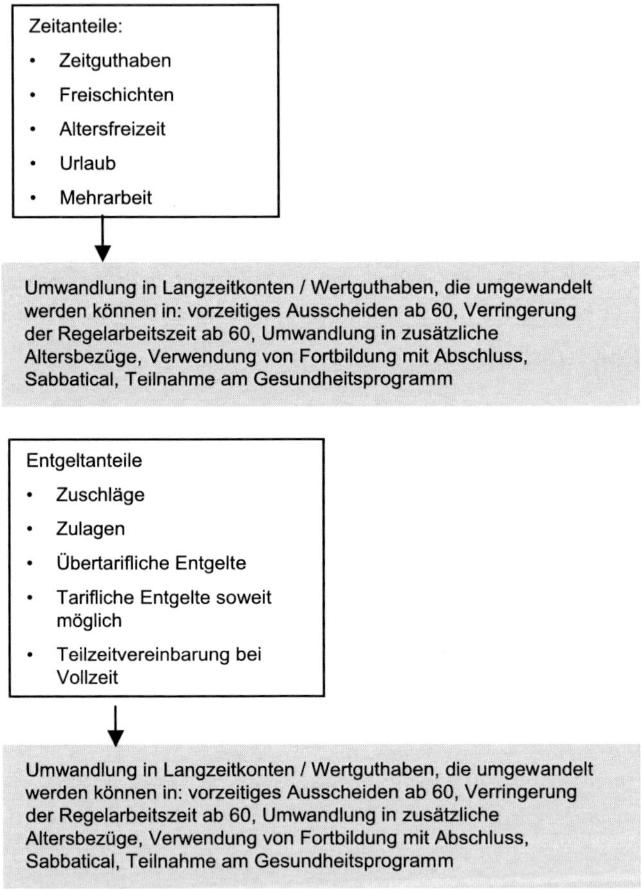

Bild 6.28 Einbringungsmöglichkeiten von Zeit- und Entgeltanteilen

Die finanztechnische Ausgestaltung könnten beispielsweise Fondsanlagen, Bundesschatzbriefe etc. sein. Die eigentliche Herausforderung besteht darin, gemeinsam mit dem Betriebsrat faire Lösungen zu finden und auszuhandeln. Ohne Arbeitnehmervertreter geht hier (fast) gar nichts.

Bild 6.29 zeigt detailliert die Einbringungsmöglichkeiten von Zeitanteilen.

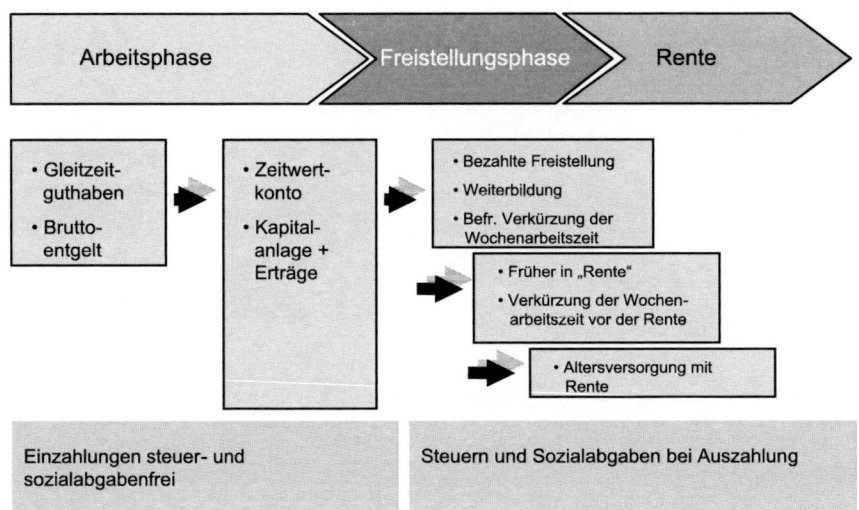

Bild 6.29 Zeitwertkonten (Quelle: Sick AG, 2006)

Die genannten Vorschläge sind auch vor dem Hintergrund einer individuellen Gestaltung von Arbeitszeit und Einkommen zu sehen. Sie gewinnt nämlich rasant an Bedeutung und das umso mehr, als diese im Kontext mit dem Anspruch an lebenslanges Lernen und letztlich einer lebensphasenorientierten Personalentwicklung zu sehen ist. Bereits in den 90er-Jahren wurden beispielsweise bei BMW entsprechende Arbeitszeitsysteme und Personalentwicklungskonzepte entwickelt (Bild 6.30).

Die Gestaltung der Lebensarbeitszeit ist vor dem Hintergrund der Beschäftigungsfähigkeit zu sehen. Sie steht in direkter Abhängigkeit mit der Gesundheit/Vitalität, der Selbstmotivation sowie der Attraktivität des Wissens und Könnens (Kompetenzen) des Mitarbeiters. Bild 6.30 zeigt, dass der bisherige Leistungshöhepunkt durchaus erweiterbar ist, allerdings nicht zum Nulltarif. Dazu sind in der Lebensmitte herausfordernde Aufgaben, gezielte Fortbildungen mit gegebenenfalls neuen Abschlüssen erforderlich, um länger leistungsfähig zu sein. Dafür können Sabbaticalphasen (Freizeit am Block, die vorher angespart wurde) verwendet werden, ebenso wie für Regenerationszeiten mit entsprechenden Regenerationsprogrammen. Gerade in der Lebensmitte, in der „Mittlebenskrise" sind entsprechende Work-Life-Balance-Programme sinnvoll. Die Vorteile für die Beschäftigten sind:

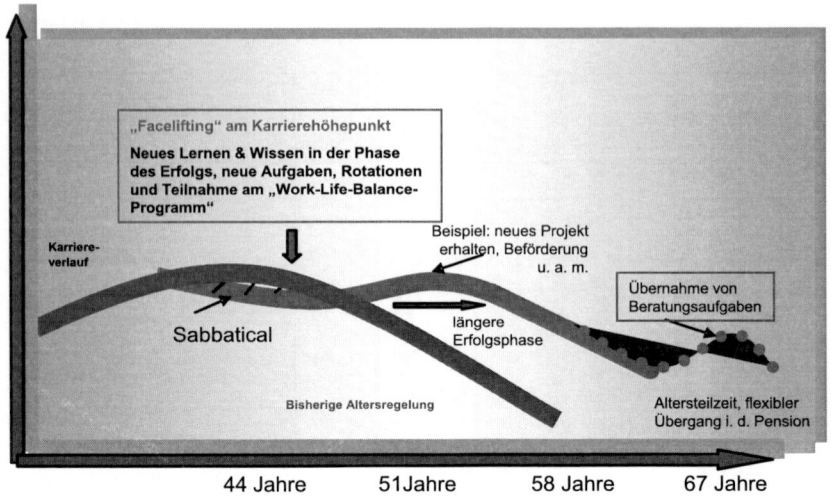

Bild 6.30 Lebenslanges Lernen

- optimierte Berufsverweildauer und mehr Möglichkeiten für einen nachhaltigen Erhalt der Beschäftigungsfähigkeit,
- mehr Möglichkeiten, auf die individuellen Lebensentwürfe von Mitarbeitern einzugehen, zum Beispiel Elternzeit, neues Lernen in der Lebensmitte, neue Aufgabe, Wechsel des Arbeitgebers, präventive Gesundheitsmaßnahmen, vorzeitiger Ruhestand, längeres Arbeiten, bewusste Reduzierung von Verantwortung etc.,
- verbesserte Arbeitsbedingungen,
- Möglichkeiten zum gleitenden Übergang.

Die Vorteile für die Unternehmen sind:

- längerfristige Nutzung des „Invests" Mitarbeiter,
- flexiblere Nutzung der Mitarbeiter,
- bessere Leistungen.

6.5.3   Personalentwicklung

Die Schwerpunkte der bisherigen Personalentwicklung sind zu korrigieren. Beispielsweise müssen dem Gerede vom lebenslangen Lernen auch Taten folgen. Bild 6.31 zeigt die betrieblichen Wirklichkeiten. Diese Entwicklung ist ungünstig und einzigartig in Europa. Das kontinuierliche Streichen von Fort- und Weiterbildungsmaßnahmen in der späteren beruflichen Lebensphase ist deshalb dringend durch eine „Fortbildungsoffensive" in der beruflichen Lebensmitte zu ersetzen. Die bisherige Praxis, den Großteil der Budgets für die Jungen zu verwenden, ist unbedingt zu überdenken (Bild 6.32)!

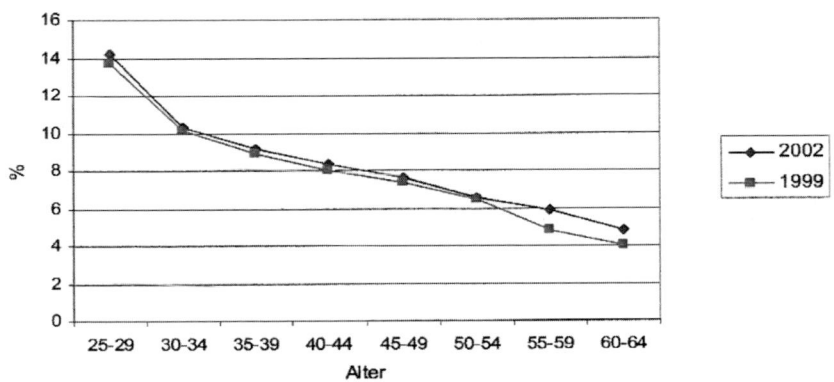

Quelle: Eurostat, Arbeitskräfteerhebung, Frühjahrsdaten.

Bild 6.31 Betriebliche Wirklichkeiten (Quelle: Eurostat, 2004)

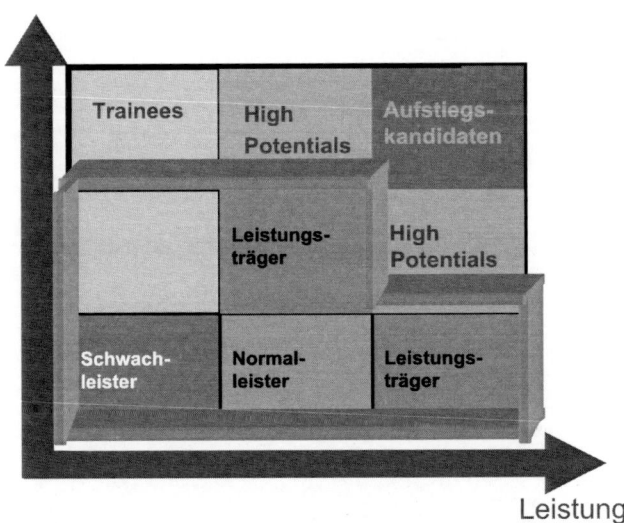

Bild 6.32 Fortbildungsoffensive: Die Verwendung von Bildungsbudgets korrigieren – Leistungsträger und Normalleister fokussieren

Für das Unternehmen ergeben sich zwei Schlüsselfragen:

1. Wie können wir betriebliche Fort- und Weiterbildungsmaßnahmen im Sinne des Unternehmens wirksamer einsetzen?
2. Wann sind Mitarbeiter bereit zu lernen?

Wie erwähnt sollte der Fokus auf Funktionsinhaber und Schlüsselpersonen gelegt werden, die betriebliche Kernfunktionen innehaben und Schlüsselprozesse heute und morgen beherrschen. Eine Personalentwicklung für „alle" ist nicht zielführend. Auch sollten die Fort- und vor allem die Weiterbildungsmaßnahmen anlassbezogen eingesetzt werden, also „just in time". Gelernt und veränderungsbereit ist der Mensch in Zeiten der Not (problemorientiertes Lernen = Pushprinzip) und wenn er vor Herausforderungen (Pullprinzip) steht, zum Beispiel:

- Eintritt ins Unternehmen,
- Aufstieg,
- Aufgabenerweiterung und Aufgabenanreicherung,
- neue Organisation, neue Prozesse,
- neuer Chef,
- Versetzung, Übernahme einer neuen Funktion,
- Übernahme eines Projekts/Beratung,
- Präsentation vor der Geschäftsleitung,
- Wechsel ins Ausland,
- Ausscheiden etc.

Kritische Zeiten und Situationen können sein:

- schlechte Beurteilungsergebnisse,
- negatives Feedback von Kollegen, Kunden, Vorgesetzten, Mitarbeitern, Lieferanten,
- Selbstkritik,
- (drohende) Situation vor und nach Scheitern,
- Fehler,
- Verlust von Ansehen und Macht,
- angedrohter Funktionsverlust beziehungsweise -wechsel etc.

Eine „begleitende und lebensphasenorientierte" Personalentwicklung zeichnet sich dadurch aus, dass sie den Mitarbeiter über sämtliche berufliche Stationen in der jeweiligen Funktion und über sämtliche Lebensphasen im Betrieb hinweg begleitet, seine Talente und Kompetenzen erkennt und entwickelt. Die vornehmste Aufgabe der Personalentwicklung ist es, Führungskräfte bei ihrer Aufgabe „Gelegenheiten zur persönlichen Weiterentwicklung schaffen" zu unterstützen und für entsprechende Rahmenbedingungen zur „Entwicklung von Reife und Kompetenzen" zu sorgen. Denn will man die Kompetenzen älterer Mitarbeiter nachhaltig und langfristig nutzen, dann reicht es nicht aus, Sonderinitiativen 50 plus zu starten. Die Initiative beginnt mit dem beruflichen Einstieg und unterstützt berufliche Auf-, Um- und Ausstiege.

Die Herausforderung besteht darin, Lernen an den Eckpunkten beruflicher Veränderungen und Herausforderungen festzumachen – und zwar lebenslang (Bild 6.33). In Bild 6.34, das teilweise aus „Lebensgestaltung und Biografie" von Dr. Elfriede Biehal-Heimburger (2003) entnommen wurde, sind den Herausforderungen in den einzelnen Lebensphasen konkrete PE-Maßnahmen gegenübergestellt. Entscheidend dabei ist der systematische PE-Prozess. Bild 6.35 zeigt beispielhaft die Anforderungen und Maßnahmen zu den einzelnen Lebensphasen auf (in Anlehnung an: Graf, 2001; Glasl, 2005; Herrmann, 1993).

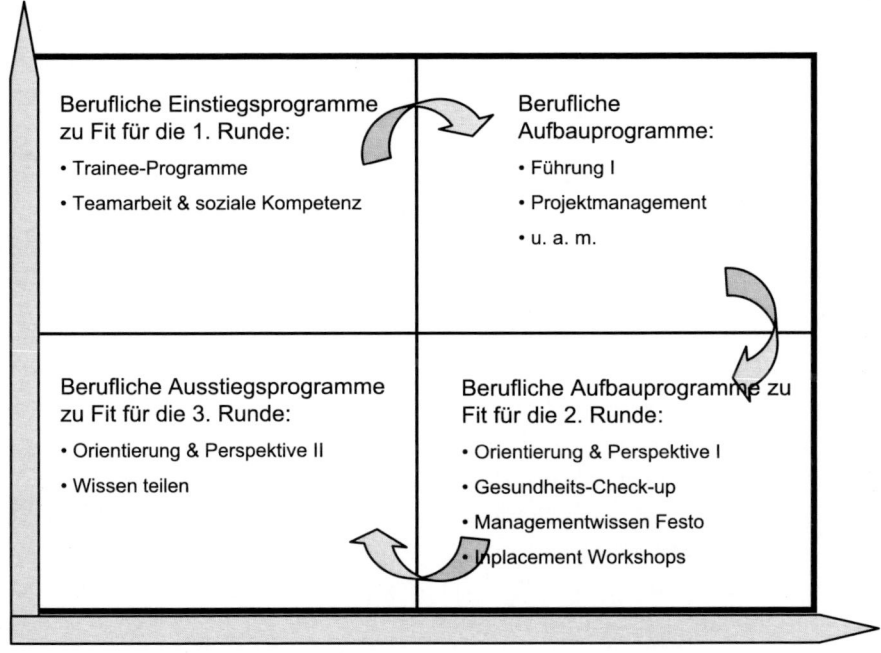

Bild 6.33 Eckpunkte beruflicher Entwicklung

Fazit: Alle Mitarbeitergenerationen haben teil an einer systematischen Personalentwicklung. Entsprechend dem Alter und der Lebenserfahrung werden sie gezielt weiterentwickelt und ihre Leistung und ihr Potenzial „abgeschöpft". Ein wesentliches Prinzip der PE besteht darin, „zu stören" – und zwar durch gezieltes Übertragen von Herausforderungen, aber auch durch bewusstes „Platzmachen und Zurücknehmen", um die Möglichkeit zu schaffen, in Aufgaben und Projekten Neues zu lernen. Das heißt, die eigentliche Personalentwicklung findet am Arbeitsplatz statt.

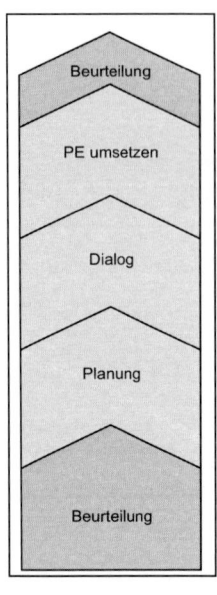

PE-Maßnahmen:
- on the job
- on the job
- nearby the job
- Gesundheitsprävention

Mitarbeitergespräch / Perspektivgespräch:
- Feedback zu Leistung und Entwicklung der Kompetenzen
- Feedback zur Einschätzung der Beschäftigungsfähigkeit in 5–7 Jahren
- Dialog zur weiteren Entwicklung, Einsatzplanung und Fort- und Weiterbildungsmaßnahmen

Managementrunde = Abglecih Ziele, Strategie, Bedarf; qualitative Personalplanung mit individueller Entwicklung entlang der Lebensphasen:
- übergreifende Einschätzung von Leistung und Kompetenzen
- anhand von Zielen und Anforderungen aus den Businesszielen in 5–7 Jahren einschätzen der Beschäftigungsfähigkeit (Interner Marktwert)
- übergreifende Personal- und Einsatzplanung anhand von Schlüsselfunktionen und dazugehörigen Schlüsselpersonen (Laufbahn)

Vorgesetzter:
- jährliche Beurteilung von Leistung und erstellen einer differenzierten Einschätzung der Kompetenzen
- Einschätzung der Beschäftigungsfähigkeit in 5–7 Jahren
- Empfehlungen zur weiteren Entwicklung, Einsatzplanung und Fort- und Weiterbildungsmaßnahmen

Bild 6.34 Systematischer PE-Prozess (Quelle: Trigon, 2003)

Eine weitere Aufgabe ist, Mitarbeitern insbesondere in der Produktion die Angst davor zu nehmen, Neues zu lernen. Deshalb ist es wichtig, dass die ausgewählten Lernmethoden auf die Zielgruppe eingehen und möglichst aufgabenbezogenes, arbeitsnahes Lernen ermöglichen, das die Erfahrung der Lernenden berücksichtigt.

Die Personalabteilung hat außerdem dafür zu sorgen, dass die Kultur und Akzeptanz gegenüber den Älteren stimmt. Auf keinen Fall sollte Vorurteilen dadurch Vorschub geleistet werden, dass Leute ab einem bestimmten Alter „abgeschoben" oder ihnen für sie schwer lösbare Aufgaben übertragen werden. Deshalb ist oberstes Prinzip, den Einsatz der Älteren unter dem Aspekt ihrer Talente, ihres Know-hows sowie ihrer persönlichen Akzeptanz zu gestalten. Bevor sie als Mentor, Trainer, Projektleiter, Senior-, Inhouse-Berater oder im Ausland arbeiten, sollten sie zwingend qualifiziert und sollte ihre Eignung eingeschätzt werden.

Abschließend geht es um die Verknüpfung von individuellen Kompetenzprofilen mit der Aufgabe/Stelle und Laufbahnentwicklung. Abgeglichen werden dafür die

- gezeigten Kompetenzen anhand von erbrachten Leistungen mit den
- geforderten Kompetenzanforderungen der Aufgabe.

Lebensabschnitte	Organisationale Anforderung	Individuelle Herausforderung	PE-Maßnahmen
Fit für die 1. berufliche Runde: expansive Phase **Lehr- und Wanderjahre**	**Leistung bringen** • in die Kultur einpassen • die zugetrauten Aufgaben bewältigen • im Team arbeiten • von Macht, Politik und Strategie im Unternehmen verstehen • verschiedene Vorgesetzte und Führungsstile kennenlernen • Standards und QM-Tools beherrschen • Aufgaben und Ziele erfüllen, Ergebnisse erzielen	**Erfolgreich starten** • berufliche Aufbauphase • Eigenes Ausprobieren, an die Grenzen gehen, sie überschreiten • verschiedene Funktionen bewältigen • regelmäßige Reflexion und Feedback einholen • eigenen Stil entwickeln • Verantwortung für aktive Laufbahngestaltung • Partnerschaft und Familie • an sich arbeiten	**Erfolge möglich machen!** • V.: differenzierte Einschätzung der Kompetenzen: Kompetenzprofil und Potenzial • V.: systematisches Feedback zu Leistungen und Kompetenzen „permanent" • M.: Planen der Laufbahn, systematische Funktionswechsel, Ausland • V.: Herausfinden der Laufbahn (Fach-, Führungs-, Projektlaufbahn) durch Einsatz als Stellvertreter, zusätzliche Projektaufgaben, Aufgabenerweiterungen und Anreicherungen • M.: Personalportfolios • P.: Instrumente, Systeme, Talente erkennen, Traineeprogramme, Management-Development-Programme, Mentorenkonzepte
Legende: V = Vorgesetzter M = Managementrunde P = Personalwesen			

Bild 6.35 Lebensphasenorientierte Anforderungen und Maßnahmen

Lebensabschnitte	Organisationale Anforderung	Individuelle Herausforderung	PE-Maßnahmen
Fit für die 2. berufliche Runde: in der Lebensmitte **Perspektiven entwickeln, Aufbrechen, Neues lernen**	**Leistung abschöpfen** • Fähigkeiten und Expertisen des Mitarbeiters (aus)nutzen, Leistung abschöpfen • „Feuerwehreinsätze" und Sonderaufgaben übernehmen • gesund und leistungsfähig bleiben • weiter Aufgaben und Ziele erfüllen, Ergebnisse erzielen	**Orientierung für die 2. berufliche Runde zu:** • Work-Life-Balance, Familie und Beruf • Sinnfragen beantworten: Was habe ich erreicht? Was will ich noch erreichen? • Wie schätze ich meinen internen & externen Marktwert in 5–7 Jahren ein? • alternative berufliche Szenarien entwickeln • Was ist jetzt Neues zu wagen? Welche Aufgaben? • Was will ich Neues lernen? Welche Fort- und Weiterbildung? • berufliche Umstiegs- bzw. Erweiterungsphase • Burn-outs vermeiden	**„Stören im Erfolg"** • V.: differenzierte Einschätzung der Kompetenzen: Kompetenzprofil und Potenzial • V.: Einschätzen und Feedback zur Beschäftigungsfähigkeit in 5–7 Jahren • M.: Erstellen von Risikoportfolios zur Beschäftigungsfähigkeit, Einsatzplanung • P.: Instrumente, Systeme, Programm: „Work-Life-Balance auf der Mittellinie des Lebens" mit den Modulen: Gesundheit (Check-up), Selbstführung, Standortbestimmung und Aufbau neuer Kompetenzen und neuen Wissens, Inplacement Workshop, Lernstattmodelle für das Lernen vor Ort
Fit für die 3. berufliche Runde: (60 plus) **Das Haus bestellen, neue Perspektiven entwickeln** Legende: V = Vorgesetzter M = Managementrunde P = Personalwesen	**Wissen und Erfahrung sichern** • sukzessive Abgabe von Aufgaben, Macht und Verantwortung • gezielte Unterstützung in der Wissens- und Erfahrungsweitergabe • gesund und leistungsfähig bleiben • weiter Aufgaben und Ziele erfüllen, Ergebnisse erzielen	**Akzeptanz und Anerkennung bis zum Schluss, Perspektiven für die Jahre danach** • mutig „angestammte" Plätze verlassen • Erfüllung darin finden, die vorhandene Erfahrung und das Wissen ab- und weiterzugeben • vermeiden von Stresssituationen und einseitigen körperlichen Belastungen • neue Perspektiven entwickeln, weiter Neues lernen	**Erfolgreich den (gleitenden) Übergang bewältigen** • V.: auf Anerkennung und Akzeptanz achten, hierzu Anforderungen an den Mitarbeiter zum „Abgeben" stellen und positives Umfeld schaffen • P.: Instrumente, Systeme, Programmmodule zu: „Das Haus bestellen – neue Perspektiven entwickeln". Module dazu: Gesundheit und Neuorientierung

Bild 6.35 Lebensphasenorientierte Anforderungen und Maßnahmen *(Fortsetzung)*

Bild 6.36 enthält ein Beispiel zur Einschätzung der sozialen Kompetenzen im Mitarbeitergespräch.

Soziale Kompetenz (SK)

Erklärung: Qualität und Bereitschaft mit Kollegen und Vorgesetzten gut zusammenzuarbeiten, hohe Kundenorientierung. Bereit, Feedback anzunehmen. Art und Weise, wie Konflikte angesprochen und gelöst werden. Bitte entsprechende Beurteilung ankreuzen.

	inakzeptabel in der Zusammenarbeit & Integration	Probleme in der Zusammenarbeit	integriert sich und arbeitet zusammen	ergreift Initiativen für gute Zusammenarbeit	vorbildlich in der Zusammenarbeit nach innen und nach außen	setzt Standards und vorbildliche Beispiele
	1	2	3	4	5	6
	schwache Ausprägung	geringe Ausprägung	mittlere Ausprägung	gute Ausprägung	hohe Ausprägung	überragende Ausprägung
Qualität und Bereitschaft, mit Kollegen und Vorgesetzten gut zusammenzuarbeiten						
hohe Kundenorientierung						
bereit, Feedback anzunehmen						
Art und Weise, wie Konflikte angesprochen und gelöst werden						
....						
Bemerkungen						

Ist = ―――――

Soll = ―――――

Bild 6.36 Beispiel zur Einschätzung der sozialen Kompetenzen

Beispiel 1 zur Personalentwicklung in der Produktion bei der Loewe AG

Quelle: Kotschenreuther, 2006

Ausgangslage: Die Arbeitsbedingungen in der Endmontage waren mit einseitiger Körperhaltung und einseitigen Belastungen verbunden, die Anforderungen an die geistige Flexibilität eher gering, die Aufgaben wenig abwechslungsreich. Die Folgen: geringe aufgabenbezogene Flexibilität und empfundener Leistungsdruck. Es wurden zunehmend Skelett- und Gelenkerkrankungen (WS-Syndrome, Arthrosen) diagnostiziert. Einher gingen psychische Gefahren, die Mitarbeiter entwickelten eine wachsende ablehnende Haltung gegenüber Veränderungen.

Maßnahmen: Im ersten Schritt wurde eine Workshopreihe implementiert, um:

- ein Problembewusstsein zu schaffen,
- die medizinische Sicht zu beleuchten,
- einen Dialog in Gang zu setzen und zu einer Meinungs(um)bildung zu kommen,
- eine Pilotgruppe zu installieren.

Ziel war es, die Arbeitsplätze ergonomischer und anspruchsvoller zu gestalten. Dazu wurden Arbeitsplatzanalysen durchgeführt und Jobrotationen in der Endmontage eingeführt. Das gelang mit der Pilotgruppe erfolgreich.

Beispiel 2 zur Personalentwicklung in der Produktion bei der Loewe AG

Quelle: Kotschenreuther, 2006

Ausgangslage: Bestimmte Tätigkeiten wurden in der Produktion von der Arbeitsvorbereitung festgelegt. Bei immer gleicher manueller Bestückung unter Zeitdruck gingen andere Fähigkeiten und Kompetenzen verloren. Vor allem ältere Mitarbeiter hatten sich daran gewöhnt und waren wenig bereit und flexibel, neue Aufgaben zu übernehmen.

Maßnahmen: Erster Schritt war, die Mitarbeiter an der Ausgestaltung der Arbeitsplätze zu beteiligen. Ziel sollte ein erweitertes Aufgabenumfeld sein. Ein Zeitrahmen für die manuelle Bestückung wurde als Ganzes von der Arbeitsvorbereitung vorgegeben. Die interne Aufgabenverteilung und Platzbesetzung übernahmen im Team die Mitarbeiter selbst. Dafür wurden sie qualifiziert und dabei unterstützt. Ergebnis ist eine höhere Selbstbestimmung.

Worum muss sich die Personalentwicklung in Zukunft verstärkt kümmern?

Diversity-Teams

Eine der wichtigsten Aufgaben der Personalentwicklung für die nächsten Jahre vor dem Hintergrund des demografischen Wandels ist die Bildung und Unterstützung von Teams für Schlüsselprojekte und Schlüsselaufgaben. Diese „Diversity-Teams" sollen in herausragenden Aufgabenstellungen Spitzenleistungen erbringen. Für sie sind ganzheitliche Personalentwicklungskonzepte sinnvoll. Zum Beispiel:

- Unterstützung von Diversity-Teams in der Startphase eines Projekts,
- kontinuierliche Verbesserungssitzungen,
- Unterstützung bei Konfliktlösungen,
- effiziente Besprechungen,
- Wissensmanagement usw.

Talentmanagement

Ebenso entscheidend für die Zukunftsfähigkeit der Personalarbeit vor dem Hintergrund des demografischen Wandels ist das Talentmanagement: Es geht darum, die Talente der Mitarbeiter über 45 eines Bereichs besser einzuschätzen und zu nutzen. Die Fragen lauten:

- Über welche Kompetenzen verfügt die Person?
- Wo liegen die ungenutzten Talentpotenziale?
- Welche Talente sollten effektiv weiterentwickelt werden?
- Welche Entwicklung ist im Interesse des Unternehmens?

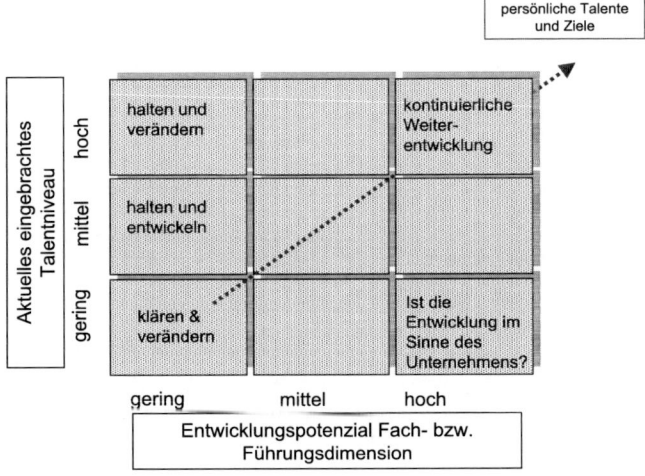

Bild 6.37 Talenttableau – Talente einschätzen

Über das Talenttableau (Bild 6.37) lassen sich die Schwerpunkte der Talente bestimmen. In der weiteren Folge wird dann die Zielrichtung der Talententwicklung festgelegt. Als Beispiel zeigt Bild 6.38 den Werdegang eines Bankkaufmanns. Die Dimensionen und Alternativen der weiteren Entwicklungsrichtung zielen darauf ab, abzuklären, ob das Potenzial vorhanden ist, um eine fachliche beziehungsweise

Führungsaufgabe übernehmen zu können. Die weitere Entwicklung kann hier alternativ in einer Führungsposition, einer Fachrolle und/oder in einer differenzierten Einsatzbreite gesehen werden. Die Ergebnisse finden Eingang in einer Kompetenzmatrix (Bild 6.39).

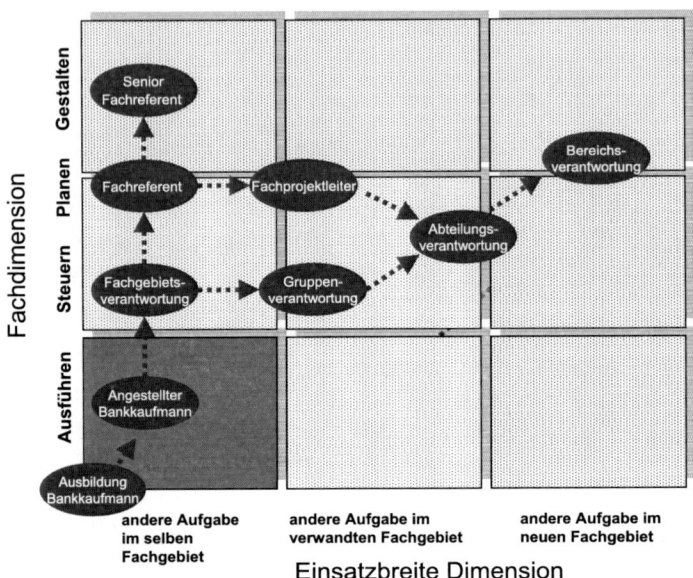

Bild 6.38 Zielrichtung der weiteren Talententwicklung: Je Bereich sollten Kompetenzentwicklungspfade definiert werden (Beispiel Bankkaufmann)

Bank-Fachreferent					Name Person: XYZ / Bereich			
Name Mitarbeiter / Funktion:	Isteinschätzungen zwischen: 10 = top bis 0 = nicht vorhanden			Entwicklungsziel	Maßnahmen in den Kompetenzen			
	Wollen	Können	Resultate		Fach	Methoden	Person	Soziales
Markus / Kundenbetreuer	9	7	8	Fachreferent: Privatkundenbetreuer	Schulungen Assetklassen	Wirkungsvoll präsentieren	Der eigene Stil	Knigge

Bild 6.39 Kompetenzmatrix

Zusätzlich zur Bestimmung der Zielrichtung der beruflichen Entwicklung und der Ermittlung von Qualifikationsbedarf bei Mitarbeitern über 45 interessiert die Art und Weise des Lernens (Bild 6.40). Neben der klassischen Form des Seminarlernens ist mit zunehmendem Alter dem arbeitsplatznahen Lernen der Vorzug zu geben. Gerade für „lernentwöhnte" Mitarbeiter ist das die beste und effektivste Vorgehensweise (Quelle: Dehnbostel, 2005). Solche in der Regel selbst gesteuerte Lernprozesse verlangen auch spezielle pädagogische Kompetenzen (Bild 6.41).

Lehrmethode	Lernmethode
Ausbilder lehrt durch:	Lernender lernt durch:
▪ Entwickeln von Leitfragen, Besprechen von Antworten	▪ selbständiges **Informieren**
▪ Entwickeln von Planungshilfen, Besprechen von Vorschlägen	▪ selbständiges **Planen**
▪ Entwickeln von Leitsätzen, Besprechen von Problemen	▪ selbständiges **Durchführen**
▪ Entwickeln von Kontrollbögen, Auswerten der Ergebnisse	▪ selbständiges **Kontrollieren**

Bild 6.40 Lehr- und Lernmethoden (Quelle: Köck, 2006)

Methodische Dimension:	**Personale Dimension:**	**Diagnostische Dimension:**
• Moderation • Strukturierung des Lernens • Konfliktlösungsstrategien • Herstellung von Verfahrenstransparenz	• Umgang mit Macht/Kontrolle • verarbeitete Lernbiografie • Vertrauen in die Kompetenzen der Lernenden	• systemisch-konstruktivistischer Blick • Erkennen von Lernkompetenzen und Unsicherheiten • Erfassen des Gruppenprozesses
Sachebene: • Expertenwissen • Zusammenarbeit mit Fachleuten • Vorbereitung nach Bausteinprinzip	**Pädagogische Kompetenzen des „Begleiters"**	**Beziehungsebene:** • pädagogischer Umgang mit Einzelnen und Gruppen • Gegensteuerung gegen dysfunktionale Phänomene wie Dominanz, Passivität, Konkurrenz

Bild 6.41 Pädagogische Kompetenzen in selbst gesteuerten Lernprozessen (Quelle: Mörchen/Bubolz-Lutz 1999)

Mögliche Organisationsformen zum Lernen sind:

• Qualitätszirkel mit dem Fokus: Probleme lösen,
• Lernstatt mit dem Fokus: fachliche und soziale Kompetenzen fördern,

- Lerninsel mit dem Fokus: komplexe Arbeitsaufträge mithilfe einer Lerninfrastruktur lösen,
- Unterweisung mit dem Fokus: vormachen, zeigen,
- Coaching mit dem Fokus: mithilfe von Fragetechniken das stille Wissen aktivieren – prozessorientiert,
- COP (Community of Practice) mit dem Fokus: Lernen durch Tun – und zwar in einer Gemeinschaft, um Gewohnheiten, Einstellungen und Werte sowie Wissen und Fähigkeiten zu teilen.

Die Nähe zum Arbeitsplatz mit den realen Aufgaben ermöglicht es, Ängste abzubauen, und bezieht sowohl das Wissen als auch die Erfahrung aktiv mit ein. Solche Lernformen sind meistens problemorientiert. Man kommt zusammen, um über Verbesserungen zu sprechen und diese nach Möglichkeit sofort umzusetzen. Positive Effekte sind häufig eine höhere Mitarbeitermotivation und größere Mitarbeiterzufriedenheit. Als Ergebnis sind verbesserte Prozesse und Produkte zu erreichen. Häufig geht damit der Wechsel einher zu **neuen Arbeitsformen**, wie

- Gruppenarbeit,
- Jobrotationen,
- Projektarbeit,
- Einarbeitung,
- kontinuierliche Verbesserungen (KVP),
- Netzwerke.

Ältere, gemischte Teams und Wissenstransfer

Die nächste große Herausforderung im Rahmen einer zukunftsfähigen Personalentwicklung besteht darin, Bedingungen zu schaffen, unter denen alle – und zwar unabhängig vom Geschlecht oder Alter – ihre Leistungsfähigkeit und Leistungsbereitschaft entfalten können. Wissensweitergabe funktioniert, wenn jeder einen Nutzen davon hat. Das bedeutet: Wissensmanagement bezieht sich weniger darauf zu wissen „was" (Sachverhalt) als vielmehr zu wissen „wie" (Vorgehensweise). Dieses Wissen ist zugleich mit Anwendungsbedingungen verknüpft, sodass sehr schnell und sicher nach Wenn-dann-Regeln abgerufen werden kann. Praktiziertes Wissensmanagement = Transfer von Wissen und Erfahrung zwischen Männern und Frauen, Jungen und Alten, verschiedenen Disziplinen und Kulturen. Grundsätzlich kann zwischen zwei Arten von Wissen unterschieden werden (Bild 6.42). Konkrete Methoden für einen effektiven Wissenstransfer zeigen die Bilder 6.43 bis 6.45.

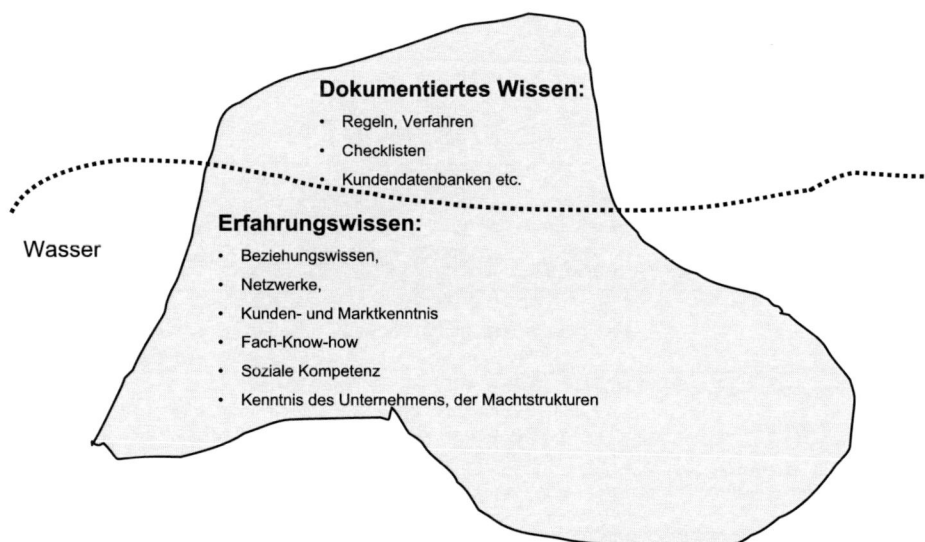

Bild 6.42 Eisbergmodell zum Wissenstransfer (Quelle: Regnet, 2006)

Methoden / Verfahren	Stichworte
Communities of Practices	Informeller Austausch zwischen den Wissenspartnern durch: z.B. After Work Party, Vortrag mit anschließendem Austausch, Arbeitsbesuche vor Ort, Flipper-Ecken. Beispiele: Produktinnovationen, Prozessinnovationen.
Storytelling	Ein älterer Mitarbeiter erzählt „Kriegsgeschichten" mit Gewinn- und Verlierersituationen. Sie müssen zum Anlass des Zuhörers passen, der eine Präsentation beim Vorstand vor sich hat. Die Methode kann auch kombiniert werden mit einem Interview, in dem der Ältere gezielt zu Situationen, Themen oder Kunden etc. befragt wird und „Geschichten" erzählt.
Expertennetzwerk	Eine Datenbank: Verzeichnis von erfahrenen Ansprechpartnern für junge Kollegen mit Hinweisen, auf welche Themen der Experte angesprochen werden kann.
Erfahrungsaustausch	Gezielte, themenbezogene Meetings, bei denen (auch ausscheidende) Experten zu Wort kommen.
Inhouse-Berater	Der ältere Mitarbeiter wird zu einem „Inhouse-Berater" (entsprechend seiner Kompetenz) ernannt und kann gezielt angefragt werden.
Entscheidungsbäume	Die Handlungsroutinen (Wissen) erfahrener Mitarbeiter werden aufgezeichnet und für Schulungs- und Vermittlungszwecke verwendet.
Lessons Learned	Dokumentierte Erfahrungen des ausscheidenden Mitarbeiters festhalten in Form von Projekttagebüchern, Abschlussbesprechungen von Projekten, Projektbericht mit Fotografien des Tagwerks (Bau) etc.

Bild 6.43 Methoden zum Wissenstransfer I

Methoden / Verfahren	Stichworte
Wissenslandkarte	Je nach Zielsetzung werden (ältere) Wissensträger mit ihrem Wissen im Unternehmen benannt und mit Ort grafisch dargestellt. Die Erstellung des Wissens-/Kompetenzprofils erfolgt durch die betroffene Gruppe anhand von Metaplanwänden.
Essential Competences EC	Schlüsselfunktionen und Schlüsselpersonen werden identifiziert. Das Wissen dieser Personen, die demnächst ausscheiden, gilt es gezielt zu dokumentieren und an Stellvertreter bzw. Nachfolger weiterzugeben. Anhand von Kompetenzprofilen erfolgt die Ermittlung und Dokumentation.
Vermächtnis/Buch	Mit Unterstützung eines Journalisten werden die wesentlichen „Vermächtnisse" in Form etwa einer Reportage erstellt. Entscheidend: Spannend mit Checklisten als z.B. Ratgeber geschrieben.
Intranet, Mitarbeiterzeitung	Systematisch werden ausscheidende Mitarbeiter in der Mitarbeiterzeitung gewürdigt sowie ihre Erfahrungen und Vermächtnisse attraktiv aufgeschrieben. Ziel: Sie gezielt mit Interessenten zusammenzubringen.
Projektdatenbank	Bei PL: Erfassen aller relevanten Informationen in einer Datenbank. Problem: Aktualisierung, totes Wissen ...
Szenariotechnik	Zu einer relevanten Fragetechnik werden mögliche Entwicklungen der Zukunft entworfen und durchgespielt. Zum Beispiel.: Das Ausscheiden eines Wissensträgers. Ziel: Rechtzeitig auf Gefahren aufmerksam werden und Know-how sichern.

Bild 6.44 Methoden zum Wissenstransfer II *(Fortsetzung)*

Methoden / Verfahren	Stichworte
Mentorenkonzepte	Der ausscheidende Mitarbeiter übernimmt für seinen Nachfolger eine Mentorenrolle und sichert damit den Übergang. Achtung: meistens schwierig!
Lernstatt	Themenzentrierte Fragestellungen werden mit Know-how-Trägern und ausscheidenden Mitarbeitern bearbeitet. Gut für KVP.
Experten-Hearing	Ausscheidende Mitarbeiter in Experten-Hearings einbinden und berichten lassen. Damit erfolgt eine gezielte Erfassung des Know-hows auf hohem Niveau.
Präsentation vor Entscheidungsträger	Der ausscheidende Mitarbeiter präsentiert in freier Entscheidung vor seinen Chefs zu Themen, die ihm am Herzen liegen und wo er darlegt, wie er sein Wissen, seine Erfahrung an wen weitergegeben hat.
Alumni-Kreise	Einladung von Ehemaligen. Diese erhalten gezielte Fragestellungen in Arbeitsgruppen, um auch im Nachhinein von ihrem Wissen zu profitieren.
Beraterverträge	Über einen genau zu bezeichnenden Projektumfang erhält der ausscheidende Mitarbeiter auch für die Übergangzeit einen Beratervertrag.

Bild 6.45 Methoden zum Wissenstransfer III *(Fortsetzung)*

6.5.4   Personalmarketing

Alle namhaften Unternehmen sind auf den einschlägigen externen Fach-, Rekrutierungs- und Karrieremessen präsent, um jüngere Mitarbeiter zu gewinnen. Mitarbeiter über 45 spielen dabei jedoch keine Rolle. Stellenanzeigen mit Inhalten wie „Mit 45 zu alt – mit 55 überflüssig – bei uns nicht!" sind entweder Ausnahmeerscheinungen oder Alibiveranstaltungen. In der Praxis fehlt es an Einsicht und an der Kultur, den „nachwachsenden Rohstoff" (Fahrion, 2004) zu nutzen. Dennoch wird es nur eine Frage der Zeit sein, bis es auch einen Markt für „Mangelkräfte" (Ingenieure) geben wird. Deshalb müssen zukunftsorientierte Unternehmen sich analog dem Personalmarketing der Jungen aufstellen und Strategien und Vorgehensweisen zur Einstellung von älteren Fachkräften entwickeln. Dafür ist vor allem ein interner Kulturwechsel erforderlich. Mögliche Ansatzpunkte können sein (Quelle: Bundesministerium für Bildung und Forschung, 2005):

- Gezielte und herausfordernde Ansprache von Älteren in Inseraten mit der Bekräftigung, dass sie wirklich willkommen sind.
- Systematische Beobachtung der internen Arbeitsmärkte von Großunternehmen, die oftmals ihre älteren Mitarbeiter in Beschäftigungs- und Transfergesellschaften „entsorgen". Es lohnt sich, zum „Jäger" guter älterer Mitarbeiter zu werden.
- Beobachtung von Insolvenzen.
- Kooperationen mit der Arbeitsagentur.
- Zusammenarbeit mit Personalberatungsfirmen.

Die Art der Ansprache für diese Zielgruppe muss sich grundsätzlich von der „üblichen" unterscheiden. Deshalb sind die Anzeigen, Messeauftritte, Anschreiben etc. deutlich spezifischer auszurichten. Die Ansprache sollte immer ein Unikat sein.

Im Folgenden ist der Fokus auf den internen Personalmarketingbereich gerichtet. Die Ausgangssituation: Viele Mitarbeiter der 45-plus-Generation sind seit Jahren, manche seit Jahrzehnten im Unternehmen. Über die Jahre hinweg führte ihre berufliche Entwicklung in der Regel zunehmend in die Spezialisierung. Die Kollegen kennen sich untereinander bestens. Deshalb sind sowohl die Stärken als auch die Schwächen, Fehler und Eigenheiten gut bekannt – ähnlich wie beim langjährigen Lebenspartner ist die erste Verliebtheit längst vorbei und der Alltag ist eingekehrt. Das Unternehmen, der Mitarbeiter, die Kollegen haben sich arrangiert. Das gibt einerseits zwar Sicherheit, hat aber auch den Nachteil, dass die einseitige Spezialisierung zu Abhängigkeit führt und eine große Gefahr für die künftige Einsatzfähigkeit bei technologischem Wandel besteht.

Es ist das alte Lied: Dort, wo es keine neuen Herausforderungen weder in fachlicher noch in menschlicher (andere Personen) oder organisatorischer (Aufgaben in anderen Organisationseinheiten) Hinsicht gibt, ergeben sich keine oder nur wenige Bewährungsproben und findet kein Wachstum statt. „Rasten heißt rosten." Dieses Risiko besteht besonders in Großunternehmen mit hoher Spezialisierung.

Internes Personalmarketing hat hier die Aufgabe, neue berufliche Gelegenheiten zu schaffen und internen Bewerbern Chancen zu bieten. Es geht einerseits darum, interessante Laufbahnmodelle zu entwickeln, andererseits aber auch, einen internen Bewerbermarkt attraktiv zu halten und leistungswilligen 45-plus-Mitarbeitern neue Einsatz- und Entwicklungsmöglichkeiten zu eröffnen. Talentworkshops sind eine neue, attraktive und aktive Form der Personalentwicklung und Einsatzplanung. Sie können Laufbahnmodelle und Planungen „am grünen Tisch" sinnvoll erweitern und ergänzen.

6.5.4.1   Was ist ein Talent?

„(…) wenn Menschen nicht nur über Ressourcen verfügen, die das Humankapital bilden, sondern talentiert sind, das heißt, sie machen nicht nur etwas, was sie gut können, sie machen es auch noch gern." (Rüttinger, 2006)

Das Talent weist also auf eine überdurchschnittliche Begabung hin (Bild 6.46). Jemand kann etwas besonders gut – im Sinne von: Begabung in Leistung umsetzen. Allerdings ist der Maßstab dabei keine allgemeingültige Definition. Jedes Unternehmen bewertet Talent in seinem eigenen Unternehmenskontext und gemäß den firmeneigenen Anforderungen an einen Mitarbeiter, und somit anders (Dangl, 2006).

Teilbegriff	Inhaltliche Fragen
Talent > Track Record +	Was definiert ein Unternehmen als gute Entwicklung eines Mitarbeiters? Müssen dabei Leistungsziele erreicht oder überschritten werden? In welcher Zeitspanne sollte das passieren?
Verhalten +	In vielen Fällen werden Unternehmen Leadership-Talente suchen. Inwieweit soll ein Mitarbeiter durch sein Verhalten erkennen lassen, dass er andere zu Führungskräften entwickeln kann, um einen sich selbst wiederholenden Prozess zu starten?
Engagement +	Engagement, d. h. u. a. Einsatzbereitschaft, ist integraler, unverzichtbarer Bestandteil jeder Talentdefinition. Ein Unternehmen muss klarmachen, wo Engagement dringend gebraucht wird. Liegt Nachdruck z. B. auf global einsetzbaren Managern, wird sich die Talentstrategie auf Kandidaten konzentrieren, die mobil sind und einen globalen Ehrgeiz entwickeln.
Stretch	Wie weit lässt sich das Potenzial eines Mitarbeiters dehnen? Inwieweit ist er, langfristig gesehen, „boardroom material"?* Um das zu beurteilen, wird ein Kriterium herangezogen, das als „learning agility" bezeichnet wird. Wie schnell, breit, tief und unangestrengt lernt jemand?

* Im amerikanischen Sprachraum werden so Mitarbeiter bezeichnet, die für die oberste Leitungsebene geeignet erscheinen.

Bild 6.46 Was ist ein Talent? (Rüttinger, 2006)

Diese Definition impliziert, dass jeder Mensch in irgendeinem Bereich eine besondere Begabung und somit Talent besitzt. Folgende ausgewählte Thesen zum Talentmanagement sind besonders zutreffend (Trost, 2007).

- Talente entfalten sich durch herausfordernde Möglichkeiten gepaart mit professioneller Unterstützung.
- Internes und externes Recruiting sind die wichtigste Aufgabe der Personalentwicklung.
- Der wichtigste Akteur im Talentmanagement ist der Mitarbeiter selbst unter dem Motto: Talente suchen sich ihren Weg. Die Aufgabe von Unternehmen liegt darin, den Mitarbeiter dazu zu befähigen, ihm Möglichkeiten aufzuzeigen, Türen zu öffnen, Orientierung zu geben und Barrieren abzubauen.

6.5.4.2 Interner Bewerbermarkt

Das Ziel ist, 45-plus-Mitarbeitern die Möglichkeit zu geben, bedarfsgerecht Neues in angrenzenden oder fachfremden Bereichen zu lernen und sich für neue Einsatzmöglichkeiten zu qualifizieren und zu empfehlen. Dazu sind potenzielle Vorgesetzte aus den angrenzenden oder fachfremden Bereichen frühzeitig einzubinden und zu überzeugen. Es geht darum, einen qualifizierten internen Bewerbermarkt mit den Bedarfen des Unternehmens zu verknüpfen – einer Art interne Stellenausschreibung.

Bausteine können sein:

- Entwicklungsvorgespräch oder (Employability-)Inhalte im Mitarbeiterjahresgespräch,
- Talentworkshop mit Abklärung und Beratung von Zielen, Einsatz- und Entwicklungsmöglichkeiten sowie Entscheidung zur Teilnahme an einem „Membership-Contract-Programm" mit „Career Pool",
- Aufgabe aus einem anderen Themengebiet bearbeiten beziehungsweise lösen lassen (optional),
- Fachseminare, Fach-/Hochschule,
- interne Karrieremesse mit konkreter Einsatzplanung beziehungsweise Abklärung,
- Verbleiben im Bewerberpool des Membership-Contract-Programms (maximal vier Jahre),
- Angebot für neue Aufgabe wahrnehmen/Ausscheiden aus dem Pool.

Der Nutzen solcher Aktivitäten:

- gezielter Aufbau von Know-how und Verbreitern des Wissens,
- Einsatzbreite und Einsatzmöglichkeiten verbessern,
- attraktives Angebot an High Potentials mit 45 plus,

- mehr qualifizierte Bewerber und Alternativen,
- Belebung des internen Stellenmarktes für Spezialisten und Hochqualifizierte,
- neue Motivation und weitere Möglichkeiten, sich zu entwickeln.

Die Bausteine im Einzelnen:

1. Wie ein Entwicklungsvorgespräch laufen kann beziehungsweise sich (Employ-ability-)Inhalte im Mitarbeiterjahresgespräch vermitteln lassen, wurde im Abschnitt „Perspektivgespräch" beschrieben. Ein Ergebnis kann sein, dass der Vorgesetzte den Mitarbeiter in Abstimmung mit Bereichsverantwortlichen, Personalabteilung und Mitarbeiter selbst zur Teilnahme am Talentworkshop vorschlägt.

2. Im Talentworkshop stellen sich die Teilnehmer einem unabhängigen Kreis von Bereichsverantwortlichen vor. Sie präsentieren: Was zeichnet mich aus? Was sind meine Erfolge? Mit welchen Talenten habe ich diese erreicht? Welche Talente vermute ich noch bei mir? Welche würde ich gerne mehr zeigen? Was will ich erreichen? Was bringe ich als „Assets" ins Unternehmen ein? Welche Aufgabenstellungen interessieren mich außerhalb meines unmittelbaren Aufgabenfelds? Warum und wie will ich das erreichen?

   Bestandteil des Talentworkshops ist ein Test, zum Beispiel Harrison, um weitere Erkenntnisse zu erhalten. Als Ergebnis wird ein Ziele- und Talentprofil erstellt und werden Empfehlungen gegeben für weitere Einsatzmöglichkeiten sowie die Aufnahme in den Karrierepool.

3. Die Teilnahme am Membership-Contract-Programm ist optional dann sinnvoll, wenn Neues gelernt und gezeigt werden sollte. Es geht darum, das Einsatzspektrum des Mitarbeiters gezielt zu erweitern und zu verbessern. Dafür erhält er zusätzlich zu seinem eigentlichen, bisherigen Aufgabengebiet eine weitere Aufgabe gestellt aus einem anderen Themengebiet vom entsprechenden Fachbereichsleiter. Diese Aufgabe kann auch im Team gelöst werden. Die Voraussetzungen zur Beantwortung der anspruchsvollen Fragestellung erarbeitet sich der Kandidat durch Literaturstudium, Besuch von Fachseminaren an Fachschulen beziehungsweise Hochschulen und Teamarbeit. Das Ergebnis wird dann im Karriereworkshop vorgestellt und bewertet. Die Dauer des Membership-Contract-Programms liegt bei sechs bis zwölf Monaten. Begleitet wird das Programm von einer Abendreihe mit Vorlesung (optional), Dialoggesprächen mit der Geschäftsleitung und Fachbereichsvorträgen.

4. Die konkrete Einsatzplanung beziehungsweise Abklärung der erweiterten Talente erfolgt in einem eineinhalbtägigen Workshop. Hier präsentieren die Teilnehmer den Fachexperten ihre Ergebnisse zur zusätzlichen Aufgabenstellung. Außerdem werden gezielt Gespräche mit Bereichsverantwortlichen geführt, um sich vorzustellen und besser kennenzulernen sowie Interesse bei den Entscheidern zu wecken. Wie auf einer Karrieremesse geht es darum, sich auf einem (hier inter-

nen) Bewerbermarkt zu stellen und gezielt Gespräche zu führen. Das Ergebnis aus allen Aktivitäten auf dieser internen Karrieremesse sollte ein Talentprofil mit konkreten Einsatzempfehlungen sein. Im günstigsten Fall erhält ein Teilnehmer ein Angebot für eine freie Stelle. In der Regel erhält er ein Einsatz- und Bewerberprofil für konkret zu benennende interne Funktionen.

5. Das Verbleiben im Karrierepool ist maximal für vier Jahre möglich. Ergibt sich in dieser Zeit keine neue Einsatzmöglichkeit, scheidet der Kandidat ohne weitere Verpflichtungen aus.

6.6 Handlungsfeld 4: Präventionsprogramme zum Erhalt von Gesundheit & Vitalität

Gesundheitsvorsorge beziehungsweise Wellness waren vor 15 Jahren noch ziemlich unbedeutende und unbekannte Begriffe. Inzwischen erhalten sie jedoch im Bewusstsein der Bevölkerung einen höheren Stellenwert. Denn: Ohne Gesundheit geht nichts. Zwischen Bewusstsein, Wissen und Handeln klafft allerdings noch immer eine große Lücke. Man geht zum Arzt, wenn einem etwas fehlt. Und das war's.

Mitarbeiter im gewerblichen Bereich sind heutzutage jedoch zunehmend gesundheitlichen Beeinträchtigungen ausgesetzt. Demgegenüber stehen psychosomatische Probleme bei den Angestellten. Durch einseitige Belastung, Bewegungsmangel oder Stress werden die Leistungsfähigkeit und das Wohlbefinden von Leistungsträgern nachhaltig negativ beeinflusst. Im Rahmen der Personalentwicklung sehen deshalb die Personalentwickler enorme Handlungsbedarfe für Programme, welche die „Work-Life-Balance" im Auge haben. Alle dafür notwendigen Maßnahmen sind eng miteinander verzahnt. Dabei geht es darum, das Gleichgewicht zwischen Arbeit und Freizeit zu verbessern. Vor diesem Hintergrund sind die Mitarbeiter selbst aufgerufen, sich verstärkt um ihre Gesundheit und Fitness zu kümmern. Aus diesem Grund bieten immer mehr deutsche Unternehmen ihren Führungskräften und Topleistern zunehmend die Möglichkeit, ihre Ressourcen zu testen und zu entwickeln.

6.6.1 Gesundheitsförderung bei den Mitarbeitern

1. Aus Sicht der Weltgesundheitsorganisation WHO können Mitarbeiter zu gesundheitsförderlichem Verhalten befähigt werden.
2. Es gilt gesundheitsförderliche Arbeitsbedingungen zu schaffen, in denen ein solches gesundheitsförderliches Verhalten ermöglicht und erleichtert wird.

3. Es sollten möglichst viele Beschäftigte zu Wort kommen, wenn es um die Analyse gesundheitlicher Probleme und die Entwicklung geeigneter Maßnahmen am Arbeitsplatz geht.
4. Der Dialog und die Kooperation zwischen den verschiedenen Fachdisziplinen, Interessenvertretern und Entscheidungsträgern in Sachen Gesundheit müssen im Betrieb koordiniert und gefördert werden.
5. In den Unternehmensleitlinien sollte das Thema gesundheitliches Verhalten verankert sein. So, dass bei allen zu verändernden, kritischen Strukturen und Abläufen der Aspekt der Gesundheitsförderlichkeit berücksichtigt wird.

Die Effekte kommen Unternehmen und Mitarbeitern zugute. Den Unternehmen, weil sich der Krankenstand verringert, die Produktivität steigt und die Fluktuation aufgrund ungünstiger Arbeitsbedingungen gesenkt werden kann. Bei Mitarbeitern verringern sich gesundheitliche Beschwerden, wenn das Wohlbefinden gesteigert wird, und das führt letztlich zu mehr Freude bei der Arbeit.

Aus Erfahrung lassen sich drei Grundsätze und Vorgehensweisen empfehlen, die in einem Gesundheitskonzept zusammengefasst werden können. Die aufzustellenden Leitlinien sollten dabei unbedingt eine klare Zielformulierung haben: Welches Ergebnis ist anzustreben?

1. Es geht um das körperliche, seelische und soziale Wohlbefinden der Mitarbeiter – im Sinne des Salutogenese-Modells. Danach ist Gesundheit kein Zustand, sondern muss als Prozess verstanden werden = Gesundheitsentstehung.
2. Mit geeigneten Mitteln sollte gesundes Verhalten gefördert werden.
3. Ebenso gilt es, gesunde betriebliche Strukturen und Prozesse zu schaffen.

Mit einer auf lange Zeit angelegten Gesundheitsförderung lassen sich dauerhafte und messbare Ergebnisse erzielen. Dafür ist es erforderlich, dass die wesentlichen Akteure zusammenwirken: Unternehmensleitung, Personalwesen, Betriebsarzt, Betriebsrat und die Mitarbeiter selbst. Dabei kommt den Beschäftigten eine herausragende Bedeutung zu, denn in der Praxis hat sich gezeigt, dass beispielsweise das Nichttragen von Augenschutz, Arbeitsschuhen oder mangelhaftes gesundheitliches Verhalten – egal ob aus Stress oder fehlender Einsicht – die Hauptursachen von nachhaltigen gesundheitlichen Schädigungen sind. Deshalb ist die Gesundheitskompetenz bei Vorgesetzten und bei Mitarbeitern gleichermaßen zu fördern.

Ohne das systematische Erfassen von Krankheitsursachen ist eine systematische Arbeit und Abhilfe jedoch nur schwer denkbar. Deshalb ist ein Minimum an Datenerfassung unverzichtbar, ebenso wie das Spektrum gesundheitsförderlicher Maßnahmen und Aktionen im Blick zu behalten.

6.6.2 Das 5-Säulen-Programm für die Gesundheit

Der Gesundheits- und Wellnessmarkt hält zahllose Angebote bereit, den Betroffenen die Verantwortung für ihre Gesundheit und psychische sowie physische Beschäftigungsfähigkeit zu erleichtern. Das sogenannte 5-Säulen-präventiv-Programm beispielsweise basiert auf dem Prinzip der Salutogenese und hat zum Ziel, Strategien für eine persönliche Work-Life-Balance-Situation zu entwickeln. Die fünf konkreten Schritte des Programms umfassen:

- Gesundheits-Check-up,
- gesunde Ernährung,
- Fitnesstraining,
- Anleitung zum Stressmanagement,
- Transfer und notwendige Rahmenbedingungen.

Säule 1: Gesundheits-Check-up

Das ist sozusagen die Bestandsaufnahme: Der Teilnehmer erfährt die Ergebnisse umfangreicher kardiovaskulärer Analysen mit Laboruntersuchung, Belastungs-EKG und Laktatmessungen, echokardiografischer Untersuchungen sowie der Analyse der Gefäße. Es gilt die Risikofaktoren zu identifizieren und geeignete Strategien zu entwickeln, um diese einzugrenzen beziehungsweise erst gar nicht zum Tragen kommen zu lassen.

Zusätzlich zum gesundheitlichen Check-up gibt es eine neuartige Leistungsdiagnostik. Sie befasst sich mit der präfunktionellen Nachbehandlung von Sportverletzungen und leistet daraus abgeleitet eine Präventionsdiagnostik in Form von Ausdauer, Muskelleistung und Muskelfunktionstests. Diese Analyse- und Testverfahren konzentrieren sich auf die allgemeine Früherkennung von Schwächen am Bewegungsapparat, bei der Ausdauer und der Leistungsfähigkeit. Der Präventionsgedanke steht dabei immer im Vordergrund. Ergebnis ist ein individuelles Risikoprofil.

Die Erkenntnisse des Gesundheits-Check-ups und der Leistungsdiagnostik werden zusammengeführt und münden in einer ganzheitlichen Betrachtung von Mensch, Bewegung, Gesundheit sowie einem ausführlichen Gespräch mit dem Facharzt. Die spezifische Diagnose garantiert ein schlüssiges Ressourcenprofil.

Säule 2: Gesunde Ernährung

Kochen und Essen sollen zum Erlebnis werden. Ein immens wichtiges Thema, denn jeder vierte Bundesbürger ist bereits über 60 und viele davon glauben, dass eine gesunde Ernährung für sie keine Rolle mehr spielt. Ein großer Irrtum. Denn falsche

Ernährung und mangelnde Bewegung führen letztlich zu einem häufig unterschätzten Gesundheitsrisiko: Fehlende Informationen und ungesunde Gewohnheiten können zu Nährstoffmangel, zum Beispiel von Calcium, Vitamin D oder Folsäure, führen. Wer sich richtig ernährt, hat größere Chancen, lebenslang fit und gesund zu bleiben. Während sich mit zunehmendem Alter der Stoffwechsel verlangsamt und die Fettanteile steigen, nimmt gleichzeitig die Muskel- und Knochenmasse kontinuierlich ab. Um dem Knochenabbau vorzubeugen, ist also mehr Bewegung wichtig. Hinzu kommt die Bedeutung einer fettarmen und vollwertigen Mischkost, welche auf Dauer trotz massiver Veränderungen im Körper für ein konstantes Gewicht auf der Waage sorgt.

Der Schlüssel zur richtigen Ernährung könnte im Begriff LOOGO liegen. L steht für „lieber mehr Fisch, weniger Fleisch". O steht für Omega-3-Fettsäuren, die vorwiegend anzutreffen sind in im Kaltwasser lebenden Meeresfischen, wie Lachs, Makrelen, Hering, außerdem in Rapsöl und grünem Blattgemüse. O für Obst, es enthält schützende sekundäre Pflanzenstoffe. G für Gemüse, und zwar vor allem mehr Hülsenfrüchte und sekundäre Pflanzenstoffe. Und O für Fette mit überwiegender Ölsäure, das sind einfach ungesättigte Fettsäuren, wie in Oliven-, Rapsöl oder Nüssen.

Säule 3: Fitnesstraining

Hier geht es darum, wieder mehr Spaß an körperlicher Bewegung zu bekommen. Aufbauend auf den Erkenntnissen des Gesundheits-Check-ups und der Leistungsdiagnose sowie auf gesunder Ernährung wird ein individuelles Fitnessprogramm für den Teilnehmer zusammengestellt, um neue Energien aufzubauen sowie vorhandene Ressourcen zu nutzen und zu halten. Körperliche Aktivitäten sind einer der größten Schutzfaktoren und spielen im Programm der fünf Säulen eine besondere Rolle.

Säule 4: Anleitung zum Stressmanagement

Die Teilnehmer lernen Entspannungstechniken und werden damit befähigt, sich nach Bedarf zu entspannen und für entsprechende Aufgaben fit zu halten. Dabei kann ausprobiert werden, welche Entspannungsform sich individuell am besten eignet. Neben progressiver Muskelentspannung, autogenem Training, imaginativer Aufbauentspannung, Yoga, Tai-Chi oder Qigong hilft vielen auch das neu entwickelte Lachyoga. Dabei geht es darum, den Alltagsbelastungen wieder mit mehr Humor und Gelassenheit gegenüberzutreten. Die Kunst besteht darin, eine zeitliche und emotionale Balance zwischen den verschiedenen Lebensbereichen zu finden.

Die Ergebnisse von Aufbau- und Entspannungstraining münden in einem Empfehlungsplan. Darin enthalten sind Krafttraining und Kraftbelastung – selbstverständlich unter Berücksichtigung von individuellen Problemen mit beispielsweise Bluthochdruck, der ein erhöhtes Risiko birgt. Mit einzelnen Techniken und Pausen zwischen den Kraftbelastungen etwa kann ein Blutdruckanstieg vermieden werden.

Idealerweise sollte sich jeder Mensch 45 bis 60 Minuten pro Tag ausdauernd belasten, ohne dass er dabei ins Schwitzen kommt. Dabei sind besonders solche Aktivitäten günstig, die die Muskeln dynamisch belasten, also Walking, Joggen, Berggehen, Treppensteigen, Skilanglauf, Schwimmen, Tanzen, Fahrradfahren. Auch wenn man den Hund „Gassi führt" oder einfach „nur" spazieren geht, können die gewünschten Effekte erzielt werden.

Säule 5: Transfer und notwendige Rahmenbedingungen

Die größte Schwierigkeit besteht darin, das empfohlene Aufbauprogramm in die tägliche Praxis zu überführen. Deshalb geht es in diesem Beratungsgespräch um die Umsetzung und die dafür entscheidenden Rahmenbedingungen. Der emotionale Rückhalt der Familie und Freunde stellt erwiesenermaßen einen der wesentlichsten Schutzfaktoren vor Erkrankungen dar. Die Ergebnisse einer weltweiten Studie einer Schweizer Lebensversicherung zeigen: Unabhängig von den medizinischen Daten haben die Teilnehmer mit guten Sozialkontakten und Rückhalt eine nur halb so hohe Sterblichkeit gegenüber den sozial isoliert lebenden Menschen. Die Auswertung zeigt, dass Menschen in Lebensgemeinschaften gegenüber Alleinstehenden eine eindeutig höhere Lebenserwartung haben. Voraussetzung dafür ist ein faires Geben und Nehmen und Toleranz gegenüber dem Anderssein des Partners und der Arbeitskollegen. Der zweite Schwerpunkt neben der Familie ist der soziale Rückhalt durch Freunde, die berufliche Situation und die dortigen Rahmenbedingungen.

Im Beratungsgespräch der fünften Säule wird gemeinsam besprochen, wie das Erfahrene, das Gelernte und die Lebedaten ohne weitere Risikoerhöhung in die tägliche Praxis überführt werden können. Ziel dabei ist es, eine persönliche Work-Life-Balance-Situation zu erarbeiten und konkrete Ziele gemeinsam zu formulieren und festzulegen. Im Vordergrund steht dabei, die körperliche Entwicklung und die Ressourcen leistungsgerecht aktiv zu steuern sowie ein maximales körperliches Wohlbefinden zu erreichen. Weil das jedoch nur passiert, wenn die sozialen Rahmenbedingungen zu Hause und am Arbeitsplatz stimmen und sich der Einzelne mit der eigenen Einstellung an die Situation anpasst, wird das individuell erarbeitete Programm auf die jeweils vorhandenen Rahmenbedingungen abgestimmt oder werden gegebenenfalls auch die Rahmenbedingungen in den besonders risikointensiven Bereichen verändert.

Und weil ausbleibende Erfolge beziehungsweise Trainingsfortschritte sehr schnell zu Motivationsverlust und Abbruch eines gut gemeinten Trainingsvorsatzes führen, wurde ein spezieller Baustein entwickelt: Nach dem „abschließenden" Beratungsge-spräch kann der Teilnehmer über einen persönlichen Trainingsplan im Dialog mit seinem Berater bleiben, ob und inwieweit die Umsetzung in die Praxis gelingt – das geht über E-Mail oder SMS. Ziel ist, eng unterstützend den Transfer in die tägliche Praxis zu gewährleisten.

Im Folgenden werden zwei weitere Programme vorgestellt, die sich bereits bestens in der Praxis bewährt haben:

Beispiel 1: Seminar für Führungskräfte

Das Programm geht über zwei Tage und hat folgende Struktur:

1. Tag

- Einführung in das Programm, mentales Training
- Medizinischer und kardiologischer Check-up, Leistungsdiagnostik
- Mittagessen nach mediterraner Art
- Übung am Hochseil – wahrnehmen der eigenen Grenzen und Überwindung von Begren-zungen, sich erfahren im Team (unter fachmännischer Anleitung)
- Mediterranes Buffet
- Chefarzt-Vortrag: Die fünf Säulen Ihrer Gesundheit – zum Thema: Die richtige Bela-stung. Welche körperlichen Aktivitäten bieten das Optimum für körperliche und psychi-sche Stabilität?
- Fachvortrag: Neue Wege bei der Lösung von komplexen Problemen am Beispiel der Logistik

2. Tag

- Vortrag: Wie können Sie Ihre Gefäße fit halten? – Ergebnisse und Fragen zum Check-up und zur Leistungsdiagnostik
- Kraft- und Muskelaufbautraining in Theorie und Praxis
- Kochkurs: Fit durch mediterrane Küche – die Teilnehmer kochen zusammen
- Neue Formen des körperlichen Ausdauertrainings
- Vortrag: „Management by Benedikt" – eine Ordensschwester vermittelt ethische Grund-sätze
- Abschlussgespräch, Beratungsgespräch: Integration und Transfer in das soziale Umfeld
- Gemeinsames Abendessen

Beispiel 2: Exklusives 5-Säulen-Programm eines bekannten Unternehmens

Die Geschäftsleitung unterzieht sich einmal im Jahr mit ihren wichtigsten Führungskräften einem Gesundheitsprogramm. Die Wiederholung seit vier Jahren baut auf dem Vorjahr auf und checkt ab, inwieweit die Ergebnisse gehalten oder verbessert werden konnten beziehungsweise sich verschlechtert haben. Das Programm umfasst 2,5 Tage.

1. Tag

- Interne Strategietagung
- Gemeinsames Abendessen
- Vortrag und Dialog: „Benedikt" für Manager

2. Tag

- Check-in im Klinikum St. Irmingard in Prien
- Einteilung der Teilnehmer in Gruppen
- Individuelle Untersuchung und Gespräch mit dem Chefarzt
- Kardio-Check-up mit Laboruntersuchungen und Belastungsteil mit Laktatmessung und individuellen Trainingsempfehlungen. Eine Echokardiografie mit Farbdoppler.
- Erlernen von Entspannungstechniken nach Jacobson, Rückenschule und Krafttraining nach Anleitung eines Therapeuten
- Auswertung der Ergebnisse – zunächst in Summe durch den Chefarzt, parallel dazu gibt es individuelle Meldungen
- Gemeinsamer Kochkurs mit einem ehemaligen Witzigmann-Schüler einschließlich kleiner Einführung in „gesunde Ernährung" durch Ernährungsberater
- Gemeinsames Abendessen und gemütliches Beisammensein

3. Tag

- Vortrag: Verhandeln in Extremsituationen – anschließend Diskussionsrunde
- Fortsetzung der internen Strategietagung
- Individuelles Programm: Besuch der Therme, Wellnessprogramm
- Vortrag: „Was Topführungskräfte fit macht und vor einem Infarkt schützen kann" – alternativ: „Diäten sind out – genießen Sie Ihr Essen mediterran"

6.7 Handlungsfeld 5: Selbstführung & Selbstmotivation

Den Mitarbeitern obliegt die Verantwortung für ihre berufliche Motivation und Attraktivität, um bis 67 erfolgreich arbeiten zu können. Das heißt, sie bemühen sich ab der Lebensmitte um Orientierung hinsichtlich ihrer Ziele, Talente und Kompetenzen. Die Aufgabe des Unternehmens besteht darin, die Rahmenbedingungen dafür zu schaffen – also der Belegschaft entsprechende Angebote zu unterbreiten. Hierfür bieten sich Orientierungs- bzw. Perspektivenworkshops an. Sie ermöglichen es den Unternehmen, ihre Mitarbeiter von einer neuen Seite kennen zu lernen. Ebenso bekommt der Mitarbeiter die Gelegenheit, sich seinem Arbeitgeber in einem anderen Licht zu zeigen. Das eröffnet beiden zumeist unerwartete und oft nicht geahnte Möglichkeiten für einen weiteren gemeinsamen Weg, der dann idealerweise gekennzeichnet ist von hoher Flexibilität und breiten Einsatzmöglichkeiten. Voraussetzung dafür ist, dass das Unternehmen weiß, an welchen Schlüsselfunktionen beispielsweise Erfahrung und Gelassenheit des verantwortlichen Mitarbeiters nötig sind und welche Aufgaben die Jüngeren besser bewältigen, weil Geschwindigkeit und aktuelles Technikwissen gefordert werden.

Orientierungs-/Perspektivenworkshops

Unternehmen haben zwar Erfahrung mit Outplacement, mit „golden hand shakes" und mit vorzeitigen Austritten. Jedoch wurden kaum Qualitäten entwickelt, Talente zu entdecken und zu fördern – insbesondere nicht in der zweiten beruflichen Lebensphase. Das so genannte Inhouseplacement-Konzept (also Workshops zur Orientierung und Entwicklung von Perspektiven) zielt darauf ab, Mitarbeiter ab 45plus gezielt zu fördern und zu entwickeln. Die 4p Group hat dafür aufeinander aufbauende, aber auch einzeln umsetzbare Workshops entwickelt:

- für Mitarbeiter in der Lebensmitte ab 45plus,

- für Mitarbeiter ab 55plus und

- für Mitarbeiter kurz vor dem beruflichen Ausscheiden ab 63plus.

Sie bestehen jeweils aus vier Modulen, die sich einzeln oder komplett nutzen lassen:

- Teil 1: Bestandsaufnahme des beruflich Erreichten,

- Teil 2: Gesundheit tanken,

- Teil 3: Perspektiven entwickeln – Ziele konkretisieren,

- Teil 4: Kompetenzen aufbauen, Stärken besser nutzen, Veränderungen begleiten (Bild 6.47).

Bestandsaufnahme des beruflich Erreichten

- Bilanz ziehen
- Das Dreieck: Partnerschaft/Familie, Beruf und soziale Kontakte, Zeit für sich
- Welche Talente wurden gelebt?

Gesundheit tanken

- Optional: Gesundheits-Check-up
- Leistungsdiagnostik
- Persönliches Fitnessprogramm

Perspektiven entwickeln – Ziele konkretisieren

- Ziele überprüfen und neue, realistische Ziele planen und weiterentwickeln, eigene Szenarien entwickeln
- Lust auf Leistung – Anspruch auf Freude
- Vorhandenes absichern, ggf. Neues wagen

Kompetenzen aufbauen, Stärken besser nutzen, Veränderungen begleiten

- Konkretes planen, ausprobieren und in Szene setzen
- Neues Vertrauen in die eigenen Stärken – den eigenen Auftritt auf die persönlichen und beruflichen Ziele hin optimieren
- Coaching von Veränderungsschritten

Bild 6.47 Orientierungs- und Perspektivworkshops jeweils für:
Mitarbeiter in der Lebensmitte (45plus),
Mitarbeiter in der Reifephase (55plus),
Mitarbeiter in der beruflichen Ausscheidungsphase (63plus)

Orientierungsworkshop 1: Herausforderungen für Mitarbeiter über 45 – eine Standortbestimmung

Eine Mitarbeiterbefragung der Firma Siemens ergab, dass sich Mitarbeiter zwischen 41 und 50 bezogen auf ihre Fähigkeiten am schlechtesten eingesetzt fühlen. Sie sind im Vergleich mit anderen Altersgruppen deutlich unzufriedener mit ihrer Arbeitssituation, weil sie der Meinung sind, nicht genügend Freiraum zu haben, um Neues zu lernen und sich weiterzuentwickeln. Zudem fühlen sie sich nicht richtig eingeschätzt. Es fällt auf, dass besonders diese Mitarbeitergruppe von der sogenannten Midlife-Crisis (Mittlebenskrise) betroffen ist. Sie steht demnach häufig in einer schwierigen Work-Life-Balance-Situation, und zwar deshalb, weil diese Personen die Arbeit in ihren vergangenen Berufsjahren überbetont und das Private zurückgestellt haben. In dieser Phase gilt es Bilanz zu ziehen und zurückzublicken: Was habe ich erreicht? Was habe ich nicht erreicht? Welche Perspektiven habe ich noch? Denn der Schwerpunkt in der Lebensmitte sollte sein, neue Perspektiven zu entwickeln und gegebenenfalls auch noch einmal etwas Neues zu wagen.

Das setzt eine gründliche Analyse der Istsituation voraus mit Gesundheitscheck, Standortanalyse über das Erreichte und Bestandsaufnahme aktueller Kompetenzen. Ziel ist es festzustellen, ob das vorhandene Wissen und die Beschäftigungsfähigkeit für die künftig noch angestrebten Ziele ausreichen. Der Orientierungsworkshop „Standortbestimmung" ist also für solche Mitarbeiter mit mehrjähriger Berufserfahrung geeignet, die eine neue Herausforderung suchen und neue Akzeptanz wünschen.

Häufig sind diese Mitarbeiter im Unternehmen gut bekannt – „man kennt sich" also. Der Nachteil dabei ist, dass bei solchen „alten Partnerschaften" verstärkt die Fehler gesehen werden und weniger die Potenziale und Möglichkeiten. Das sollte möglichst vermieden werden.

Aus der Perspektive des Mittvierzigers liegt in der Regel noch mehr Arbeitszeit vor ihm als hinter ihm. Umso grotesker erscheint es, auf dem vermeintlichen Höhepunkt des Erfolgs zu übersehen, dass Beanspruchung, Hektik und die gesamte Work-Life-Balance kaum Zeit lassen, sich rechtzeitig mit dem vor einem liegenden Arbeitsleben zu befassen. Umso wichtiger ist es für die Betroffenen, individuelle konkrete Perspektiven und Szenarien zu entwickeln. Dazu zählt beispielsweise, noch einmal etwas Neues zu wagen. Das Problem dabei ist, dass sie meist nur auf eine veraltete Wissensbasis zurückgreifen können, denn Studium oder Ausbildung liegt lange Zeit zurück. Und berufliche Qualifizierungsmaßnahmen erfolgten in der Regel im Rahmen der eigenen Spezialisierung – nicht jedoch in der Breite. Deshalb lautet die Herausforderung: Stärker in die Breite investieren, um die individuelle Einsatzbreite noch einmal entscheidend zu vergrößern. Man ist jung genug, um noch einmal ein Wagnis einzugehen und sich einem intensiven Ausbildungsschub zu stellen. Immerhin bergen ein neues Umfeld und sich ändernde Situationen nicht nur Risiken, sondern vor allem auch Chancen.

Leider wird in den meisten Unternehmen nicht erkannt, dass hier beizeiten investiert werden muss. Vielmehr bleiben die Mitarbeiter und Führungskräfte sich selbst überlassen. Ihre Kompetenzen und Erfahrung werden „ausgebeutet". Zu selten wird die Frage gestellt, wie gut sich deren Zukunftschancen in fünf bis sieben Jahren entwickeln. Der Mittvierziger ist deshalb gut beraten, sich dieser Situation zu stellen und noch einmal in sich zu investieren. Das bedeutet, sich auf die zweite wichtige Lebensphase vorzubereiten.

Vorschlag für einen konkreten Orientierungsworkshop:

Teil 1: Bestandsaufnahme des beruflich Erreichten

Ziele des Workshops sind:

- Klarheit erhalten bezüglich der erreichten Ziele,
- Abgleich zwischen Selbst- und Fremdbild,
- Bilanz der eigenen Stärken und Schwächen,
- künftige Chancen und Risiken eruieren,
- Handlungsbedarfe erkennen.

Zunächst geht es um das Zusammentragen von Zahlen, Daten und Fakten. Beleuchtet werden drei Felder:

- Beruf/Arbeitssituation,
- Partnerschaft/Familie,
- soziale Kontakte/Zeit für sich selbst.

Beruf/Arbeitssituation: Über Fragebögen und persönliche Gespräche arbeiten die Teilnehmer heraus, welche ihre eigentlichen Vorstellungen bei Berufsstart und im Laufe der Berufszeit waren und sind. Die Fragen dazu lauten: Was lief gut, was lief weniger gut? Gehe ich noch gerne zur Arbeit? Finde ich Abwechslung in meiner Arbeit? Kann ich genug Neues lernen? Habe ich Erfolgserlebnisse? Gibt die Aufgabe/Funktion mir Energie und Freude? Ganz wichtig ist auch die Frage: Wie sehen die Perspektiven für meine Aufgabe/Funktion für die nächsten fünf bis sieben Jahre aus? In diesem Zusammenhang ist von besonders großem Interesse, wie der eigene Marktwert eingeschätzt wird und inwieweit man mit seinen „Qualitäten" sowohl auf dem externen als auch internen Arbeitsmarkt eine neue Aufgabe bekäme. Damit lässt sich die reale Situation jedes Einzelnen einschätzen, vor allem auch im Hinblick auf die Akzeptanz für die eigene Person im Unternehmen.

Insbesondere bei hochkarätigen Leistungsträgern und Führungskräften geht es außerdem darum, wie ihre Kollegen, Vorgesetzten beziehungsweise Mitarbeiter sie sehen. Die Ergebnisse der Beurteilung ergeben ein 360-Grad-Feedback, darauf basierend werden individuelle Risikoportfolios erstellt – und zwar bezogen auf die Einschätzung der eigenen Einsatzbreite und Flexibilität, auf die Qualität des Lernens, auf die Leistungsqualität sowie Ausprägung und Qualität der genutzten Kompetenzen und Talente, auf Krankheiten beziehungsweise Burn-out-Symptome.

Weitere Fragen an Führungskräfte könnten sein: Wie stehen mein Umfeld, meine Mitarbeiter und Vorgesetzten zu mir? Inwieweit bin ich in der Lage, neue Trends und neue Technologien zu beherrschen? Wie groß ist das Vertrauen in die eigene berufliche Stärke? Wie gut bin ich in der Lage, Konflikte zu managen?

In diesem Workshop geht es also insbesondere darum, die eigene Rolle innerhalb des Unternehmens, zu den Vorgesetzten, zu den Kollegen, zu den Mitarbeitern, zu internen und externen Kunden genau zu betrachten und den eigenen externen Marktwert einzuschätzen.

Den Abschluss der Bestandsaufnahme bildet die Bewertung entsprechend einer Skala von null bis zehn. Zehn Punkte bedeutet hervorragende Arbeitssituation, ein Punkt bedeutet katastrophale Arbeitssituation. Jeder Betreffende muss hier eine persönliche Einschätzung vornehmen.

Partnerschaft/Familie: Beim zweiten Schwerpunkt geht es um die Schlüsselfragen: Wie steht meine Familie zu mir? Bringe ich genügend Zeit für sie auf? Nehme ich teil an der Entwicklung der Familie und habe ich Einfluss darauf? Bekomme ich Unterstützung? Ziehe ich aus der Familie Kraft oder kostet mich das Familienleben wertvolle Energie? Die Instrumente sind auch hier Checklisten und Risikoportfolios. Es werden die Stärken und Schwächen zum Thema erfasst und am Ende wieder auf der Skala von null bis zehn bewertet.

Soziale Kontakte/Zeit für sich selbst: Zu diesem Thema lauten die entscheidenden Fragen: Habe ich ausreichend Freunde, nicht nur im Beruf, sondern auch in der Freizeit? Lebe ich persönliche Hobbys/Neigungen? Habe ich genügend Zeit für mich? Beschäftige ich mich mit den Dingen, die mir am Herzen liegen und mir wichtig sind? Welche Talente besitze ich? Welche nutze ich und welche nicht? Was weiß ich überhaupt über meine Fähigkeiten und Talente? Letztlich geht es dabei um das Thema Work-Life-Balance. Das Ergebnis wird wieder auf der Skala zwischen null und zehn eingetragen.

Ziel des Workshops ist ein Stärken-Schwächen-Profil, abgerundet mit einem Chancen-Risiko-Portfolio. Es soll Auskunft geben über Entwicklungsbedarfe, Lernfelder und Handlungsmöglichkeiten.

Anhand von biblischen Figuren (Jonas-Prinzip) werden persönliche Lebensentwürfe, Lebensverläufe und Lebensziele ausgeleuchtet – durch einen Perspektivwechsel gewinnt der Teilnehmer dabei neue Einsichten. Er lernt, sich selbst loszulassen und auf andere zu schauen, um anschließend den Vergleich zu ziehen. Der Veranstalter arbeitet mit interessanten dramaturgischen Effekten – dem sogenannten Emmausgang. Dabei geht es darum, die eigene Situation zu reflektieren und mithilfe der biblischen Figuren/Gleichnisse zu durchleuchten. Auf diese Weise kommt jeder besser an seine eigenen Themen heran.

Fazit: Die Bestandsaufnahme erfordert von den Teilnehmern, sich der Situation zu stellen und wieder Herr über die eigenen Prozesse zu werden. Das heißt, der Mitarbeiter übernimmt die Verantwortung für seinen Weg, seine Lebensaufgabe und sein Lebensrisiko. Er versucht Handlungsbedarfe und Ziele zur Gestaltung seines weiteren Lebens und zur weiteren persönlichen beruflichen Entwicklung zu finden. Es geht dabei um das Thema Aufbrechen – im wahrsten Sinne des Wortes. Es geht darum, in der Lebensmitte die Chance beim Schopfe zu packen und sich dem, was kommt, positiv zu stellen. So lässt sich die Mittlebenskrise dazu nutzen, neue Ansatzpunkte für das eigene Handeln und für eine neue Zufriedenheit zu finden.

Teil 2: Gesundheit tanken

In diesem Workshop steht die Frage im Mittelpunkt: Wie schaffe ich es, länger gesund und leistungsfähig zu bleiben sowie länger und gerne zu arbeiten? Jeder Einzelne ist dabei als Gesundheitsmanager der eigenen Person in Verantwortung. Denn nur wer gesund ist, kann gute Leistung bringen und hat Lebensfreude. Deshalb geht es hier insbesondere um das Thema Prävention.

In zwei Tagen wird in einem Gesundheitszentrum zusammen mit einem Arzt ein umfassender Gesundheits-Check-up durchgeführt sowie eine Bestandsaufnahme vorgenommen. Sie sollen Aufschluss darüber geben, wie es um die Gesundheit und Vitalität der Teilnehmer steht. Der Gesundheitscheck steht dabei im Kontext mit den beruflichen Aufgaben. Bei einem gewerblichen Mitarbeiter, bei dem Heben, Tragen und Schichtarbeit im Vordergrund stehen, geht es insbesondere um Haltungsfragen und den Umgang mit der Schichtarbeit. Zudem werden die Themen Alkohol, Rauchen und soziale Probleme abgecheckt. Bei Mitarbeitern aus den kaufmännischen Bereichen sind die Themen Bewegungsmangel, intensive Bildschirmarbeit, hohe Stress- und Informationsflut sowie zu viel Rauchen und Kaffee relevant. Bei Mitarbeitern im Außendienst stehen Stress, Bewegungsmangel, ungesunde und unregelmäßige Ernährung, Rauchen und Kaffee im Fokus des Gesundheitschecks. Bei den Topführungskräften sind die Risikofaktoren: Bewegungsarmut, Stress, Gefährdung durch Herzinfarkt, Burn-out, Tinnitus und Rückenprobleme.

Die Gesundheitsuntersuchung wird jeweils ergänzt mit einer Leistungsdiagnostik, um die persönliche Fitness jedes Teilnehmers festzustellen und darauf basierend in Abstimmung mit Arzt und Coach ein individuelles Fitnessprogramm zu den oben genannten kritischen Punkten aufzustellen.

Im Rahmen dieses zweitägigen Workshops haben die Teilnehmer Gelegenheit, Entspannungstechniken zu lernen sowie gesunde und spannende Sportarten auszuprobieren, zum Beispiel Nordic Walking oder Tai-Chi, um ihr persönliches Gesundheitsprogramm zusammenzustellen. Dazu gehört selbstverständlich auch eine gesunde Ernährung. Deshalb rundet ein gemeinsamer „gesunder Kochabend" die Veranstaltung ab.

Fazit: In diesem Workshop erfahren die Teilnehmer, wie aktiv und fit sie sind und was sie tun müssen, um aktiv und fit zu bleiben oder zu werden. Zudem können sie sich ihr individuelles Sport- und Ernährungsprogramm erarbeiten. Das gesundheitliche Bestandsaufnahme- und Präventionsseminar dauert zwei bis zweieinhalb Tage und endet mit einem ausführlichen Abschlussgespräch mit einem Gesundheitscoach.

Teil 3: Perspektiven für die zweite berufliche Lebensphase entwickeln

In Zeiten des Erfolgs müssen die Weichen gestellt werden für eine erfolgreiche zweite, berufliche Lebensphase. Das kann bedeuten, dass man sich noch einmal richtig anstrengen möchte, um sich neuen Herausforderungen zu stellen. Noch einmal richtig Lust auf Leistung bekommt. Neuer Erfolg wird sich jedoch nur für den einstellen, der auch bereit ist, etwas Neues zu wagen. Und natürlich ist im Wagnis auch immer das Risiko des Scheiterns enthalten. Es gibt kein risikoloses Leben. Deshalb geht es darum, sich mutig dem Thema des eigenen Marktwertes zu stellen und das Zepter des Handelns couragiert in die Hand zu nehmen. Es gilt zu verhindern, dass bereits in der Lebensmitte die Arbeit als reines Übel angesehen wird und nur die Freizeit noch Lust und Freude vermittelt. Wer voller Spannkraft und frischer Neugier darauf setzt, dass Arbeit Freude macht, ist bereit, Neues kennenzulernen und sich neuen Dingen zu stellen – und steigert damit seinen eigenen Marktwert.

Dass Anstrengung mit Lust verbunden sein kann, beschreibt der Bergsteiger Mihaly Csikszentmihalyi (1998), der nicht das Erreichen des Gipfels in den Mittelpunkt stellt: „Eines der schönsten Erlebnisse beim Klettern besteht darin, die Möglichkeit jeder einzelnen Position herauszufinden, denn jede einzelne weist unendlich viele Gleichgewichtsvariationen auf. Es ist einfach toll, die jeweils beste auszutüfteln sowohl in Bezug auf die jetzige wie auch die nächste Position!" Und das geht nicht nur Bergsteigern so – alle Hochleistungsakteure wie Chirurgen, Schachspieler, Rocktänzer, Basketballspieler oder Künstler erleben ihre anstrengende Tätigkeit mit intensiver Lust.

In diesem Workshop geht es also vor allem um die Fragen: Was sind meine Talente? Wo bin ich wirklich gut? Was will ich wagen? Welcher Aufgabe möchte ich mich noch stellen? Was muss ich Neues lernen? Dazu gehört der Mut, vom bisher Erreichten zwei Schritte auf die Seite zu treten und eventuell auch zu verzichten – stets vor dem Hintergrund, dass das Neue nicht nur neue Lust verspricht, sondern auch neue Perspektiven eröffnet.

Teil 4: Kompetenzen aufbauen und Stärken besser nutzen

In Teil 4 werden Handlungsalternativen erarbeitet – ausgehend von den eigenen Kompetenzen und den Möglichkeiten, die sich im Unternehmen oder extern bieten. Was traue ich mir noch zu? Was will ich Neues lernen? Welcher Belastung kann ich noch standhalten? Als Ergebnis des Workshops sollten klare Ziele formuliert sein, mit Aktionsplänen untermauert: Was kann ich konkret tun, um in der beruflichen Lebensmitte meine persönliche Einsatzbreite zu verbessern beziehungsweise zu erhalten? Was sollte ich Neues lernen? Wie erreiche ich das? Was kostet es? Bin ich dazu in der Lage und bereit?

Bezogen auf die Familiensituation lautet die Frage: Inwieweit muss und will ich mehr investieren in die Partnerschaft, in die Verantwortung für meine Kinder? Zudem ist ein finanzieller Check-up vorzunehmen: Sind meine finanzielle Situation und meine Altersvorsorge gesichert? Wie kann ich finanzielle Risiken vermeiden? Diese Fragen spielen für die Entwicklung neuer Perspektiven eine große Rolle. Der Workshop verlangt daher von den Teilnehmern – dass sie sich konkret vorbereiten, indem sie die in Teil 1 erarbeiteten konkreten Vorstellungen und verschiedene Alternativen geprüft haben.

Sind die neuen Ziele und Einsatzfelder gefunden, werden zwei bis drei Szenarien durchgespielt:

- die Rahmenbedingungen bleiben ähnlich wie bisher,
- die Rahmenbedingungen verändern sich,
- die Rahmenbedingungen werden günstiger.

Die Themen und Elemente des Szenarios sind ähnlich wie beim Unternehmen:

- finanzielle Mittel,
- Ressource Zeit,
- Familie.

Auf diese Weise wird ein persönlicher Businessplan aufgestellt und mit Leben erfüllt. Er muss alle drei Bereiche umfassen: Beruf, Familie und sich selbst. Es werden – mithilfe der Gruppe und des Coachs – die Chancen und Risiken der neuen Entwicklung eingeschätzt. Konkrete Kraftfeldanalysen geben Auskunft über: Mit wie viel Widerstand ist zu rechnen? Wo nehme ich die Energie bei Gegenwind her? Wo und wann habe ich die notwendige Energie und wann nicht? In Bezug auf die persönlichen beruflichen Perspektiven bedeutet das, Entscheidungen zu treffen. Und zwar: Bleibe ich im Unternehmen? Wage ich noch einmal eine andere Bewerbung? Für welche Funktion bewerbe ich mich? …

In den zweieinhalb Tagen des Workshops geht es um die Stärkung der eigenen Kompetenzen und des Selbstbildes in Bezug auf die entwickelten Perspektiven und Ziele. In diesem Workshop wird mit einer Regisseurin zusammengearbeitet und die Teilnehmer sollen mit realen dramaturgischen Aufgabenstellungen zum Regisseur des eigenen (neuen, weiteren) Lebens werden. Dabei werden spielerisch neue Rollen eingenommen und wird damit experimentiert. Es geht darum, sich selbst auszuprobieren. Die Teilnehmer beschäftigen sich mit handlungs- und lösungsorientierten Ansätzen für die Umsetzung der neuen Perspektiven. In ihren angenommenen Rollen setzen sie sich mit neuen Kunden, Chefs und Mitarbeitern auseinander. Das Motto lautet entsprechend: Lernen durch Erfahrung. Mit dem Ergebnis, sich neu „aufzustellen", sich auf das eigene Charisma zu besinnen und sich mental sowie körperlich der „neuen Lebensrolle" zu stellen.

Fazit: Ziel des vierten Teils ist es, konkrete persönliche Perspektiven zu inszenieren. Es geht dabei um die Kunst der eigenen Präsentation, um Authentizität, die Qualität der persönlichen Kommunikation und das Erproben von neuen Kommunikationsmustern mit den spielerischen Elementen des Theaters.

Orientierungsworkshop 2: Herausforderungen für Mitarbeiter über 50 – „Reife Leistung: gesund, motiviert und topfit"

Auch dieses Seminar hat die vier optionalen Module Bestandsaufnahme, Gesundheit, Perspektiven und Kompetenzen.

Teil 1: Bestandsaufnahme

Die über 50-Jährigen wissen, dass sie gut sind. Sie stellen es jeden Tag unter Beweis. Trotzdem aber herrscht Zweifel darüber, ob sie noch gut genug sind im Vergleich mit den jüngeren Kollegen um die 30 und 40. Sie bemerken die ersten körperlichen Schwächen und versuchen sie zu überspielen und zu übersehen. Deshalb geht es hier darum, die bisherigen Leistungen „im rechten Licht" zu sehen und zu würdigen, die eigene Performance und Einsatzbreite zu analysieren und zu erkennen, was einem Spaß macht. Als Instrument dient ein Check-up zu Einsatzbreite, Kompetenzen und persönlicher Situation mit dem Ziel, die eigenen Stärken und Kompetenzen zu erkennen, besser zu nutzen und systematisch auszubauen. Wo sind die Erfolge? Wo liegen die Erfahrungen? Wo ist man sicher? Was kann man gut? Erfasst werden Zahlen, Daten, Fakten, um über die Bilanz des Erreichten den internen und externen Marktwert auszuloten. Als Ergebnis gibt es individuelle Risiko- und Chancenportfolios, die es ermöglichen, die nächsten zehn bis 15 Berufsjahre sorgfältig zu planen beziehungsweise sich bestens darauf vorzubereiten.

Teil 2: Gesundheit tanken

In zwei Tagen wird in einem Gesundheitszentrum zusammen mit einem Arzt ein umfassender Gesundheitscheck durchgeführt sowie eine Bestandsaufnahme vorgenommen. Sie sollen Aufschluss darüber geben, wie es um die Gesundheit und Vitalität der Teilnehmer steht – und zwar im Kontext mit den beruflichen Aufgaben. Bei einem gewerblichen Mitarbeiter, bei dem Heben, Tragen und Schichtarbeit im Vordergrund stehen, geht es insbesondere um Haltungsfragen und den Umgang mit der Schichtarbeit. Zudem werden die Themen Alkohol, Rauchen und soziale Probleme abgecheckt. Bei Mitarbeitern aus den kaufmännischen Bereichen sind die Themen Bewegungsmangel, intensive Bildschirmarbeit, hohe Stress- und Informationsflut sowie zu viel Rauchen und Kaffee relevant. Bei Mitarbeitern im Außendienst stehen Stress, Bewegungsmangel, ungesunde und unregelmäßige Ernährung, Rauchen und Kaffee im Fokus des Gesundheitschecks. Und bei den Topführungskräften sind die Risikofaktoren Bewegungsarmut, Stress, Gefährdung durch Herzinfarkt, Burn-out, Tinnitus und Rückenprobleme.

Die Gesundheitsuntersuchung wird jeweils ergänzt mit einer Leistungsdiagnostik, um die persönliche Fitness jedes Teilnehmers festzustellen und darauf basierend in Abstimmung mit Arzt und Coach ein individuelles Fitnessprogramm zu den oben genannten kritischen Punkten aufzustellen.

Im Rahmen dieses zweitägigen Workshops haben die Teilnehmer Gelegenheit, Entspannungstechniken zu lernen sowie gesunde und spannende Sportarten auszuprobieren, zum Beispiel Nordic Walking oder Tai-Chi, um ihr persönliches Gesundheitsprogramm zusammenzustellen. Dazu gehört selbstverständlich auch eine gesunde Ernährung. Deshalb rundet ein gemeinsamer „gesunder Kochabend" die Veranstaltung ab.

In diesem Workshop erfahren die Teilnehmer, wie aktiv und fit sie sind und was sie tun müssen, um aktiv und fit zu bleiben oder zu werden. Zudem können sie sich ihr individuelles Sport- und Ernährungsprogramm erarbeiten. Das gesundheitliche Bestandsaufnahme- und Präventionsseminar dauert zwei bis zweieinhalb Tage und endet mit einem ausführlichen Abschlussgespräch mit einem Gesundheitscoach.

Teil 3: Perspektiven für die nächsten fünf bis zehn Berufsjahre entwickeln

Erfahrung und Know-how der 50er sind nicht mit Gold aufzuwiegen. Deshalb müssen Unternehmen Wege finden, um diesen Schatz zu bergen und besser zu nutzen als bisher. Die wirksamste Möglichkeit, um hier das notwendige „Wissensmanagement" zu betreiben, ist, die über 50-Jährigen zusätzlich zu ihren beruflichen Aufgaben als Lehrer oder Projektleiter einzusetzen. Das ist natürlich nicht zum

Nulltarif zu haben. Deshalb muss geprüft werden, inwieweit sie Potenzial haben, als Projektleiter, Trainer, Unterstützer, Talentsucher, Ratgeber, Mentor oder Coach zu arbeiten. Wer ist für was geeignet beziehungsweise nicht geeignet? Im nächsten Schritt ist zu überlegen, welche Ausbildungen die Geeigneten brauchen, um ihr Potenzial zur Wissensweitergabe nutzen zu können.

In Teil 3 geht es für die Teilnehmer also darum, zu entdecken, inwieweit sie ein Stück aus der Linie heraustreten möchten, um zusätzliche oder andere Aufgaben wahrzunehmen. Möglich wäre auch, sich zeitweilig aus einer Linienfunktion zu verabschieden, um danach wieder voll in eine Funktionsverantwortung einzutreten. Entscheidend für den Einzelnen dabei ist, dass er noch in dieser Phase bezüglich der weiteren Perspektiven überlegt, wie er sein Wissen und Know-how auf hohem Niveau halten oder gegebenenfalls erneuern kann.

Mitarbeiter über 50 müssen sich bewusst werden, dass sie möglicherweise noch 15 Jahre Dienst tun müssen oder wollen. Und für diese noch sehr lange und umfangreiche Berufszeit braucht es nicht nur viel Erfahrung, sondern auch aktualisiertes Wissen und Know-how. Deshalb sieht die persönliche Perspektive vor, die eigenen Qualitäten nachhaltig und langfristig zur Geltung zu bringen.

Teil 4: Kompetenzen aufbauen und Stärken besser nutzen

Hier kommen bei Bedarf einzelne Bausteine vom sogenannten C-Master-Programm von Festo zum Einsatz, um individuelles Wissen auf den neuesten Stand zu bringen. Neben einer Wissensverbreiterung kommt es allerdings auch darauf an, dass die Persönlichkeit weiter wächst. Für diesen Zweck werden auch hier wieder Elemente aus dem Theater, der Schauspielerei und der Regie genutzt, um sich mit bestimmten Rollen auseinanderzusetzen und auf die nächste oder übernächste Rolle vorzubereiten.

Orientierungsworkshop 3: Herausforderungen für Mitarbeiter über 63 – „Ich bestelle mein Haus und eröffne mir neue Perspektiven"

Die Teilnehmer setzen sich mit folgenden Fragen auseinander: Was bedeutet es, mein Haus zu bestellen? Was bedeutet es, abzugeben? Was bedeutet es, mein Know-how oder meine Erfahrung weiterzugeben? Welches Wissen ist für das Unternehmen wertvoll? Was ist mir wichtig? Welche Projekte habe ich mit Herzblut aufgebaut und wie kann ich dieses Erbe weitergeben? Zielsetzung ist also das Sichern von Erfahrung und Wissen.

Es geht darum, sich auf die nächste Lebensphase vorzubereiten, die in aller Regel aktiv aus dem Unternehmen herausführt. Im Vordergrund steht nicht mehr das Geldverdienen, sondern: Was kann ich abgeben? Was möchte ich mit den geschenkten zehn Jahren – von 60 bis 70 – anfangen? Wo will ich mein Know-how eventuell noch einsetzen? Eine hervorragende Möglichkeit bietet hier zum Beispiel die deutsche Organisation Senior Experten Service, die kostenfrei das Wissen und Know-how von qualifizierten Ruheständlern an Drittländer oder unerfahrene Unternehmer weitergibt.

Teilnehmer des Workshops ziehen Bilanz, um ihr Wissen zu definieren und sich zu überlegen, für wen dieses Know-how und die persönliche Erfahrung wichtig sein könnte und sein sollte. Gefragt sind demnach die weiteren Perspektiven – nicht nur beruflich, sondern auch privat: Was konnte ich bisher nicht leben? Wofür hatte ich keine Zeit? Was möchte ich noch erleben? Das können berufsbezogene Themen, aber auch musische oder künstlerische sein. Es geht darum, die „post career" zu planen und sich noch einmal die eigenen Interessengebiete vor Augen zu führen, sie wachzuhalten beziehungsweise wieder zu aktivieren.

6.8 Handlungsfeld 6: Wissen & Kompetenzen aufbauen

Im letzten Handlungsfeld geht es grundsätzlich um den Erhalt und die Nutzung der eigenen Talente – lebenslang. Dabei dienen der Aufbau und die Verbesserung von neuen Kompetenzen ab der beruflichen Lebensmitte vor allem der Attraktivität des eigenen internen und externen Marktwerts. Viele Mitarbeiter der 45-plus-Generation sind seit Jahren, manche seit Jahrzehnten in ein und demselben Unternehmen. Das führt über die lange Zeit hinweg in der Regel zunehmend in eine Spezialisierung. Hinzu kommt, dass sich die Kollegen untereinander bestens kennen. Sowohl die Stärken als auch die Schwächen, Fehler und Eigenheiten sind gegenseitig hinlänglich bekannt. Das Unternehmen, der Mitarbeiter, die Kollegen haben sich arrangiert. Das hat einerseits Vorteile und gibt Sicherheit, andererseits aber birgt die zunehmende Spezialisierung die Gefahr der Abhängigkeit bei technologischem Wandel. Das Argument „auch das Fachgebiet entwickelt sich weiter" ist eher fadenscheinig. Ohne neue Herausforderungen in fachlicher, menschlicher (neue Personen) und organisatorischer (Aufgaben in anderen Organisationseinheiten) Hinsicht aber gibt es nur wenige oder keine Bewährungsproben und vor allem kein Wachstum.

Ab der Lebensmitte stehen für den Mitarbeiter deshalb folgende Fragen im Mittelpunkt:

- Wie erwerbe ich neues Wissen und Kompetenzen, mit denen ich nachhaltig meine berufliche Attraktivität erhalten und den zukünftigen Erfolg des Unternehmens sichern kann?
- Wie kann ich meine Erfahrungen in Verbindung mit neuem Wissen und neuen Kompetenzen noch besser nutzen und einbringen?
- Welche Talente sollte ich stärker nutzen?
- Wie kann ich in der Lebensmitte meine Einsatzbreite verbessern?

Die Herausforderungen lauten also: In der Lebensmitte Neues lernen und wagen, die eigenen Talente besser nutzen.

Im Folgenden geht es um ein bewährtes Modell, das Neues lernen „alternsgerecht" ermöglicht, auf selbst gesteuertes Lernen Rücksicht nimmt und das vorhandene Erfahrungswissen nutzt. Anders als beim herkömmlichen Besuch einer Universität ist das Problem beim Lernen im Arbeitsalltag, sich Zeit nehmen und vom betrieblichen und persönlichen Hintergrund lösen zu können. Die „Senioren-Universität" greift hier einfach zu spät. Deshalb bedarf es eines Modells, das Lernen in dem Umfeld generiert, wo es auch direkt gebraucht wird.

Das Festo-Modell als Vorbild

Im Mittelpunkt des Festo-Modells (eine Entwicklung der Festo AG & Co. KG) steht eine konkrete Fragestellung oder Aufgabe, die es erfordert, Erfahrungswissen und Lösungskompetenz miteinander zu kombinieren und abzurufen. Wie funktioniert dieses sogenannte C-Master-Programm?

Der Mitarbeiter erhält von einer Führungskraft aus einem anderen Fachbereich eine für ihn neue und ungewohnte Aufgabenstellung. Die Herausforderung ist nun, eine Lösung zu finden und auf diese Weise an der konkreten Aufgabenstellung Neues zu lernen. Und zwar

- Selbständigkeit: die Fähigkeit, übertragene Aufgaben selbständig zu erfüllen.
- Motivation: die Fähigkeit, sich für die neue Aufgabe zu motivieren und sich damit zu identifizieren.
- Soziale und kommunikative Qualifikation: im Team zu arbeiten, miteinander zu kooperieren und zu kommunizieren, empathisch für andere zu handeln und die Perspektive wechseln zu können. Dazu zählen auch die Fähigkeiten zur Rollendistanz, Konflikte lösen zu können sowie sich durchzusetzen.

- Reflexive Fähigkeiten: sich über das Arbeitsgebiet, die Aufgaben und die Bedingungen der Aufgabenerfüllung Gedanken zu machen. Das geschieht, indem man Zusammenhänge vergleicht, Dinge infrage stellt, sie bewertet und verändert, wo es nötig ist. Dazu zählt das Planen ebenso wie Kreativität.
- Meta-Qualifikation: die Fähigkeit, Qualifikationen zu erwerben und zu erweitern sowie Informationen zu beschaffen, auszuwählen und mit anderem Wissen zu kombinieren.

Das heißt, um ihren internen und externen Marktwert zu erhalten beziehungsweise zu erhöhen, muss die Generation 45 plus ihre langjährige berufliche Erfahrung mit neuem Wissen in handlungsorientiertes Wissen umformen. Das Image älterer Menschen am Arbeitsplatz verbessert sich, wenn neue „Handlungskompetenzen" erworben und angewendet werden. Das C-Master-Programm setzt darauf, Managementwissen auf konkrete Aufgabenstellungen zu beziehen, beispielsweise in den Bereichen

- Marketing,
- Finance,
- Economics,
- Organizations Behavior,
- Business Strategy ,
- Accounting etc.

In diesen Kernthemen General Business und Industrial Engineering lösen die Teilnehmer mit Unterstützung von Experten aus der Praxis konkrete Aufgaben und Projekte aus dem spezifischen Arbeitsumfeld. Der selbst gesteuerte Wissenserwerb mit Literaturstudium, Expertenvorträgen und Erfahrungsaustausch ermöglicht es, in 20 Prozent der sonst üblichen Zeit rund 80 Prozent der Inhalte eines Masterstudiums zu erwerben. Das heißt: Manager und hoch qualifizierte Spezialisten werden berufsbegleitend qualifiziert. Für die Unternehmen bedeutet das, mit beispielsweise Hochschulen, Berufsakademien oder Kammern gezielt ihre heute noch hervorragenden Manager und Experten fit für die zweite berufliche Runde zu machen.

Was sind die Vorteile für das Unternehmen?

- Konkrete Lösungen zu konkreten Herausforderungen – Implementierung von Verbesserungsprozessen,
- Steigerung von Innovation und Produktivität,
- gezielte Entwicklung und Qualifizierung von Experten, Wissensträgern und Führungskräften.

Was sind die Vorteile für den Mitarbeiter?

- Gezielter Aufbau von Kompetenzen und Managementwissen,
- Entdecken und Nutzen von Talenten und ungenutztem Potenzial,
- Steigerung beziehungsweise Erhalt des internen und externen Marktwerts,
- Freude, zu Lösungen und Verbesserungen beizutragen.

Es lohnt sich also sowohl für die Zielgruppe der 45-plus-Generation als auch die Unternehmen, neue Kooperationen mit Hochschulen, Fachschulen und Akademien einzugehen. Es bedeutet teilhaben am Expertenwissen und -Know-how – und zwar integriert und nicht getrennt von der betrieblichen Praxis mit all den Transfer-problemen. Gefragt ist ein integrierter Ansatz. Besonders wirkungsvoll ist es, wenn die oben genannten Lernkonzeptionen mit Talent- und Einsatzworkshops verknüpft werden. In diesem Fall bietet sich eine neue, attraktive und aktive Form der Personal-entwicklung und Einsatzplanung an. Sie können sogenannte Laufbahnmodelle und Planungen am „grünen Tisch" sinnvoll erweitern und ergänzen.

7 Personalpolitische Konsequenzen des demografischen Wandels: Expertenaussagen

7.1 Rainer Marr: Neue Anreizstrukturen schaffen

Rainer Marr, Professor für Personalwirtschaft an der Universität der Bundeswehr München

Prof. Dr. Rainer Marr hat sich intensiv mit den Folgen des demografischen Wandels für die Personalpolitik der deutschen Wirtschaft beschäftigt und sieht den ersten wichtigen Schritt darin, die Entscheidungsträger davon zu überzeugen, dass es überhaupt ein Problem gibt. Er mahnt: „Man kann nicht darauf hoffen, dass die anderen stolpern und man selbst als Gewinner dasteht, ohne etwas getan zu haben. Es wäre fatal, den eigenen Vorsprung zu verspielen, nur weil man sich nicht betroffen fühlt. Nach dem Motto: Warum soll ich mir heute mit neuartigen Personalentwicklungsprogrammen Ärger einhandeln? Bis die greifen, bin ich längst nicht mehr da." Für den Experten ist das Thema voller Spannungselemente und Risiken, jedoch keinesfalls eine Katastrophe. Nach seiner Ansicht käme es dazu nur, „wenn wir nichts tun, wenn wir im gleichen Tempo, in den gleichen Strukturen und mit den gleichen Denkweisen weitermachen wie bisher".

In diesem Zusammenhang beklagt Prof. Marr beispielsweise die Widerstände in deutschen Unternehmen, den Weg in die Pensionierung flexibel zu gestalten. Er empfiehlt, der bisher praktizierten Variante „Arbeit zu 100 Prozent durch Freizeit zu ersetzen" eine weitere hinzuzufügen: den gleitenden Übergang in den Ruhestand. Um ihn zu ermöglichen, sieht er eine sinnvolle Personalentwicklungsmaßnahme darin, neue Funktionen zu schaffen: „Eine Führungskraft ab 60 entwickelt sich aus der Linienfunktion schrittweise zum Beispiel in die Projektarbeit. Das wäre eine praktikable flexible Lösung."

Der Experte sieht im Zusammenhang mit dem demografischen Wandel ein großes Personalproblem heraufziehen – und zwar aufgrund der Tatsache, dass den Leuten jahrzehntelang gepredigt worden sei, sie sollten mit 60 in Ruhestand gehen. Plötzlich aber heiße es, dass sie bis 65 oder sogar 67 arbeiten müssten. Deshalb fordert er einen Kulturwechsel für deutsche Unternehmen: „Es muss deshalb top-down eine Vorbildfunktion geschaffen werden, die für alle Mitarbeiter – ob Führungskräfte oder Sachbearbeiter – die gleichen Regeln bestimmt. Es ist einfach nicht logisch, Vorstandsmitglieder mit 60 auszusortieren.

Gleichzeitig sieht Prof. Marr in diesem Zusammenhang die Notwendigkeit, die alten Anreizstrukturen aufzulösen. Denn die beiden Haupttreiber für Motivation – Aufstieg und Einkommenszuwachs – fallen für die älteren Mitarbeiter weg. Gerade für die Beurteilung von Managementleistung stelle sich zunehmend die Schlüsselfrage: Wie hoch ist ihre Wertschöpfung? Und er stellt fest: „In den bekannten Strukturen lässt sich das jedoch nicht ohne Weiteres feststellen. In kleineren Einheiten ließe sich Wertschöpfung viel besser zuordnen und die Vergütung daran orientieren. Ein Bereichsleiter beispielsweise bekäme die Verantwortung für ein kleineres Geschäftsfeld und wird wertschöpfungsbezogen daran beteiligt." Das kann für ihn bedeuten, dass sein Einkommen deutlich absinkt. Und hier stellt sich für Prof. Marr die Frage, worum es dem Einzelnen geht: „Leidet er unter dem geringeren Einkommen oder eher unter dem Statusverlust? Ich meine, der Statusverlust ist schmerzlicher. Deshalb müssen wir unbedingt den Statusverlust vermeiden!" Darin sieht er eine bedeutende Aufgabe für das künftige Personalmanagement. Deshalb warnt er: „Es darf auf keinen Fall wie eine Sanktion aussehen! Wir müssen verhindern, dass der Betroffene daraus schließt, dass er nun weniger wert ist oder nicht mehr gebraucht wird. Das muss selbstverständlich für alle gelten und ist ein wichtiges Kulturthema." Eine mögliche Vorgehensweise sieht er darin, bis zu einer bestimmten Altersgrenze die klassische Entwicklung zu ermöglichen, um danach einen entsprechenden Wechsel einzuläuten.

Die nächste Frage, die sich in diesem Zusammenhang stellt, lautet: Wie lassen sich die Menschen in den unteren Rängen motivieren? Prof. Marr ist sich sicher: „Mit den alten Strukturen und ihren verstopften Kanälen nach oben kriegt man das nicht hin. Denn die Besten wandern ab, weil sie keine Chance sehen, in absehbarer Zeit eine attraktive Status- und Einkommenssituation zu erreichen. Deshalb gehen sie dorthin, wo sie interessante und spannende Aufgaben bekommen. Wer also High Potentials halten will, muss ihnen etwas anbieten und braucht dafür entsprechende Positionen. Schon allein vor dem Hintergrund notwendiger Innovationen gibt es keine Alternative. Denn wir brauchen die Innovationskraft und Kreativität des Nachwuchses dringend."

Und weil die Kosten für eine Belegschaftsstruktur bis 67 basierend auf den alten Grundlagen nicht mehr bezahlbar sind, stellt Prof. Marr gleichzeitig die althergebrachten Lohnfunktionen infrage: „Die erheblich höheren Einkommen für die Älteren sind im Grunde systemwidrig. Hier muss sich unbedingt die Einstellung ändern und muss die Offenheit für flexible Entgeltsysteme wachsen."

Ältere Mitarbeiter ab 55 haben laut Prof. Marr zwei Möglichkeiten, zu einem guten wirtschaftlichen Ergebnis zu kommen:

- die Beeinflussung der Zielvorgabe,
- die Beeinflussung des Zielerreichungsgrads.

Derjenige, der Ziele für einen Mitarbeiter formuliert, nimmt gleichzeitig eine Coaching- und Beratungsfunktion wahr. Und er ist gut beraten, den Betroffenen vorher zu fragen. Das ist im Militär gang und gäbe: Ein Oberleutnant oder Hauptmann würde sich niemals mit seinen alten Unteroffizieren anlegen. Die stehen zwar alle unter ihm, aber sie haben wesentlich mehr Erfahrung. Deshalb formuliert er Ziele für jeden Einzelnen nicht ohne Rücksicht darauf zu nehmen, was derjenige empfiehlt."

Beim Thema der Zielerreichung sieht Prof. Marr die eindeutigen Vorteile des Alters darin, dass „die Älteren ein besseres Gefühl für die Interdependenzen zwischen den Zielen haben. Außerdem konzentrieren sie sich mehr auf die Prioritäten. Und das schlägt sich mittelfristig ganz sicher nieder." Es handele sich dabei um altersabhängige Qualifikationen, die bei komplexen Aufgabenstellungen eine umso größere Rolle spielten. Und damit eröffnet sich für den Personalexperten ein Aspekt, der in der Diskussion bislang völlig vernachlässigt worden sei, nämlich die Chancen, welche die Kombination der alten *und* jungen Qualifikationsressourcen bietet. Seine Forderung lautet deshalb: „Um sie zu nutzen, müssen wir uns vom alten Denken lösen. Das funktioniert nur in neuen Strukturen und mit innovativen Programmen. Es könnte beispielsweise für die Älteren spannend sein, nicht mehr als Verantwortungsträger ganz vorne zu stehen, aber mit Erfahrung zu dirigieren.

Was ist Leistung? Wie lässt sie sich überprüfen? Für Prof. Marr geht das nur über eine messbare Wertschöpfung. Deshalb fordert er, Aufgaben so zu strukturieren, dass auch den Führungskräften theoretisch Wertschöpfungsanteile zugerechnet werden können: „Erst dann haben wir einen überprüfbaren Leistungsbegriff. Andernfalls haben wir ihn nicht." Sein provokanter Vorschlag lautet: Die Mitarbeiter können darüber entscheiden, was ihr Vorgesetzter verdient. Und um den möglichen Bestimmungsprozess innerhalb einer Wertschöpfungseinheit zu beschreiben, greift er auf das Bild einer Gruppe Gestrandeter zurück: „Stellen wir uns eine einsame Insel vor. Wer bekommt das beste Stück Fleisch? Automatisch der Chef? Schätzen die Mitarbeiter dessen Leistung so ein, dass sie ohne seine Ideen und Erfahrung keine Überlebenschance hätten, dann wäre das eine faire Entscheidung. In unserer Kultur gibt es das jedoch nicht. Hier gilt der gewachsene Top-down-Ansatz."

Alfred Sloan jr., ehemaliger Präsident von General Motors, hatte einmal gefordert, die Spanne zwischen Vorstand und Arbeiter dürfe nicht mehr als das 40-Fache betragen. Prof. Marr beklagt indes: „Wir sind inzwischen beim 400-Fachen angelangt!" Und er fragt nach der Begründung. Vor allem vor dem Hintergrund, dass es sehr großzügige Abfindungsregelungen für die Großverdiener gibt: „Sie werden bei entsprechendem Wachstum intensiv vergütet. Fahren sie das Unternehmen aber an die Wand, entkommen sie der Misere völlig unversehrt. Alle anderen sind erledigt, und die großen Bosse ziehen sich mit ihrer Abfindung ins Privatleben zurück. Davon gibt es genügend Beispiele."

Der Personalexperte sieht keine andere Möglichkeit für die Zukunft, als sich dieses wichtigen Kulturthemas anzunehmen. Er prognostiziert sogar: „Möglicherweise zwingt uns der demografische Wandel, ein solch heißes Eisen anzufassen." Und skizziert den Weg: „Jeder Einzelne muss die Chance bekommen, einen für sich und die anderen erkennbaren Beitrag zur Wertschöpfungskette zu leisten." Die Forderung lautet deshalb erneut, passende Strukturen zu entwickeln, und gemeinsam zu überlegen, wie das Ergebnis verteilt wird.

Zur Strukturentwicklung gehören für ihn die Themen Arbeitsinhalte und Arbeitszeiten. Um nicht in den Strukturmustern von gestern zu verharren, schlägt der Personalexperte einen Wechsel vor, weg von den hierarchischen hin zu spielenden, flexiblen, sich auflösenden Strukturen mit Projektcharakter. Die Inhalte müssten generalistischer gestaltet werden. Spezialisierung solle es nur dort geben, wo sie wirklich funktional sei, dafür aber eine Breitenqualifizierung, um besser auf die Anforderungen des Marktes reagieren zu können. Denn damit sei auch die Motivation bei den Mitarbeitern gewährleistet. Sein Fazit zur inhaltlichen Fragestellung: „Wir müssen die Mitarbeiter darauf vorbereiten, dass es im Leben verschiedene Perspektiven gibt."

Prof. Marr beschreibt als geeignete Instrumente, um etwas zu bewegen, das Vergütungs- und Qualifizierungssystem. Er verlangt auch hier, alte Zöpfe abzuschneiden: „Wir brauchen eine leistungsorientierte Vergütung im Sinne von wertschöpfender Leistung und außerdem eine Qualifizierungsinitiative für die Altersgruppe ab 45." Gleichzeitig mahnt er neue Karrieremuster an, die allen die Möglichkeit bieten, aktiv zu werden, eine „Patchwork-Arbeit" zu leisten oder einen „Zickzackkurs" einzuschlagen. Sowohl die Jungen als auch die Älteren brauchen seiner Meinung nach attraktive Optionen, um nicht die einzige Chance im Aufstieg zu sehen, während es gar keinen freien Weg nach oben gibt, und um zu verhindern, dass sich die guten Leute im nervenaufreibenden und energieverzehrenden Kampf um wenige begehrte Stellen im Mobbing gegenseitig verschleißen.

7.2 Artur Wollert: Individuelle Wege finden

Prof. Dr. Artur Wollert, ehemaliger Personalvorstand der Hertie Waren- und Kaufhaus GmbH, Prof. em. der Fachhochschule in Ludwigshafen, Honorarprofessor an der Universität Karlsruhe (TH)

Prof. Dr. Artur Wollert hat ebenfalls eine Reihe von Empfehlungen für die Personalentwicklung in deutschen Unternehmen, um sich den Herausforderungen des demografischen Wandels zu stellen und die sich daraus ergebenden Chancen für eine zukunftsorientierte Wettbewerbsfähigkeit tatsächlich zu nutzen. Auch er plädiert für einen gleitenden Übergang in den Ruhestand, doch weiß er aus Erfahrung, dass das besonders bei Führungskräften ein schwieriger Prozess ist, und erzählt aus seiner langjährigen Praxis als Leiter des Zentral- und Sozialwesens bei BMW: „Als wir in den 80er-Jahren in Einzelfällen einen gleitenden Übergang ermöglichten, kam deutlich zutage, dass so etwas nicht generell funktioniert. Die Integration von Führungskräften ist sehr schwierig – zum Teil wegen des Einkommens, aber auch wegen des Status. Bei den Mitarbeitern hingegen funktionierte es weit besser."

Prof. Wollert empfiehlt deshalb, für die älteren Führungskräfte individuelle Wege zu finden. Ein gleitender Übergang bei Führungskräften setzt in jedem Fall großes Maß an Flexibilität und vor allem gesundes Selbstbewusstsein auf beiden Seiten voraus. In diesem Zusammenhang erwähnt er voller Respekt den „Weg" von Dr. Eberhardt Sarfert. Dieser gab, gerade 50 Jahre als, sein Vorstandsmandat bei BMW zurück und begnügte sich in der zweiten Ebene mit der Leitung der Motorradsparte, weil er die damit verbundene Aufbauarbeit als große persönliche Herausforderung empfand. Viele verstanden ihn nicht. Aber als Fachmann und als Persönlichkeit blieb er trotz dieser freiwilligen Abstufung akzeptiert und geschätzt. Das lag an seiner Glaubwürdigkeit.

Für Prof. Wollert ist es besonders wichtig, den Menschen unabhängig von ihrem Lebensalter eine berufliche Perspektive zu geben. Denn „wenn einer mit 53 keine Chance mehr im Unternehmen sieht und weiß, dass er mit 58 aufhören soll, dann fehlen ihm verständlicherweise Motivation und Engagement. Deshalb darf man die Erwartungen an die persönliche berufliche Zukunft nicht enttäuschen", so seine Überzeugung. Ein zukünftiges Dilemma sieht er darin, dass im Zeitalter des Lean Management die relevanten Führungspositionen immer weniger und in der Folge die Erwartungen der Jungen enttäuscht werden. Ganz besonders dann, wenn man die Altersgrenze für das Ausscheiden der älteren Mitarbeiter heraufsetzt. Das bedeutet, dass eine ganze Generation ihrer Karriere und Chancen beraubt würde. Vom Jugendwahn zum Alterswahn – eine ziemlich dramatische Entwicklung.

Prof. Wollert sieht deshalb auf das Personalmanagement eine missionarische Aufgabe zukommen: „In Zukunft wird nicht mehr das kalendarische Alter die Ruhestandsgrenze bestimmen. Zwar sollten beide Vertragsparteien aus Dispositionsgründen bis zu einem bestimmten Alter mit einem Vollzeitarbeitsplatz rechnen können. Doch danach sollte ein flexibler Einsatz individuell möglich sein." Dem Experten ist klar, dass die Personalplanung zwar erschwert würde, wenn für das endgültige Ausscheiden kein bestimmtes Alter verbindlich festgelegt sei, aber jede fixe Altersgrenze trüge die Tendenz in sich, dass nach unten ausgewichen würde und dass für den vorgezogenen Zeitraum ohne Gegenleistung des Betroffenen ein finanzieller Ausgleich zu gewähren sei. Deshalb schlägt Prof. Wollert vor: „Der flexible Einsatz könnte je nach Funktion und Tätigkeit zwischen dem 55. und 70. Lebensjahr beginnen. Allerdings muss auch das Entgelt zeitanteilig gekürzt werden. 20-Stunden-Wochen mit 75 oder gar 100 Prozent Entgelt sind ausschließlich sozialpolitisch oder arbeitsrechtlich motiviert, verhindern aber die innerbetriebliche Akzeptanz flexibler Arbeitsverträge."

Zum Thema Entgeltsysteme sind sich die Experten sowieso einig. Prof. Wollert fordert, dass die Vergütung von der Funktion abhängen muss. Wer höhere Aufgaben übernähme, solle dafür auch mehr verdienen. „Wir dürfen die Leute nicht mehr nach dem Senioritätsprinzip bezahlen, vielmehr müssen sie nach ihrer Leistung vergütet werden. Der Output eines Mitarbeiters muss immer höher sein als sein Input. Die Bezahlung eines Mitarbeiters, der altersbedingt eine neue Aufgabe übernimmt, muss sich am Grundwert der neuen Aufgabe orientieren und nicht nach seinem Alter oder der vorherigen Funktion." Im Zusammenhang mit dem Thema Flexibilität erinnert er sich noch an seine Erfahrung bei der Deutschen Babcock: „Dort hatten die Bereichsleiter ebenso wie die Vorstandsmitglieder grundsätzlich nur 5-Jahres-Verträge. Arbeitsrechtlich sicher fragwürdig. Aber psychologisch und praktisch schon ein guter Ansatz."

7.3   Klaus Hofmann: Neues Denken ist nötig

Klaus Hofmann, Personalvorstand bei EADS Astrium

Klaus Hofmann ist als Personalvorstand bei EADS herausgefordert, die Folgen des demografischen Wandels zu meistern. Deshalb hat er bereits die Weichen gestellt, um die in der Entwicklung liegenden Chancen für sein Unternehmen zu nutzen. Für ihn ist die Fähigkeit eines Unternehmens, flexibel mit der Altersfrage umzugehen – insbesondere eines Wissensunternehmens wie EADS –, ein unerlässlicher Wettbewerbsvorteil für die Zukunft.

Auch er setzt den Hebel an der Unternehmenskultur an und fragt: Sind wir reif für eine Veränderung? Er gibt selbst die Antwort: „In Europa – wahrscheinlich sogar im klassischen westlichen Abendland – ist es immer noch undenkbar, dass eine Führungs- oder Fachkraft frühzeitig aus einem strukturierten Lebenslauf ausbricht. Obwohl sich viele Menschen bereits mit Ende 30 oder Mitte 40 fragen, was sie noch erreichen können. Sie sehnen sich nach neuen Aufgaben, die mehr in die Breite gehen und sich möglicherweise auch außerhalb der Linien befinden." Und Klaus Hofmann fordert: „Unternehmen müssen diesen Wünschen gerecht werden. Denn wenn sich nichts ändert, unterhalten wir uns in zwei bis drei Jahren nicht nur darüber, wie viele Ingenieure die Wirtschaft in den Ruhestand verlassen, sondern wie viele gleichzeitig verloren gehen, weil in den Unternehmen keine mentale Befruchtung durch Austauschprozesse stattfindet."

Für den Einzelnen stellt sich in diesem Zusammenhang die Frage: Finde ich mich damit ab oder suche ich nach Alternativen? Klaus Hofmann ist skeptisch und beklagt: „Leider stößt jeder Vorschlag, jede Idee zur Strukturveränderung in den Vorstandsetagen auf absolute Verschlossenheit. Es gibt noch keinen bereiteten Boden für einen Einstellungswechsel auf der Entscheiderebene." Aus seiner EADS-Praxis weiß er, dass zahlreiche Mitarbeiter Interesse hätten, zeitweise beispielsweise an die Universität zu gehen oder in die Politik. Doch gäbe es dafür keine Möglichkeit, ohne alle bisher erworbenen Ansprüche zu verlieren. Der Grund liege darin, dass „in Deutschland die Kultur ein Ausscheren aus eingetretenen Pfaden verbietet" und die Konsequenz daraus sei, dass „Unternehmen mit dieser Einstellung zu Behörden werden". Das Selbstverständnis in anderen Ländern biete sehr viel mehr Flexibilität, um nach einer „Nebenkarriere" wieder zurückzukehren. Ebenso wünschenswert wäre es, innerhalb eines Unternehmens aus einer operativen Tätigkeit einer Linienfunktion mit einem gewissen Stellenwert zu einer Aufgabe im Hintergrund wechseln zu können – und zwar „ohne Verlust".

Für Klaus Hofmann besteht mit dieser Unflexibilität und Starrheit des Systems ein direkter Zusammenhang mit dem in Unternehmen viel beklagten Mangel an Visionen. Deshalb fordert er eine „zukunftsfähige Entwicklungspfadgestaltung". Das bedeute, bereits an den Personalentwicklungsstrategien anzusetzen, um die Grundlage dafür zu schaffen, dass „ein Mitarbeiter problemlos einen ‚Zickzackkurs' auf seinem Karriereweg einschlagen kann. Wir müssen weg vom momentanen Denken: einmal Führungskraft immer Führungskraft." Nur dann ließe sich vermeiden, dass verdiente Mitarbeiter ab 50 aufgrund von Strukturkriegen in den Unternehmen staatlich subventioniert zum Ausstieg bewegt werden müssen oder – wenn es nicht anders geht, weil sie bockig sind – zum Spezialistentum verdonnert werden. Sie sitzen dann in ihren Büros mit einer unwesentlichen Aufgabe, haben ihre Insignien behalten einschließlich Gehalt, das nach dem Senioritätsprinzip auch noch wächst. Der

Personalexperte sieht nur einen Ausweg aus dem Dilemma: „Solange wir mit der Situation so umgehen, wird es für einen bilateralen Weg keine Glaubwürdigkeit geben, der es ermöglicht, aus einer Funktion herauszugehen in ein aktuelles Projekt, um danach wieder in die Linienfunktion zurückzukehren. Voraussetzung ist deshalb, dass ein solches Vorgehen für die Mitarbeiter schon im Alter ab Mitte 20 an der Tagesordnung ist. Das heißt, es darf nicht nur in Einzelfällen selbstverständlich sein, sondern auch für die breite Masse. Damit kommt Bewegung in die Sache."

Und Klaus Hofmann stellt eine weitere Schlüsselfrage im Zusammenhang mit dem demografischen Wandel: Stimmen unsere Einstellungen oder Vorurteile gegenüber älteren Menschen? Wieder gibt er selbst die Antwort, indem er aus seinen persönlichen Erfahrungen berichtet: „Es gibt unglaublich viele Junggebliebene unter den Älteren. Im Gegensatz dazu gibt es unter den Jüngeren aber auch viele, die verbraucht oder verbittert sind." Deshalb, so warnt er, „darf es nicht sein, dass wir das Älterwerden im Betrieb generell zum Problem generieren und womöglich von einem Randgruppenphänomen und spezifischen Maßnahmen für die Personalentwicklung sprechen". Und er richtet einen Appell an die Adresse seiner Kollegen: „Wenn die aktuelle Situation keine Chance ist, um eine Renaissance herbeizuführen, dann sind wir Personaler selbst schuld, wenn es am Ende schiefgeht. Diese Entwicklung ist die Chance für eine werteorientierte Personalpolitik, wie sie Prof. Wollert umgesetzt hat. Eine strukturell anders zusammengesetzte Belegschaft hat eine bestimme Werteverschiebung im Unternehmen zur Folge – das ist nichts anderes als eine Chance. Wer sie als Bedrohung sieht, wird sie nicht nutzen können. Aus Erfahrung sage ich, es liegen viel mehr Möglichkeiten als Risiken in dem Thema, ganz einfach weil es eine Menge zu gewinnen gibt. Denn das Spektrum an Erfahrungswissen, an Souveränität und an Vernetzungswissen birgt unglaubliches Potenzial in sich."

Die Veränderungen müssten selbstverständlich auch die Vergütungsstrukturen betreffen. Denn, so prognostiziert Klaus Hofmann: „Wir können auf keinen Fall in der Spirale des Senioritätsprinzips weiterwirtschaften. Das kann sich kein Unternehmen mehr leisten. Deshalb brauchen wir eine wertschöpfungsorientierte Vergütung. Das ist für mich der einzige Weg. Das heißt, wir müssen Führungskräfte, Fachkräfte und Mitarbeiter dafür gewinnen, eine neue Vergütungssystematik zu akzeptieren und auch als motivierend zu empfinden."

7.4   Felix Herrnberger: Fit durch Projektarbeit

Felix Herrnberger, ehemaliger Leiter Motorad Zentrum Münchenn

Aus der Sicht des Betroffenen erzählt Felix Herrnberger von seinen persönlichen Erfahrungen in der Zeit, nachdem er im Alter von Ende 50 aus dem Unternehmen ausgeschieden ist. Sie veranlassen ihn, für die Gestaltung sinnvoller Übergänge für ausscheidende Mitarbeiter zu plädieren: „Ich hatte zunächst einfach nur den Wunsch, einmal ausgiebig Urlaub zu machen, zu reisen und verschiedene Länder zu besuchen. Doch nach der ersten Euphorie und ein paar Wochen intensiver Outdoor-Aktivität habe ich gemerkt, dass es so nicht weitergehen kann. Ich wollte einfach nicht die ganze Woche mit Dingen beschäftigt sein, die man sonst am Wochenende unternimmt. Das hat mich nicht befriedigt. Und ich wusste, das kann es nicht sein." Die ehemalige BMW-Führungskraft begab sich deshalb auf die Suche nach einer sinngebenden Aufgabe. Denn im Innern sah es so aus, dass ich die tägliche Herausforderung einer anspruchsvollen Aufgabe vermisste."

Der erfolgreiche Vertriebsmann kannte aus seinem Bekanntenkreis auch andere Werdegänge: „Ein Freund war für ein Logistikunternehmen jahrelang in Asien. Vor einem halben Jahr ist er offiziell in Ruhestand gegangen und hat gleichzeitig einen Teilzeitjob übernommen. Das heißt, er arbeitet jetzt blockweise auf Projektbasis für das Unternehmen und kann so seine Erfahrung einbringen. Er wird gebraucht und es geht ihm gut dabei."

Felix Herrnberger hält es deshalb für eine sehr gelungene Lösung für „jung gebliebene Alte", die noch ihren Beitrag leisten können und wollen, auf Projektbasis weiterzuarbeiten. Und zwar im Interesse beider Seiten: „Der Betrieb profitiert von der Weisheit, der Erfahrung, der Loyalität und Souveränität des Alters. Und die Betroffenen haben das Gefühl, weiterhin gebraucht zu werden." Und er fügt einen persönlichen Wunsch hinzu: „Ich möchte nicht nur körperlich fit, sondern auch geistig ‚wohl' bleiben und gefordert werden."

Der erfahrene Frontmann sieht einen weiteren Vorteil der Projektarbeit darin, dass, „wer nicht in operative oder Linienfunktionen eingebunden ist, viele Dinge anders angeht – getroster, entspannter. Er trifft seine Entscheidungen anders, weil er keine Karriere mehr machen muss." Und er gibt zu bedenken: „Unternehmen, die dieses Potenzial nicht nutzen, verzichten auf enorme Ressourcen – ganz besonders dann, wenn ein Mitarbeiter über Jahrzehnte mit dem Betrieb verbunden war." Eine weitere attraktive Möglichkeit für eine Win-win-Situation sei deshalb auch eine spezielle Beratertätigkeit. Denn Felix Herrnberger ist überzeugt davon, dass „bestimmte

Entscheidungen, etwa bei Übernahmen oder Kooperationen, ein ‚Unabhängiger‘ besser treffen kann als ein ‚Linienmensch‘.“ Dabei ist ihm ebenso klar wie den anderen Experten, dass der Weg flexibler Übergänge für ausscheidende Mitarbeiter nur über eine entsprechend angepasste Unternehmenskultur führt.

8 Best-Practice-Beispiele

8.1 BMW Group

Das Thema „Den demografischen Wandel als Chance nutzen" ist integraler Bestandteil der langfristigen Personalpolitik der BMW Group. Denn den Entscheidern ist seit vielen Jahren klar: Die steigenden betrieblichen Leistungsanforderungen sind künftig mit einer im Durchschnitt älteren Belegschaft zu erfüllen. Dazu bezieht das Unternehmen in einer internen Fallstudie konkret Stellung: „Ältere Arbeitnehmer haben spezifische Vorteile. Sie sind erfahrener sowie wertvolle Mittler organisatorischen Wissens und der kulturellen Werte. Ein Unternehmen wird umso erfolgreicher sein, je konsequenter es die Leistungs- und Beschäftigungsfähigkeit seiner Mitarbeiter stärkt." (M. Pieper, BMW Group, 2007)

Die BMW Group bereitet sich deshalb bereits heute darauf vor. Die erforderlichen Rahmenbedingungen und Instrumente werden in dem ganzheitlich angelegten Projekt „Heute für morgen" geschaffen. Dazu gehört auch, die Führungskräfte und Mitarbeiter für den demografischen Wandel zu sensibilisieren und zu befähigen. Die Projektergebnisse zeigen deutlich: Der demografische Wandel kann nur erfolgreich gestaltet werden, wenn sich das Verhalten der Menschen im Unternehmen entsprechend ändert. Alle Mitarbeiter werden künftig mehr Eigenverantwortung für ihre Leistungs- und Beschäftigungsfähigkeit übernehmen müssen. Aufgabe der Führungskräfte ist es, ihre Mitarbeiter hierbei zu fördern, aber auch zu fordern.

Zu den aktuell vorliegenden Erkenntnissen hat die BMW Group bisher folgende Maßnahmen in den fünf Handlungsfeldern des Projekts ergriffen:

1. Gesundheitsmanagement und -prävention: Bei einer älter werdenden Belegschaft hat die Gesundheitsvorsorge zunehmende Priorität. Die meisten Erkrankungen in Industrienationen könnten durch einen gesünderen Lebensstil verhindert oder in ein späteres Lebensalter verschoben werden. Zum Thema Gesundheit wurde deshalb ein Präventionsprogramm entwickelt, das die Mitarbeiter beim verantwortungsvollen Umgang mit der eigenen Gesundheit unterstützt.

Einen wichtigen Beitrag dazu leisten die standortübergreifend etablierten Gesundheitsforen, die im Rahmen des Projekts neu konzipiert wurden. Auf freiwilliger Basis und unter Wahrung datenschutzrechtlicher Bestimmungen sowie der ärztlichen

Schweigepflicht werden die Daten personenbezogen erfasst. Jeder teilnehmende Mitarbeiter erhält ein medizinisch hochwertiges Gesundheitsprofil. Gleichzeitig dienen die anonymisierten Daten dazu, Handlungsfelder im Unternehmen zu erkennen, zielgruppenspezifische Maßnahmen abzuleiten und deren Nachhaltigkeit zu überprüfen.

An den neu konzipierten Gesundheitsforen nahmen bisher etwa 28.000 Mitarbeiter (an den Standorten München, Leipzig, Berlin und Dingolfing) teil. Dabei wurden jene mit hohen gesundheitlichen Risiken identifiziert und zielgruppenspezifische Maßnahmen wie Abnehmprogramme, spezielle Sportangebote oder die Einrichtung einer BMW-Group-Herzsportgruppe abgeleitet und umgesetzt.

Impulse zur gesunden Lebensführung werden aber nicht nur über die Gesundheitsforen vermittelt, sondern auch in Seminaren. Während sich „Fit for Job" an alle Mitarbeiter richtet, ist „Fit for Leadership" speziell auf Führungskräfte zugeschnitten. So wird dort unter anderem deutlich die Vorbildfunktion der Führungskräfte angesprochen. In beiden Seminaren wird den Teilnehmern aufgezeigt, wie sie im beruflichen und privaten Alltag stärker auf eine gesunde Ernährung, körperliche Fitness und mentale Ausgeglichenheit achten können. Ein weiteres Ergebnis ist das neu gestaltete „Netzwerk Reha", mit dem bereits über 800 Mitarbeiter durch einen verkürzten und effektiven Rehabilitationsprozess geleitet wurden.

2. Arbeitsumfeld: Hier geht es um die alternsgerechte Gestaltung von technischen und organisatorischen Arbeitsbedingungen – insbesondere der Arbeitsplätze, Arbeitszeiten und Arbeitsstrukturen. Mithilfe dieser Stellhebel kann ein wesentlicher Beitrag zum langfristigen Erhalt beziehungsweise zur Verlängerung der Arbeitsfähigkeit aller Mitarbeiter geleistet werden. Ein weiteres Ziel ist es, die Einsatzmöglichkeiten von Mitarbeitern mit Leistungseinschränkungen zu erhöhen.

Ergonomie spielt bei der BMW Group eine große Rolle. Bei der Gestaltung ergonomisch optimierter Produktionsarbeitsplätze handelt es sich insbesondere um solche Maßnahmen, die zum einen ein Bücken, Beugen und Strecken vermindern und zum anderen das Heben und Tragen von Lasten reduzieren. So konnten zum Beispiel durch die Einführung höhenverstellbarer Schubplatten die Belastungen von Rumpf (um 80 Prozent), Knie (um 63 Prozent) und Nacken (um 46 Prozent) deutlich gesenkt werden. Zudem wird das Arbeiten über Kopfhöhe weitgehend mittels Schwenkmontage vermieden.

Ein weiteres bedeutendes Thema in diesem Handlungsfeld ist die Gestaltung der Arbeitszeiten. Interne Analysen haben gezeigt, dass vollzeitnahe Arbeitszeitmodelle das größte Potenzial bieten, um individuelle Arbeitszeitanpassungen vor dem Hintergrund des Erhalts der Leistungs- und Beschäftigungsfähigkeit noch stärker zu fördern. Diese Modelle sind arbeitsorganisatorisch am besten umsetzbar und aufgrund der sich in Grenzen haltenden Einkommensverluste für den Mitarbeiter attraktiv. Mit „Vollzeit Select" wurde daher ein neues Modell entwickelt, das dem Mitarbeiter die Möglichkeit bietet, bis zu 20 zusätzliche freie Tage innerhalb eines Kalenderjahres zu vereinbaren. Der Mitarbeiter behält den Status Vollzeitmitarbeiter, gewinnt aber mehr Freiheit in seiner Lebensplanung. Die Entscheidung wird jeweils für ein Kalenderjahr getroffen. Vollzeit Select ergänzt das bereits seit 1994 bestehende Sabbaticalmodell. Die Finanzierung erfolgt analog: durch entsprechende Kürzung der Sonderzahlungen oder des Monatsgehaltes.

Im Schichtbetrieb stellt sich die Frage, wie arbeitswissenschaftliche Erkenntnisse noch besser bei der Schichtplangestaltung berücksichtigt werden können. Mit wissenschaftlicher Unterstützung der Universität Karlsruhe wurde ein Bewertungstool für Schichtpläne nach arbeitswissenschaftlichen Kriterien entwickelt. In dem IT-Tool wird ein bestehender oder ein neu entwickelter Schichtplan erfasst und auf Basis vorgegebener Kriterien und Gewichtungen nach gesundheitlichen Aspekten bewertet. Neben einer Ampel- und Punktebewertung werden auch Verbesserungsempfehlungen angegeben. Mit diesem Bewertungstool werden derzeit alle wesentlichen Schichtpläne evaluiert und mögliche Handlungsoptionen abgeleitet.

Darüber hinaus wird die Arbeitsorganisation untersucht. In der Produktion verspricht das Konzept der kurzzyklischen Mitarbeiterrotation – mit dem Ziel der Vermeidung einseitiger Belastungen – Erfolge in Bezug auf die Bewahrung der körperlichen und geistigen Flexibilität der Mitarbeiter.

In einem für die Automobilindustrie einmaligen Pilotprojekt mit dem Titel „Arbeitssystem 2017" wird in der Hinterachsmontage des Werkes Dingolfing die Altersstruktur im Jahr 2017 abgebildet. Durch die bewusst herbeigeführte „Alterung eines Bereiches" wird die Zukunft vorweggenommen. Neben der weiteren ergonomischen Anpassung der Arbeitsplätze und einer gezielten Gesundheitsförderung sollen neue Arbeitszeitmodelle sowie ein Führungsverhalten, das den besonderen Stärken älterer Mitarbeiter Rechnung trägt, getestet und evaluiert werden. Das Pilotprojekt dient damit der praktischen Erprobung der im Projekt „Heute für morgen" erarbeiteten Maßnahmen vor Ort.

3. Qualifizierung/Kompetenzen: Wissenschaftliche Erkenntnisse belegen, dass das biografische Alter kaum Einfluss darauf hat, wie lernfähig ein Mensch ist. Viel entscheidender sind Faktoren wie die Organisation der Arbeit, die Sozialisation der Mitarbeiter und auch ihre individuellen Aktivitäten im Privatleben. Wer ständig gefordert ist, verlernt das Lernen nicht. Auf Basis dieser Erkenntnisse wurde eine neue Lernform entwickelt: das „arbeitsintegrierte Lernen". Es wird künftig verstärkt die traditionellen Weiterbildungsformen ergänzen und teilweise ersetzen.

Darüber hinaus wird die Lernförderlichkeit von Arbeitsplätzen und Funktionen in Teilbereichen untersucht und werden direkte und indirekte Lernformen abgeleitet. Dabei ist ein Arbeitsplatz umso lernförderlicher, je mehr Entwicklungspotenzial dieser bietet und umso mehr Flexibilität, Partizipation, Innovation und Verantwortung er verlangt. Unternehmen mit vielen lernförderlichen Arbeitsplätzen sind nachweislich besser für den demografischen Wandel gerüstet. Diese Erkenntnisse gehen unter anderem in die Trainingskonzepte zur Mitarbeiter- und Führungskräfteentwicklung ein.

Das Trainingskonzept „Die demografische Entwicklung – Herausforderungen und Chancen für Führungskräfte" wird seit zwei Jahren umgesetzt. Darin werden Führungskräfte über die Chancen und Risiken der demografischen Entwicklung informiert, Vorurteile ausgeräumt und Führungsstrategien für den erfolgreichen Umgang mit einer älter werdenden Belegschaft erarbeitet.

Im Rahmen der „Qualitativen Personalplanung" (QPP) wird schon seit einiger Zeit untersucht, wie sich die Kompetenzen im Unternehmen entwickeln werden. Analysen der Altersstruktur geben Auskunft darüber, wann welches Wissen mit dem Ausscheiden von Mitarbeitern aus dem Unternehmen abfließt. So können in Abteilungen, wo ein verstärkter Kompetenzverlust zu erwarten ist, frühzeitig entsprechende Maßnahmen ergriffen werden.

Neben diesen Aktivitäten wurde in dem Projekt ein Modul zur stärkenorientierten Weiterentwicklung der Mitarbeiter umgesetzt, welches als langfristiges Personal- und Weiterbildungskonzept anzusehen ist. Es fördert die intrinsische Lernmotivation und damit auch den Bereich des Veränderungslernens. Dieses sozusagen ausbalancierte Entwicklungskonzept erzielt mit Abstand bessere Ergebnisse als die übliche lediglich auf äußere Anforderungen beziehungsweise Sollkompetenzen basierte und damit an den Schwächen orientierte Vorgehensweise.

4. Austrittsmodelle: Die demografische Entwicklung legt eine Anhebung des Renteneintrittsalters volkswirtschaftlich nahe. Die Politik hat reagiert und die Regelaltersgrenze in Deutschland auf 67 Jahre erhöht. Der frühestmögliche Rentenbeginn liegt jetzt (mit entsprechenden Rentenabschlägen) bei 63 Jahren.

Weil trotz verstärkter Vorsorgemaßnahmen auch künftig nicht jeder Mitarbeiter bis zum gesetzlichen Renteneintrittsalter arbeiten kann oder will, entwickelt die BMW Group gemeinsam mit dem Betriebsrat neue, bedarfsgerechte Altersaustrittsmodelle. Sie sollen sowohl der Lebensplanung des Mitarbeiters als auch den unternehmerischen Bedürfnissen Rechnung tragen und durch neue Finanzierungsmodelle getragen werden. Hierfür wird bereits heute eine finanzielle Basis gelegt.

Übrigens: Zur Unterstützung der eigenfinanzierten Altersvorsorge bietet die BMW Group ihren Mitarbeiten mit dem „Persönlichen Vorsorge Kapital" (PVK) schon seit Jahren ein attraktives Modell an, mit dem Entgeltbestandteile umgewandelt werden können.

5. Kommunikation/Change Management: Die Maßnahmen, um die Wettbewerbsfähigkeit in Zeiten des demografischen Wandels zu erhalten, werden kommunikativ begleitet und unterstützt. Als eigenes Medium wurde die Vorsorgeplattform „Meine Zukunftsvorsorge" im Intranet der BMW Group entwickelt. Damit wurde erstmals eine kommunikative Plattform geschaffen, mit der direkt an die Eigenverantwortung der Mitarbeiter appelliert wird und umfassende Informationen sowie konkrete Unterstützungsleistungen gebündelt zu den Themen Weiterbildung, Gesundheit, Arbeitsumfeld und finanzielle Vorsorge angeboten werden.

In den unternehmensinternen Medien werden fortlaufend redaktionelle Beiträge, die sich mit allen Aspekten und Handlungsfeldern von Zukunftsvorsorge befassen, veröffentlicht, um stetig das eigene Vorsorgeverhalten zu fördern. Für 2008 sind weitere Kommunikationsmaßnahmen für Führungskräfte geplant, die Hilfestellung dabei geben sollen, die eigenen Mitarbeiter für das Thema zu sensibilisieren.

Herausforderungen und Ausblick

Wesentliche Herausforderungen für das Projekt „Heute für morgen" sieht die BMW Group darin, die sich noch in der Konzeptions- beziehungsweise Pilotierungsphase befindlichen Maßnahmen in die Standardprozesse und damit in den Unternehmensalltag zu integrieren. Arbeitsstrukturen und -modelle müssen an das steigende Durchschnittsalter der Mitarbeiter weiter angepasst werden.

Insbesondere gilt es auch, die Eigenverantwortung der Mitarbeiter für eine umfassende persönliche Zukunftsvorsorge weiter zu fördern und eine entsprechende Verhaltensänderung anzuregen. Eine im Unternehmen durchgeführte wissenschaftliche Studie belegt, dass neben der Gestaltung technischer und organisatorischer Rahmenbedingungen sowie der individuellen Gesundheits- und Kompetenzförderung insbesondere das Führungsverhalten die Arbeitsfähigkeit beeinflusst. Die BMW-Führungskräfte sind damit zunehmend in ihrer Vorbildfunktion gefordert.

8.2 EADS

EADS stellt sich den personalpolitischen Herausforderungen des demografischen Wandels mit dem Anspruch: Keine Sonderprogramme für ältere Mitarbeiter generieren. Vielmehr sieht das Unternehmen es als eine stetige Verpflichtung „der langfristigen Personalpolitik, im eigenen Interesse die unterschiedlichen Altersgruppen im Betrieb zu integrieren und zu einem personalpolitischen Ansatz zu kommen". Es soll also vermieden werden, die Bildung einer Problemgruppe „ältere Mitarbeiter" in den Mittelpunkt zu stellen. Das bedeutet, man möchte keine eigens abzielende Personalpolitik und Instrumente für alternde Belegschaften kreieren. Stattdessen sollte Bestehendes überdacht und den strukturellen Gegebenheiten angepasst werden. Die Altersstruktur bei EADS liegt im Durchschnitt bei 43 Jahren und die Alterskurve entspricht den meisten europäischen Hightech-Konzernen.

Ebenso die Internationalität; ein Großteil der Belegschaft ist in Frankreich, Großbritannien, Spanien und Deutschland. Im Mittelpunkt der Überlegung des Technologieunternehmens, in dem sehr viele Ingenieure arbeiten, stehen das Wissen als kritischer Wettbewerbsfaktor sowie die Ausrichtung auf die Themen Führung, Zusammenarbeit und gemeinsame Werte. Das bedeutet: Eine generationsgerechte Personalpolitik liegt vor. Dennoch sehen sich das Unternehmen und seine Personalpolitik mit der Erwartungshaltung der heute über 55-jährigen Mitarbeiter konfrontiert, vorzeitig in Pension zu gehen.

Interne Studie zum demografischen Wandel

Bei EADS wurden insbesondere die sogenannten Vorurteile einer kritischen Betrachtung unterzogen und das im multikulturellen Kontext, was der Studie einen besonderen Wert gibt. Unter anderem wurde dabei die Einstellung zum Senioritätsprinzip in den verschiedenen Ländern verglichen. Das Ergebnis ist aufschlussreich: Auf einer Skala von +2 bis –2 liegen Großbritannien mit –1,5 und Deutschland mit –0,75 deutlich im Minusbereich. Bei der Nullbasis beginnt die Wertschätzung für Seniorität. Frankreich liegt bei +1,3 und Spanien bei +1,8. Dort ist das Thema Seniorität offensichtlich positiv belegt.

Unbestritten ist der überlegene Erfahrungsgewinn älterer Mitarbeiter gegenüber den jüngeren. Gleichzeitig besteht eine größere Skepsis gegenüber der Flexibilität des Denkens, der Kreativität, Leistungsfähigkeit und Leistungsbereitschaft. Um solche gängigen Vorurteile zu untersuchen, hat sich EADS auf zwei Kernelemente konzentriert:

1. die Zielerreichung als Indikator im Rahmen des jährlichen MBO-Prozesses,
2. die Fehlzeitenrate bei Krankheit.

Das Ergebnis: Es konnte kein altersbedingter Leistungsabfall, keine Minderung des Erreichungsgrades, dem eine individuelle Zielvereinbarung zugrunde liegt, nachgewiesen werden. Zumindest nicht für die zur Analyse herangezogene Zielgruppe der Executives-Top-1.000-Führungskräfte der EADS und der Seniormanager (die nächste Führungsebene nach den Executives mit 10.000 Managern). Im Gegenteil, die Mitarbeiter von 45 bis 60 erreichen deutlich höhere Zielerreichungsgrade als die Jüngeren.

Und die weithin verankerte Annahme, dass Mitarbeiter mit zunehmendem Lebensalter häufiger krank sind und damit weniger produktiv, bestätigt sich im Beispielkontext von EADS ebenfalls nur sehr bedingt. Vielmehr stabilisiert sich der Wert im 60. Lebensjahr sogar auf ein niedrigeres Niveau als bei den jüngeren Altersgruppen. Erst nach Überschreiten des 60. Lebensjahres ist die Anfälligkeit gegenüber Langzeitkrankheiten deutlich größer. Diese Erkenntnis wird als Kernpunkt gesehen für die weitere Planung der Lebensarbeitszeit; oder anders ausgedrückt: die Möglichkeit zum Austritt mit 60.

Hinweis: Im Rahmen der EADS-Studie wurden im Wesentlichen Ingenieure, also Wissensmitarbeiter, untersucht und weniger Mitarbeiter in den Produktionsbereichen.

Wertorientierte Personalpolitik im Lichte einer alternden Belegschaft

Die EADS geht den Weg einer materiellen und immateriellen Anreizpolitik (Bild 8.1). Die materielle Anreizpolitik ist dabei bestrebt, unterschiedliche Altersgruppen bei Gehaltsanpassungen gleich zu behandeln. In der Praxis hat das dazu geführt, dass die außertariflichen Mitarbeitergruppen wie Tarifangestellte behandelt wurden.

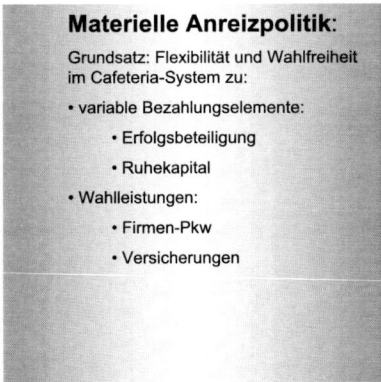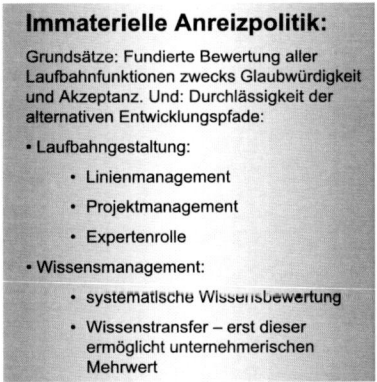

Materielle Anreizpolitik:

Grundsatz: Flexibilität und Wahlfreiheit im Cafeteria-System zu:

- variable Bezahlungselemente:
  - Erfolgsbeteiligung
  - Ruhekapital
- Wahlleistungen:
  - Firmen-Pkw
  - Versicherungen

Immaterielle Anreizpolitik:

Grundsätze: Fundierte Bewertung aller Laufbahnfunktionen zwecks Glaubwürdigkeit und Akzeptanz. Und: Durchlässigkeit der alternativen Entwicklungspfade:

- Laufbahngestaltung:
  - Linienmanagement
  - Projektmanagement
  - Expertenrolle
- Wissensmanagement:
  - systematische Wissensbewertung
  - Wissenstransfer – erst dieser ermöglicht unternehmerischen Mehrwert

Bild 8.1 Handlungsfelder der EADS

Die Konsequenzen einer derartigen materiellen Politik sind in Deutschland, Frankreich, Spanien und Großbritannien unterschiedlich. Bei den Deutschen gab es einen kontinuierlichen Gehaltsanstieg bis zum 60. Lebensjahr. Anders in Frankreich: Dort stieg das Gehalt ab Mitte 40 deutlich weniger als in Deutschland. Und in Großbritannien erhöhten sich die Gehälter deutlich schneller bis Mitte 40, um dann zu stagnieren und erst in der Mitte der 50er wieder verstärkt anzusteigen.

Die Reaktion des Personalvorstands von EADS auf die Ergebnisse der Studie ist die konsequente Einführung eines Cafeteria-Ansatzes mit – trotz deutlich unterschiedlicher Steuerbehandlung der Einzelelemente pro Land – jeweils der gleichen Grundstruktur. Damit wird eine flexible Zusammenstellung der Aufgaben für den einzelnen Mitarbeiter angestrebt. Das Gesamtangebot enthält dann die wiederkehrende Garantieleistung (= Festgehalt) plus die variablen Zahlungselemente; zur Wahl stehen beispielsweise Erfolgsbeteiligungen oder Ruhekapital sowie zusätzliche Leistungen wie Firmen-Pkw oder Versicherungen. Das entspricht dem unabhängig von der Herkunftskultur gleichermaßen ausgeprägten Phänomen, dass sich der Fokus mit steigendem Lebensalter auf die Absicherung der Ruhestandseinkünfte verschiebt. Das heißt, diese Anreizpolitik entspricht idealerweise den Bedürfnissen der älteren Mitarbeiter.

Die immaterielle Anreizpolitik zielt auf die Laufbahngestaltung ab. Sie setzt jedoch voraus, dass die Wertigkeit der einzelnen Alternativen – Linienfunktion, Projektarbeit, Expertenrolle – glaubwürdig gleichwertig ist. Gewarnt wird vor einer Aufwertung der Expertenlaufbahn als Auffangpuffer. Denn genau diese Zielgruppe gerät bei Konjunktureinbrüchen als Erstes in den Blickpunkt von Restrukturierungsanstrengungen.

Die neue Personalpolitik der EADS basiert auf zwei zentralen Prinzipien:

1. der mittels einer Hay-Stellenwertmethode sichergestellten und gelebten Gleichwertigkeit von Laufbahnmodellen mit ihren Abstufungen,
2. der Durchlässigkeit der vorhandenen alternativen Entwicklungspfade.

In der Praxis kommt die Glaubwürdigkeit dieser Modelle zum Tragen, wenn viele Wechsel von Karrieren, von einem Laufbahnpfad zum anderen realisiert werden können. Als wesentlicher personalpolitischer Anspruch wurde dementsprechend formuliert: Es wird eine Personalpolitik angestrebt, die solche Laufbahnwechsel, die heute noch Ausnahme sind, zur Regel macht. Das gilt zwar verstärkt in den ersten Jahren der Unternehmenszugehörigkeit, doch soll der Grundsatz für die gesamte Lebenskurve gelten.

Das Interessenspektrum älterer Mitarbeiter, so die Meinung von EADS, werde bei Weitem nicht ausreichend genutzt. Allerdings: Ältere wollen zwar häufig gerne mehr beratend wirken und Expertenrollen übernehmen, doch in der Praxis möchten die meisten ihre Führungsrolle beibehalten oder erweitern.

Wissenstransfer von älteren auf jüngere Mitarbeiter – ein zentraler Anspruch

Die Wertschätzung des Potenzials älterer Mitarbeiter eröffnet neue Chancen bei der Wissensweitergabe. Für EADS ist Wissen ein kritischer Erfolgsfaktor, deshalb ist das Erfahrungswissen älterer Mitarbeiter dringend zu bewahren und zu transferieren. Ein systematisches Wissensmanagement bewertet das jeweilige Wissen für den Wissenstransfer. Es könnte als Basis für Vergütungsansätze dienen, um die Motivation der Betroffenen zur Wissensweitergabe zu erhöhen.

Die Instrumente Wissensdokumentation und -bewertung sind selbstverständlich vorhanden. Die entscheidende Frage aber ist: Inwieweit kann Wissensmanagement per se zu einem unternehmerischen Mehrwert werden?

Ein Flugzeug ist ein extrem komplexes Produkt, dessen Herstellung enorme Lernprozesse bei den Mitarbeitern voraussetzt. Sie dauern zum Teil ein ganzes Berufsleben an.

Sowohl der Wissenserwerb als auch die Wissensbewahrung sind deshalb kritische Dimensionen im Unternehmen. Im Fokus steht deshalb die Beziehung zwischen Know-how-Geber und Know-how-Empfänger. EADS arbeitet hier mit der CYGMA-Methode (Cycle de vie et Gestion des Métiers et Applications). Die kritischen Erfolgsfaktoren sind dabei die Wissensvermittlungskompetenz des Know-how-Gebers und dessen Motivation, aber auch die Motivation des Empfängers. Das heißt, EADS setzt nicht auf zufällige Wissensweitergabe, sondern auf gemanagte Wissensprozesse und einen systematischen Wissenstransfer.

Die Corporate Business Academy vermittelt die Schlüsselkompetenz von Systemingenieurwissen und ermöglicht somit die Nutzbarmachung des Wissens von erfahrenen Ingenieuren.

Fazit: Eine große Herausforderung der EADS besteht in der Weitergabe von Wissen an andere Mitarbeiter. Hier wird verstärkt mit der CYGMA-Methode gearbeitet. Außerdem geht es darum, für „young professionals" und „young high potentials" als Arbeitgeber attraktiv zu sein. Eine weitere Anforderung besteht darin, ein überproportionales Ansteigen der Geldlinie bei höherer Betriebszugehörigkeit zu vermeiden. Die Aufgabe lautet aber zudem, auch den über 50-Jährigen weitere Karrierechancen zu eröffnen und/oder ihnen die Möglichkeit zu geben, durch Zeitansparmodelle vorzeitig das Unternehmen zu verlassen – als Wahlmöglichkeit.

8.3   Geberit AG

Bei der Firma Geberit, ein Unternehmen der Sanitärtechnik, bezieht sich Best Practice auf das Thema Gesundheit. Ausgangspunkt für die im Folgenden geschilderten Maßnahmen war eine über dem Durchschnitt der Branche liegende Krankheitsquote. Deshalb wurde Ende der 90er-Jahre Schritt für Schritt ein systematisches Gesundheitsmanagement installiert. Im Jahr 1997 begann man mit sogenannten Rückkehrgesprächen und Krankenbesuchen. Analysen der betrieblichen Gesundheitsrisiken ergaben schwerpunktmäßig mit 75 Prozent die allseits bekannten „Zivilisationskrankheiten" als Ursache. Als „Gegenbewegung" wurden deshalb Maßnahmen für mehr Bewegung, gesunde Ernährung und ausreichende Regeneration eingeführt. Damit ist es dem Unternehmen gelungen, die Krankenquote von 1995 von sechs Prozent bis zum Jahr 2007 auf 3,8 Prozent zu senken.

Geberit ging bei ihrer Gesundheitsstrategie von Anfang an davon aus, dass es sich bei den konkreten Krankmeldungen nur um die Spitze des Eisbergs handelt. Und dass sich unterhalb des Wassers die krank machenden Faktoren am Arbeitsplatz befinden. Mit den Investitionen im Gesundheitsmanagement wurde deshalb das Ziel angestrebt, nicht nur präventiv Krankheiten zu vermeiden, um den Krankenstand zu senken, sondern auch die Vitalität der Mitarbeiter zu steigern, ihr Wohlbefinden und ihre Lebensfreude zu erhöhen. Gleichzeitig sollte aber auch die Eigenverantwortung unterstützt und letztlich die Gesundheit gefördert werden, um die Höhe der Lohnfortzahlungen zu senken.

Der Weg dorthin führte über das gezielte Sammeln von Informationen, das Erstellen eines Gesundheitsberichts und die Gründung eines Arbeitskreises Gesundheit, dem ein Mitglied der Geschäftsleitung, der Betriebsrat, der Betriebsarzt, die Krankenkasse, das Personalwesen und die Sicherheitsfachkraft angehören. Eine weitere Etappe war eine Mitarbeiterbefragung zu den betrieblichen Belastungsschwerpunkten.

Von Anfang an wurde nach einem ganzheitlichen präventiven Ansatz gestrebt. Der Belegschaft wurde die Bedeutung des eigenen Verhaltens für die Gesundheit vermittelt und gleichzeitig wurden die Führungskräfte trainiert, schwierige Mitarbeitergespräche zu führen – also mehr als nur Rückkehrgespräche. Eine weitere Maßnahme war eine Initiative zum Thema Impfen und freiwilliger Gesundheits-Check-up beim Betriebsarzt. Aufgegriffen wurde zudem das Thema Suchtprävention. Dabei ging es nicht nur um Alkohol und Drogen, sondern auch um Arbeitssucht und andere. Des Weiteren wurden Nichtraucherseminare angeboten, Raucherrestriktionen durchgeführt und ein Gesundheitstraining für Führungskräfte angeboten. Nach dem Motto: Vorbild gebende Mitarbeiter. Für sie wurden außerdem Vorsorgeuntersuchungen eingeführt – und zwar ab 45. Last, not least gab es sogenannte Gesundheitstage.

Die Maßnahmen im Detail: Zur Förderung von Bewegung wurden Rückenschule, Kurse für Inline-Skating, Nordic Walking, Tai-Chi angeboten, aber auch die Betriebssportgemeinschaft Fun & Fit mit Eisstockschießen, Kegeln, Skiausflügen, Radlertreff, Tennisturnier sowie Badminton initiiert. Hintergrund war, spielerisch ans Thema Bewegung heranzuführen und positive Effekte in Sachen Gesundheit zu erzielen.

Außerdem gab es regelmäßige Aktionswochen zum Thema „gesunde Ernährung" und Kochkurse im Betriebsrestaurant. Dabei wurde auf den Einkauf bei regionalen Landwirten für die eigene Kantine und eine Apfelaktion im Herbst hingewiesen. Eine Mineralwasseraktion im Sommer sollte die Leute dazu animieren, mehr zu trinken. Zum Aspekt der Regeneration wurden gezielt Seminare zur Stressbewältigung durchgeführt. Man demonstrierte Rückenmassagen und bot sie auch in der Firma an, Entspannungsgymnastik wurde etwa bei Betriebsversammlungen vorgeführt und es gab Kurse zum Thema progressive Muskelentspannung nach Jacobson.

Auszubildende konnten Vorträge zur Suchtprävention besuchen und Außendienstmitarbeiter und Motorradfahrer ein Fahrsicherheitstraining.

Das Resultat war eine erfreulich hohe Beteiligung der Belegschaft an allen Maßnahmen. Das gelang natürlich nur aufgrund der vollen Unterstützung von Geschäftsleitung und Betriebsrat. Der Krankenstand konnte so auf 2,7 Prozent halbiert werden.

Vorbildcharakter bei der Firma Geberit haben auch das gezielte Ansprechen spezifisch gefährdeter Bereiche und ein spezielles Gesundheitsmanagementtraining für Führungskräfte im gewerblich-technischen Bereich (Produktion, Logistik). Dabei geht es um die Themen Stehen, Heben und Tragen – also wie steht, hebt und trägt man richtig. Ein weiterer Fokus sind der Umgang mit Schichtarbeit, das Thema Alkohol und Rauchen sowie soziale Probleme.

Das Gesundheitsmanagementtraining für Führungskräfte im kaufmännischen Bereich umfasst verstärkt die Problemthemen Bewegungsmangel, Bildschirmarbeit, Stress, Informationsflut, Rauchen und übermäßiger Kaffeegenuss. Führungskräfte im Außendienst hingehen beschäftigen sich mit den Schwerpunkten: Wie geht man mit Stress und Termindruck um? Wie stelle ich mich den Themen Fast Food, Rauchen und Kaffee?

Ein umfassender Gesundheitcheck für alle Geschäftsführer, leitende Angestellte und Führungskräfte im Außendienst rundet das Maßnahmenpaket ab. Dabei geht es in erster Linie um Prävention und Risikoerkennung sowie um die Themen Herzinfarkt, Burn-out, Tinnitus und Rückenprobleme.

Das positiv herauszuhebende und besondere Merkmal des Gesundheitsmanagements bei Geberit ist, dass durch die Lokalisierung von Problemschwerpunkten eine jeweils individuelle Lösung für die verschiedenen Bereiche gefunden werden konnte und nicht nur eine allgemeine Antwort auf die spezifischen Fragen gegeben wurde.

Fazit: Betrachtet man die fast ein Jahrzehnt dauernden Bemühungen des Unternehmens, dann lässt sich deutlich erkennen, dass nicht ein zeitlich befristetes Engagement zum Thema Gesundheit im Vordergrund steht, sondern ein nachhaltiges Präventionsprogramm mit strategischen Aufgabenstellungen mit dem Ziel, mit einer vitalen, lebensfrohen und gesunden Mitarbeiterschaft noch erfolgreicher zu arbeiten.

8.4   METRO Group

Die METRO Group ist mit über 2.400 Standorten in 31 Ländern eines der bedeutendsten Handelsunternehmen weltweit. Die von der METRO Group bislang entwickelten Ansätze zum Umgang mit einer alternden Belegschaft umfassen ganze Maßnahmenbündel, welche die Unternehmenskultur des Konzerns und seiner Vertriebslinien in drei Richtungen verändern werden:

* Vielfalt und Integration,
* intergenerationelle Zusammenarbeit und lebenslanges Lernen,
* Wertschätzung und Anerkennung der menschlichen Arbeit.

Vielfalt und Integration

Die METRO Group in Deutschland verfügt bereits heute über eine „altersausgewogene" Mitarbeiterstruktur. Das heißt, knapp 25 Prozent der rund 130.000 Mitarbeiter hierzulande gehören zur Altersgruppe 50 plus – das entspricht in etwa dem Anteil der über 50-Jährigen am deutschen Erwerbspersonenpotenzial insgesamt. „Alter" ist im METRO-Konzern kein Einstellungshindernis: Im Jahr 2006 wurden konzernweit rund 1.700 Mitarbeiter über 50 Jahren neu eingestellt – davon rund 520 in Deutschland.

Die METRO Group ist sich darüber im Klaren, dass die Bedeutung der älteren Arbeitnehmer am Arbeitsmarkt wächst, und will deshalb nachhaltig darauf hinwirken, ungerechtfertigte Vorurteile über die Leistungsfähigkeit älterer Mitarbeiter abzubauen. Gleichzeitig stellt man die Praktiken des Vorruhestands und der Altersteilzeit auf den Prüfstand. So hat sich das Unternehmen im Jahr 2004 dazu entschlossen, aus allen Altersteilzeit- beziehungsweise Vorruhestandsregelungen auszusteigen mit dem Ziel, die Erwartungshaltung der Mitarbeiter zum Ruhestand zu verändern. Daraufhin ist die Zahl der neuen Altersteilzeitverträge um rund 75 Prozent zurückgegangen. Damit ist es der METRO Group gelungen, den Vorruhestand von der Regel zur Ausnahme zu machen, die nur noch in wenigen begründeten

Einzelfällen zur Anwendung kommt. Die Mitarbeiter des Konzerns müssen sich in ihrer Lebensplanung darauf einstellen, dass es für sie keinen vorzeitigen Ausstieg aus dem Erwerbsleben geben wird.

Das Unternehmen stellt sich damit auf den zu erwartenden steigenden Anteil älterer Kunden ein. Sie konsumieren anders und haben andere Bedürfnisse als junge Menschen. Sortimente werden sich deshalb entsprechend der Bevölkerungsstruktur verändern. Daneben wird sich auch das Design der Märkte an die demografische Entwicklung anpassen: zum Beispiel Größe und Lesbarkeit der Produktauszeichnungen, entsprechende Produktpräsentationen und breitere Gänge im Markt.

Die METRO Group geht weiter davon aus, dass auch der Anteil der Kunden mit Migrationshintergrund wachsen wird. Sie leben und konsumieren aufgrund ihrer kulturellen Erfahrungen und Lebenseinstellungen anders. Das Handelsunternehmen stellt sich mit Flexibilität, Sensibilität und Innovation darauf ein und bietet bereits heute ethnische Sortimente vor allem für türkische und osteuropäische Kundengruppen an.

Die ethnische Vielfalt der Kunden spiegelt sich im Konzern in der Struktur der Mitarbeiterschaft: sieben Prozent der deutschen Belegschaft und neun Prozent der 8.400 Auszubildenden haben eine ausländische Staatsangehörigkeit (zurzeit sind mehr als 140 verschiedene Nationalitäten vertreten).

Die Anforderungen des Unternehmens an seine Mitarbeiter werden sich entsprechend der Entwicklung der Kundenstruktur verändern: Zusatzqualifikationen wie Sprachkenntnisse, interkulturelle Kompetenzen sowie Interaktions- und Kooperationsfähigkeit werden an Bedeutung gewinnen. Die Fähigkeit, sich angemessen in fremden Kulturen verhalten zu können, ist seit jeher eine Schlüsselkompetenz im Konzern. Sie wird auch für Führungskräfte in Deutschland immer wichtiger. Bereits vor zwei Jahren wurde die „interkulturelle Kompetenz" als eine von sieben Kernkompetenzen in die Führungskräftebeurteilung und -entwicklung aufgenommen. Seit einigen Jahren ist Englisch die gemeinsame Geschäftssprache.

Die hohe Zuwanderungsrate erfordert intensive Integrationsanstrengungen. Die Herausforderung für die Personalpolitik der METRO Group ist es deshalb, verschiedene ethnische Mitarbeitergruppen aktiv zu integrieren und ihre besonderen Stärken gezielter zu nutzen (zum Beispiel Sprachkenntnisse). In Veranstaltungen wie der „Zukunftswerkstatt" sucht man dauerhaft nach Möglichkeiten, um die kulturelle und ethnische Vielfalt der Mitarbeiter künftig noch besser zum Erreichen der Geschäftsziele einzusetzen.

Darüber hinaus engagiert sich das Unternehmen bei der Einrichtung von Förder- und Integrationsmaßnahmen im allgemeinschulischen und ausbildungsbetrieblichen

Bereich. Der Konzern positioniert sich auf dem Arbeitsmarkt als „Equal Opportunity Employer", der für alle Bewerber und Mitarbeiter gleiche berufliche Zugangs- und Entwicklungschancen gewährleistet. Gleichzeitig wird systematisch ein partnerschaftliches Verhalten der Mitarbeiter am Arbeitsplatz gefördert.

Intergenerationelle Zusammenarbeit und lebenslanges Lernen

Die METRO Group sieht in älteren Mitarbeitern ein unterschätztes Potenzial, das in vielen deutschen Unternehmen nicht genutzt wird. So sieht sie die Loyalität, also die Bereitschaft, sich einer Firma verpflichtet zu fühlen, bei älteren Beschäftigten als größer an; sie seien zuverlässiger und verfügten über einen abgeklärten Arbeitsstil. Ältere Mitarbeiter seien planungs- und entscheidungserfahren und sie seien „Handlungsprofis", die auch wüssten, wann sie genau analysieren oder nur grob hingucken, wann sie abwarten und beobachten oder schnell etwas tun müssen.

Vor dem Hintergrund dieser Erkenntnisse fördert das Unternehmen den Austausch von Erfahrungen, Wissen und die Zusammenarbeit zwischen den betrieblichen Altersgruppen. Der angestrebte Normalzustand ist, dass Ältere und Jüngere in gemischten Teams zusammenarbeiten. Beide Gruppen unterscheiden sich durch spezifische Merkmale: Erfahrungswissen, Innovationskraft, theoretisches Wissen. Man ist bestrebt herauszufinden, welche Mischung optimal passt – abhängig von den jeweiligen Aufgaben –, und zu lernen, wie ältere und jüngere Mitarbeiter am besten nach ihren Fähigkeiten und Stärken eingesetzt werden.

Weiterbildung darf kein Jugendphänomen bleiben

Bis heute gibt es kaum Weiterbildungsangebote für Menschen über 50. Die betriebliche Fort- und Weiterbildung ist in vielen Unternehmen immer noch der Jugend vorbehalten. Auch die METRO Group hat nach eigenen Aussagen auf diesem Gebiet Nachholbedarf, denn dort nimmt die Teilnahmequote von Führungskräften an Personalentwicklungsmaßnahmen mit zunehmendem Alter ab.

Doch sieht das Unternehmen Leistungsprobleme nicht als Folge eines natürlichen Alterungsprozesses, sondern als Ergebnis von langzeitig ausgeführten Tätigkeiten, in denen es nichts zu lernen gibt. Und weil die Personalverantwortlichen des Konzerns den dort beschäftigten Menschen auch weit über ihr 50. Lebensjahr hinaus die Möglichkeit geben wollen, beschäftigungs- und leistungsfähig zu bleiben, erkennt man die Notwendigkeit, eine Kultur des lebenslangen Lernens zu schaffen. Dazu gehört insbesondere, dass auch mit den Mitarbeitern über 50 über ihre berufliche Perspektive gesprochen wird. Mit Programmen der Personalentwicklung soll aufgezeigt werden, wie eine berufliche Karriere über viele Jahre hinweg verlaufen kann. Dabei muss es nicht immer nur geradlinig aufwärts in der Hierarchie gehen. Seitwärtsbewegungen in vergleichbare Tätigkeiten, aber auch die Übernahme von Aufgaben in der Hierarchieebene darunter sind im Konzern möglich und wünschenswert.

Wertschätzung und Anerkennung der menschlichen Arbeit

Langfristig leistungsfähig bleiben nach der METRO-Philosophie nur die Menschen, die das Gefühl haben, gebraucht zu werden, und denen deshalb auch Anerkennung und Wertschätzung zuteilwird. Das Unternehmen hat sich deshalb zum Ziel gesetzt, den Wert der Menschen wieder neu zu entdecken und wertzuschätzen. Denn angesichts eines reglementierten Arbeitsmarktes, in dem der Mechanismus von Angebot und Nachfrage zu großen Teilen außer Kraft gesetzt ist, und einer strukturellen Massenarbeitslosigkeit sei dieser zunehmend verloren gegangen. Die Aufgabe sei deshalb, das Arbeitsklima für alle Mitarbeiter so zu gestalten, dass sie sich mit ihrer Arbeit identifizieren und für ihre Aufgabe engagieren können.

Einige der großen Vertriebslinien der METRO Group (Media Markt, Saturn, Kaufhof und METRO Cash & Carry) messen die Bindung ihrer Mitarbeiter zu ihrer Arbeit mithilfe des „Q12"-Befragungsansatzes des Gallup-Instituts. Er besteht aus zwölf einfachen Fragen, die alle in hohem Maß mit der Bindung und der Leistungsbereitschaft der Mitarbeiter korrelieren.

So werden die Mitarbeiter beispielsweise gefragt,

* ob sie wissen, was bei der Arbeit von ihnen erwartet wird,
* ob sie bei der Arbeit jeden Tag die Gelegenheit haben, das zu tun, was sie am besten können,
* ob sie in den letzten sieben Tagen für gute Arbeit Anerkennung oder Lob bekommen haben,
* ob es bei der Arbeit jemanden gibt, der sie in ihrer Entwicklung fördert.

Die einzelnen Arbeitsteams erhalten eine Rückmeldung über ihre eigenen Befragungsergebnisse im Vergleich zu den Gesamtergebnissen. Anhand dieser Vergleiche können sie gemeinsam mit ihren Führungskräften an der Verbesserung ihrer konkreten Arbeitssituation und letztlich ihrer eigenen Leistungsbereitschaft arbeiten. Über diese Auseinandersetzung verbessern sich laut Aussagen des Personalmanagements bei Metro nicht nur die Bindung und die Leistungsbereitschaft der Mitarbeiter, sondern auch ihr Beitrag zur Wertschöpfung und damit der Erfolg des Unternehmens.

Weil die Wettbewerbsfähigkeit zunehmend von älteren Arbeitnehmern abhängt, hat sich die METRO Group zudem entschlossen, ein betriebliches Gesundheitsmanagement zu entwickeln, das dazu beiträgt, die Leistungs- und Beschäftigungsfähigkeit der

Mitarbeiter dauerhaft zu erhalten. Außerdem sieht der Konzern in den Maßnahmen zum Erhalt der Gesundheit einen Ausdruck der Wertschätzung des Unternehmens für seine Mitarbeiter.

Mit den Leitlinien zur betrieblichen Gesundheitsförderung hat der Vorstand bereits im Jahr 2004 die konzernweite Bedeutung dieses Themas unterstrichen. Im Juni 2005 wurden rund 200 Führungskräfte sämtlicher Vertriebslinien in einer zentralen Veranstaltung unter dem Titel „Gesundheitsoffensive der METRO Group – GO" mit dem betrieblichen Gesundheitsmanagement vertraut gemacht. Auf dieser strategischen Plattform werden inzwischen in ausgewählten Standorten entsprechende Strukturen pilotiert, die im Lauf der nächsten Jahre in allen Märkten und Betrieben eingeführt werden sollen.

Bei der METRO Group ist man davon überzeugt, dass Unternehmen, die ihre Mitarbeiter in der Frage der Vereinbarkeit von Beruf und Familie unterstützen, am Ende wirtschaftlich erfolgreicher sein werden. Deshalb wurde am Konzernsitz in Düsseldorf mit mehr als 4.000 Beschäftigten im Jahr 2005 ein erster Betriebskindergarten für 65 Kinder eröffnet. Er wurde so stark nachgefragt, dass sich die METRO Group zum Bau eines zweiten Betriebskindergartens entschloss, der im Dezember 2007 eröffnet wurde. Damit stehen nun insgesamt 130 Plätze zur Ganztagsbetreuung der Kinder von METRO-Mitarbeitern zur Verfügung.

Das Fazit stammt aus dem offiziellen Papier „Der demografische Wandel als Gestaltungschance für das Personalmanagement der Zukunft" der METRO AG (2007): „Das Personalmanagement der METRO Group wird sich strategisch auf die rechtzeitige Sicherung und Entwicklung einer leistungsbereiten, vielfältigen und altersgemischten Belegschaft ausrichten. Damit hat sich der Konzern auf einen langen Weg begeben, um sich frühzeitig und lösungsorientiert auf die gesellschaftlichen Herausforderungen des demografischen Wandels einzustellen. Dieser Weg mag manchem dornig und unbequem erscheinen, weil er eine nachhaltige Veränderung der Unternehmenskultur sowie der Einstellungen und Verhaltensmuster der Mitarbeiter erfordert. Wenn wir zukunftsfähige Bewältigungsmuster entwickeln wollen, um die Risikopotenziale des demografischen Wandels zu verringern und seine zweifellos ebenfalls vorhandenen Chancen im Sinne der Unternehmenswertsteigerung zu nutzen, dann gibt es allerdings zu diesem Weg keine Alternative."

8.5 SICK AG

Die SICK AG – einer der führenden Hersteller von Sensoren und Sensorlösungen für industrielle Anwendungen mit mehr als 4.300 Mitarbeitern weltweit – wurde mehrfach ausgezeichnet, beispielsweise mit dem Sonderpreis für lebenslanges Lernen oder die Förderung älterer Mitarbeiter vom Great Place to Work Institute Deutschland. Das Unternehmen gehört auch zu den besten Arbeitgebern Deutschlands und erhielt dafür den Sonderpreis 2006 der Zeitschrift *Capital*.

Mit einem Durchschnittsalter von derzeit knapp unter 40 ist SICK zwar jetzt noch ein sehr junges Unternehmen, doch die extrem niedrige Fluktuation lässt darauf schließen, dass die demografische Entwicklung für das Unternehmen künftig eine Herausforderung wird. Man ist deshalb besonders aktiv, wenn es darum geht, die Kompetenz älterer Mitarbeiter zu erhalten. Bei der Personalgewinnung hat der Sensorenhersteller das Gebot der Chancengleichheit bereits umgesetzt: In den letzten fünf Jahren wurden 40 bis 50 Personen im Alter von über 50 Jahren eingestellt. In Stellenanzeigen wurde bewusst auf die Angabe von Altersschwellen verzichtet.

Credo des Hauses ist: Alle Generationen sollen an Qualifizierungsmaßnahmen teilhaben. Es wird selbst in die Qualifikation von Mitarbeitern investiert, die nur kurz im Unternehmen verbleiben. Das Ziel sind altersgemischte und qualifizierte Teams beziehungsweise Gruppen, in denen erfahrene Mitarbeiter ganz gezielt eingesetzt werden. Dem Konzern ist wichtig, dass die Arbeit durch Stellenwechsel abwechslungsreich wird. Sie wird zudem als Lernherausforderung gestaltet. Grundlage für all diese Aktivitäten ist das Mitarbeitergespräch.

Aus der Sicht der SICK AG unterscheidet sich die Qualifizierung und Personalentwicklung der heute „älteren Mitarbeiter" deutlich von der für jüngere, weil die älteren durch langjährige, gleichbleibende Tätigkeiten meist keine Übung mehr im Lernen haben. Deshalb benötigen solche „Lernentwöhnten" ausreichend zeitliche Spielräume für ein selbst bestimmtes Lerntempo. Außerdem ist man sich bewusst, dass die Lernentwöhnung die Furcht davor verstärkt, Neues zu lernen. Angst provozierende Wettbewerbssituationen werden deshalb bewusst vermieden. Wichtig ist es auch, die Lernsituation an die individuelle Erfahrung des Einzelnen anzupassen. Das bedeutet: Bei SICK wird ein aufgabenbezogenes und arbeitsplatznahes Lernen bevorzugt.

Das Unternehmen arbeitet außerdem gemeinsam mit der Hochschule in Freiburg an einem Forschungsprojekt zum Thema „Lernen entlang der Lebensphasen – Personalentwicklungsmaßnahmen, Integration und Förderung älterer Mitarbeiter". Die Forschungsfrage lautet: Wie muss Personalentwicklung gestaltet werden, um die Integration und Förderung älterer Mitarbeiter sicherzustellen? Die Wissenschaftler gehen dabei von zwei Kernbestimmungen aus:

Erstens von der *organisationalen Beschäftigungsfähigkeit*, also der Fähigkeit einer Organisation, Arbeitskontexte so zu gestalten, dass die Wertschöpfungsprozesse mit den verfügbaren Potenzialen der Beschäftigten realisiert werden und die Existenz der Organisation gesichert wird.

Zweitens von der *individuellen Beschäftigungsfähigkeit*, also der Fähigkeit einer Person, ihre Kompetenzen und Qualitäten in Arbeitskontexte einzubringen und weiterzuentwickeln, um die gegenwärtige und künftige Existenz zu sichern.

Flexibles Arbeitszeitsystem und familienfreundliche Personalpolitik

Zur zukunftsfähigen Personalstrategie des Sensorenherstellers gehört auch die sogenannte lebensphasengesteuerte Arbeitszeit.

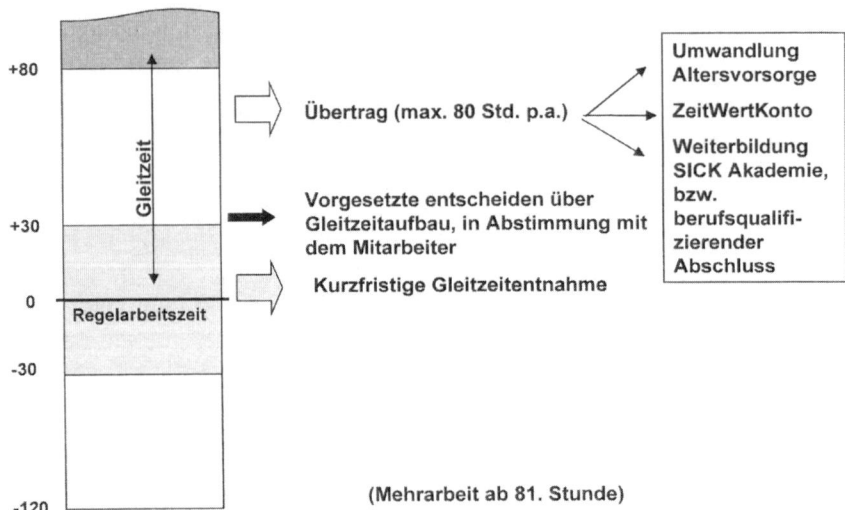

Bild 8.2 Gleitzeit in der Produktion

Ziel ist die Umwandlung von geleisteter Arbeitszeit in Altersvorsorge oder in Zeitwertkonten als Basis für eine Weiterbildung an der SICK-Akademie oder für einen weiteren berufsqualifizierenden Abschluss. Die Zeitwertkonten können aber auch genutzt werden für einen vorgezogenen Ruhestand, ein Sabbatical oder für abgesenkte Arbeitszeiten ohne Entgeltverlust. Bild 8.3 zeigt in klarer Form die Möglichkeit zur Arbeitszeitflexibilisierung mit Zeitwertkonten.

Für Berufsaustritte ist ein Know-how-Transfer geplant, das heißt, es gibt Mentorenkonzepte im Vertrieb und in der Nachwuchsförderung, außerdem ein internationales Mentorenkonzept für die Besetzung internationaler Geschäftsführer. Zusätzlich ist

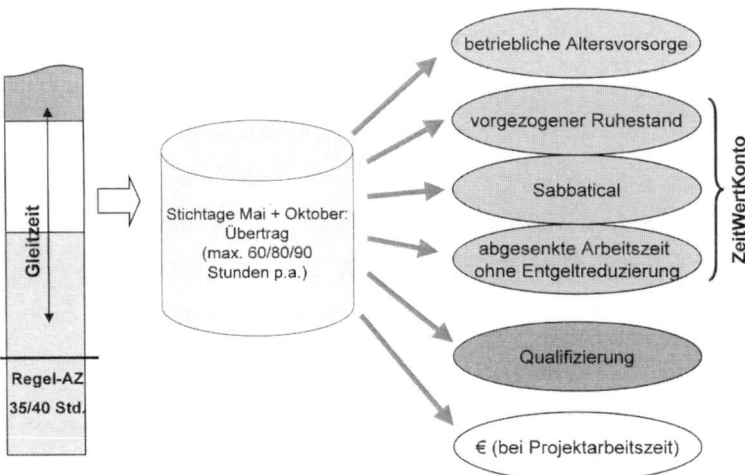

Bild 8.3 Lebensphasengesteuerte Arbeitszeitsysteme

der Einsatz von Seniorberatern geplant: Ältere im Ruhestand erhalten einen zeitlich begrenzten Honorarauftrag. Zur weiteren „Humanisierung" des Berufsaustritts werden Seminare zum dritten Lebensabschnitt angeboten. Und selbstverständlich werden Pensionäre zu Betriebsfeiern zur gezielten Beziehungspflege mit Ehemaligen eingeladen.

Ein weiteres Schwerpunktthema der Firma SICK ist eine familienorientierte Personalpolitik (Bild 8.4).

Bild 8.4 Familienorientierte Personalpolitik der SICK AG

Beispielhaft für eine familienfreundliche Personalpolitik ist die im Unternehmen angebotene Betreuung für maximal 20 Kinder im Alter von sechs bis zwölf Jahren in der Zeit von zwölf bis 18 Uhr inklusive Mittagessen und flexibler Hausaufgaben- und Ferienbetreuung. Das Projekt läuft in Kooperation mit dem lokalen Kinderschutz-bund. Zusätzlich gibt es ein Kinderhaus in Kooperation mit der Stadt Waldkirch für die Betreuung von Kindern zwischen null und sechs Jahren mit flexiblen Öffnungs-zeiten. Die Kosten sind abhängig von der Betreuungszeit und dem Einkommen der Eltern.

8.5.1   Gesundheitsförderung als Leitbild

Das Schwarzwälder Unternehmen hat Gesundheitsförderung und -vorsorge als Leitbild verankert und dabei die Definition von Gesundheit der WHO übernommen: Gesundheit ist ein Zustand vollkommenen körperlichen, geistigen und sozialen Wohlbefindens und nicht nur die Abwesenheit von Krankheit und Gebrechen.

Ziele sind:

- Förderung aller Prozesse, die den SICK-Mitarbeitern ein höheres Maß an Selbstbe-stimmung über ihre Gesundheit ermöglichen und sie damit zur Stärkung ihrer Ge-sundheit befähigen.
- Förderung von Arbeitsbedingungen, die Belastungsfaktoren sowohl physischer, psychischer als auch sozialer Art mindern und die gesundheitsfördernden Potenzia-le in der Arbeit stärken.
- Stärkung von kooperativem und fürsorglichem Führungsverhalten, das der Bedeu-tung eines solchen betrieblichen Gesundheitskonzepts Rechnung trägt, frühzeitig belastende Faktoren der Gesundheit der Mitarbeiter erkennt und sich aktiv für die Erhaltung der Gesundheit seiner Mitarbeiter einsetzt.

Bild 8.5 und Bild 8.6 stellen die aktuellen Programme der betrieblichen Gesundheits-förderung der SICK AG dar.

Ein Pilotprojekt zur „ganzheitlichen Gefährdungsbeurteilung" – Erfassung der psy-chischen Gefährdung, ergonomische Arbeitsplatz- und Arbeitsumgebungsgestaltung –, basierend auf einer Diplomarbeit zum Thema „Gesundheitsmanagement unter besonderer Berücksichtigung der demografischen Entwicklung und Stärken der Ressourcen der Mitarbeiter, die Arbeitsanforderungen zu bewältigen – ein Rotations-prinzip", rundet die Sorge um die Gesundheit der Mitarbeiter im Unternehmen ab.

	1.1 Organisationsbezogene Maßnahmen	1.2 Mitarbeiterbezogene Maßnahmen
Erschließung von Gesundheitspotenzialen	❖ Einführung eines Arbeitskreises Gesundheit ❖ Erhöhung der Transparenz betrieblicher Entscheidungen ❖ Erweiterung von Handlungsspielräumen ❖ Partizipatorische Arbeits- u. Organisationsgestaltung ❖ Gruppenarbeit (in Verbindung mit jobrotation/-enlargement) ❖ Mitarbeiterorientierte Arbeitszeitregelungen (z.B. Schichtplangestaltung, flexible Arbeitszeit, Teilzeitregelungen usw.	❖ Kommunikationstraining ❖ Schulung der Führungskräfte ❖ Qualifizierung der Gruppenarbeit ❖ Entspannungstrainings ❖ Schulung für Zeitmanagement ❖ Gesundheitsberatung ❖ AK-Sport mit 17 Sportgruppen

Bild 8.5 Betriebliche Gesundheitsförderung – Erschließung von Gesundheitspotenzialen

	2.1 Organisationsbezogene Maßnahmen	2.2 Mitarbeiterbezogene Maßnahmen
Reduzierung und Vermeidung von Gesundheitsrisiken	❖ Arbeitsplatzsicherheit ❖ Vermeidung von Über- oder Unterforderung durch jobenrichment, jobenlargement, Prozessoptimierung, Schnittstellenmanagement und Pausenzeitregelungen ❖ Arbeits- und Unfallschutz ❖ Gesundheitsverträgliche Schichtsysteme (kaum Nachtschicht) ❖ Vermeidung physikalischer und chemischer Gefährdungen	❖ Betriebsärztlicher Dienst ❖ Gesunde Ernährung in der Kantine Rückentraining ❖ Stehpultarbeitsplätze ❖ Bereitstellung bedarfsgerechter Arbeitsmittel ❖ Schutz vor physikalischen und chemischen Gefährdungen am Arbeitsplatz ❖ Suchtpräventionsprogramme ❖ Impfaktionen, z.B. Grippeschutz ❖ Nichtraucher-Programme ❖ Gesundheitstage inkl. Ernährungsberatung

Bild 8.6 Betriebliche Gesundheitsförderung – Reduzierung und Vermeidung von Gesundheitsrisiken

Fazit: Nur wenige der personalpolitischen Maßnahmen bei SICK sind auf die Zielgruppe der älteren Beschäftigten ausgerichtet. Nicht das Alter selbst, sondern vielmehr die Frage des Lebenslaufs, also der Prozess des Alterns, steht bei der Personalpolitik des Unternehmens im Vordergrund. Deshalb sind die entscheidenden Maßnahmen für eine lebenslauforientierte Personalentwicklung insbesondere bei der Personalgewinnung, bei der Qualifizierung und der Personalentwicklung, bei der Work-Life-Balance, einer familienfreundlichen Personalpolitik und Arbeitszeitflexibilisierung sowie bei Berufsaustritt und Know-how-Transfer und Gesundheitsmanagement zu sehen.

Das Thema Work-Life-Balance beispielsweise wird deshalb in Seminaren zur Stressbewältigung aufgegriffen. Angeboten werden Kurse und Vorträge zu Workness Balance – Arbeiten und Entspannen, naturheilkundlicher Selbsthilfe bei Beschwerden, Tai-Chi zum Kennenlernen, Stressmechanismen in unserem Körper, Gesundheitstage und Lebenskonzepte in der Mitte.

9   Eine Lebensgeschichte

In deutschen Groß- und Mittelstandsunternehmen herrscht der „Jugendwahn". Das Durchschnittsalter ihrer Belegschaft liegt bei Anfang 40! Es gibt dort kaum Mitarbeiter, die älter als 50 Jahre alt sind und schon gar nicht über 60. Denn sie wurden beizeiten in den Ruhestand geschickt.

Wie aber geht es diesen Menschen, die trotz hoher Kompetenz, umfassenden Knowhows und anhaltender Leistungsfähigkeit in die oft ungewünschte Altersteilzeit geschickt wurden? Wie fühlen sie sich „ohne Job" und was machen sie in ihrer freien Zeit? Wir haben nachgefragt und vier ehemalige Führungskräfte aus der deutschen Wirtschaft, die ihre Unternehmen im Alter von etwa 60 Jahren verlassen haben, interviewt. Wir wollten wissen, wie sie sich auf den Ruhestand vorbereitet und sich die Zeit „danach" ausgemalt hatten, vor allem aber auch, mit welchen Aktivitäten sie ihren Tag ausfüllen.

Unisono hätten sich alle Befragten vorstellen können, noch länger zu arbeiten. Doch sie mussten teilweise erleben, dass ihre Unternehmen ihre Erfahrungen ungenutzt lassen. Denn die jeweilige Personal- beziehungsweise Unternehmenspolitik sei eher auf vorzeitiges Ausscheiden denn auf Arbeiten bis zum regulären Renteneintritt orientiert, so ihr Statement. Die (finanziellen) Bedingungen einer frühzeitigen Altersteilzeit seien aber so attraktiv, dass man sie kaum ausschlagen konnte. Trotzdem hatten alle ehemaligen Führungskräfte reges Interesse daran, noch weiter beruflich aktiv zu sein.

Eine Schlussfolgerung, die sich aus diesen Erfahrungen ergibt, ist, dass es den Unternehmen offenbar bis jetzt nicht gelingt, die Alten „am Nerv" zu treffen, ihnen den Spaß an der Sache zu erhalten und das Gefühl zu vermitteln, gebraucht zu werden, und – was vor allem künftig immer wichtiger werden wird – die Erfahrung der älteren Kompetenzträger richtig zu nutzen.

Es geht den Betroffenen dabei gar nicht in erster Linie um Geld oder Status. Vielmehr möchten sie wertvolle Beiträge zu einem erfolgreichen Unternehmensergebnis leisten. In den letzten Jahren ihrer Tätigkeit haben sie häufig erfahren müssen, dass ihr Potenzial zu wenig genutzt wird und neue Herausforderungen selten gestellt werden. Aufgrund dieser Unterforderung fühlten sich die Befragten schnell als Auslaufmodelle in ihrer Firma und zogen die Altersteilzeit vor, ohne es immer zu wollen.

Alle Ex-Führungskräfte, mit denen wir gesprochen haben, arbeiten inzwischen wieder beziehungsweise sind dabei, sich neu zu orientieren. R. M. aus Baden-Württemberg beispielsweise formulierte es so: „Es kann ja nicht sein, dass man viele Jahre auf Hochtouren läuft und dann plötzlich auf fast null sinkt. Ich kann ja nicht immer nur in Museen und ins Theater gehen, Bücher lesen oder meine Enkel betreuen. Da muss es doch noch etwas anderes geben." Er ist nun in Altersteilzeit. Auf die Frage, ob er das von seiner Firma angebotene Ruhestandsplanungsseminar besucht habe, antwortet er freimütig: „Nein, das habe ich nicht. Ich kenne auch keinen Kollegen, der das getan hätte. Zwar habe ich mein komplettes berufliches Leben lang immer wieder gerne Fortbildungen und Seminare besucht, die mich in meiner Kompetenz weitergebracht haben. Doch mich für meinen bevorstehenden Ruhestand ‚fortzubilden‘, dafür sah ich ganz einfach keine Notwendigkeit. Die Folge war, dass ich auf meine neue persönliche Situation nicht vorbereitet war. Ich dachte, das gelingt mir besser. Zwar waren meine Tage sehr ausgefüllt, es gab nie Langeweile. Doch in meinem Alter nur den angenehmen Dingen des Lebens nachgehen konnte für mich nicht der Lebensinhalt sein."

Deshalb hat der ehemalige Vertriebsmann sich umgesehen und umgehört. Dabei stieß er auf die Bonner Organisation Senior Experten Service SES – eine Stiftung der Deutschen Wirtschaft für internationale Zusammenarbeit GmbH. Darin sind ehemalige Führungskräfte und Unternehmer beratend für Klein- und Mittelstandsunternehmen im In- und Ausland tätig. Sie vermitteln Kontakte sowie Erfahrungen. Die Organisation wird hauptsächlich finanziert vom deutschen Bundesministerium für Entwicklungshilfe.

Sein erster Einsatz fordert ihn in Belgrad. Das osteuropäische mittelständische Unternehmen, das R. M. berät, schreibt tiefrote Zahlen und hat bei der SES um Hilfe und Unterstützung gebeten. Erster Schritt war eine umfassende Betriebsanalyse. Es sieht nicht gut aus, denn das Unternehmen hat sich total verzettelt und ist hoch verschuldet. Doch R. M. ist zuversichtlich: „Die Menschen dort sind sehr wissbegierig und nehmen jeden Ratschlag dankbar an – egal ob es dabei um Betriebswirtschaft, Marketing, Vertrieb oder Personalpolitik geht. Und weil ich sowohl im Finanz- und Personalbereich als auch in der Unternehmensführung umfangreiche praxisorientierte Erfahrungen habe, kann ich auf fast jedem Gebiet hilfreiche Tipps geben." Zurzeit setzt der Betriebsinhaber zusammen mit seinem deutschen Berater verschiedene, auf der Basis der Betriebsanalyse definierte Maßnahmen um. Man wird sehen, wie sich die Dinge entwickeln. Der Seniorexperte erhält dafür weder Gehalt noch Honorar – nur Spesen. Das war von Beginn an klare Voraussetzung. „Auch weil ich in der Altersteilzeit nichts verdienen darf", erklärt R. M. das SES-Prinzip. Einen Teil der Arbeit erledigt der Berater von zu Hause aus. Muss er vor Ort sein, übernimmt die SES Flug-, Hotelkosten und Tagesspesen.

Der Vertriebs- und Personalfachmann ist sehr angetan von seinem „neuen Job" und schildert sein überraschendes Erlebnis: „Ich muss weder Geld verdienen noch taktieren, auch bin ich niemandem – keinem Unternehmen, keinem Vorgesetzten – Rechenschaft schuldig über das, was ich mache und entscheide. Es gibt keinerlei Unternehmenszwänge. Das ist ein völlig neues und sehr gutes Gefühl von Freiheit. Das kannte ich bisher nicht. Ich kann nach meinem Gewissen und meiner persönlichen Einschätzung, die getragen ist von meiner langjährigen Berufserfahrung, Entscheidungen treffen und Maßnahmen einleiten, die ich für richtig halte. Das ist sehr reizvoll und nährt die Motivation hinter meinem Engagement."

Gebraucht werden Meister ebenso wie Maurer oder Ärzte, Unternehmensberater und Ingenieure – die Aufgaben, welche die SES vermittelt, sind extrem vielfältig. Jeder, der Interesse hat mitzumachen, schickt sein berufliches Profil nach Bonn. Das geht natürlich auch online (www.ses-bonn.de, E-Mail: ses@ses-bonn.de). Man bietet seine Dienste und sein Know-how an und wird in einer Expertenkartei registriert. Die SES lädt die Interessenten dann zu einem Gespräch nach Bonn ein, um einen persönlichen Eindruck zu bekommen und zu erfahren, was der Einzelne „anzubieten" hat. Danach vermittelt sie entsprechend den definierten Fähigkeiten die aktuell anstehenden Aufgaben. Wer sich einer Aufgabenstellung nicht gewachsen fühlt, kann sie selbstverständlich und ohne Probleme ablehnen. Es gibt nichts zu verlieren.

R. M. hat jetzt wieder das Gefühl, „beruflich etwas zu unternehmen". „Mir ist einfach etwas abgegangen. Ich habe zwar eine Familie, die mich braucht, aber dabei geht es um ein anderes Gebrauchtwerden. Zwar ist die Kommunikation mit den Osteuropäern nicht leicht. Denn sie sprechen weder Deutsch noch Englisch. Trotzdem hängen die Leute sprichwörtlich an meinen Lippen, denn sie setzen angesichts des festgefahrenen Karrens große Hoffnung auf mich. Und das tut natürlich unendlich gut", beschreibt R. M. seine befriedigende Freude darüber, die Herausforderung angenommen zu haben. „Ich spüre deutlich, die brauchen mich. Und das ist ein wirklich gutes Gefühl. Denn bisher wurde ich beruflich auch immer sehr gebraucht. Deshalb war die Altersteilzeit ein spürbarer Einschnitt für mich, den ich so nicht erwartet hatte."

Der Seniorexperte findet die Bonner Organisation SES richtig gut: „Sie wurde nicht gegründet, um Menschen wie mich zu beschäftigen. Vielmehr geht es um die Unternehmen, die Unterstützung brauchen, aber keine finanziellen Mittel haben. Doch es ist eine schöne Sache – denn so profitieren beide Seiten von diesem intelligenten Konzept.

Eine ähnliche Organisation heißt Erfahrung-Deutschland.de. Die online-gestützte Vermittlungsplattform für Fach- und Führungskräfte im Ruhestand ist allerdings gewerblich organisiert. Sie bündelt das hoch qualifizierte Erfahrungswissen der Experten und stellt es der Wirtschaft wieder zur Verfügung.

R. M. empfiehlt – basierend auf seinen persönlichen Erfahrungen – deutschen Unternehmen: „Mit einem schlüssigen Konzept lassen sich Menschen wie mich sinnvoll weiterbeschäftigen, beispielsweise in Projekten. Einige Firmen in Deutschland machen es vor. Sie geben ein gutes Beispiel, denn sie beurteilen bereits frühzeitig, wie sich ein Kompetenzträger mit 50 plus im Unternehmen in einem oder zwei Jahren als selbständiger Berater oder als Projektmitarbeiter im eigenen Unternehmen entwickeln könnte. Sie fragen: Wo könnte man ihn einsetzen? Nicht in einer Linienfunktion mit Verantwortung in einer festen Organisationseinheit, sondern losgelöst von internen Strukturen. Dann profitieren beide Seiten gleichermaßen und wir hätten eine echte Win-win-Situation."

10   Schlusswort

Der demografische Wandel stellt Führungskräfte und Personalverantwortliche vor fundamentale Herausforderungen. Es gilt, vor dem Hintergrund schwindenden Nachwuchses und alternder Belegschaften die Zukunfts- und Wettbewerbsfähigkeit der Unternehmen zu sichern. Daraus resultiert die zentrale Forderung nach einer Neuausrichtung der Personalpolitik. Sie muss sich daran messen lassen, wie gut sie das Unternehmen bei der Bewältigung aktueller Marktbedingungen des Unternehmens unterstützt, aber auch inwieweit sie nachhaltig und damit langfristig agiert, indem sie Trends und Herausforderungen wie den demografischen Wandel rechtzeitig erkennt und gegensteuert. Das ist eine extrem anspruchsvolle Aufgabe, welche die gesamte Personalarbeit betrifft. Die Verantwortlichen dürfen sich von der Komplexität der Anforderung jedoch nicht abschrecken lassen. Denn letztlich geht es um nichts anderes als das akribische Abarbeiten der Hausaufgaben einer konsequenten Personalpolitik.

Ein umwälzender Aspekt in der neuen Personalarbeit ist die Forderung nach mehr Eigenverantwortung des Mitarbeiters – der Einzelne muss künftig die Verantwortung für sein berufliches Risiko viel stärker mittragen. Es gilt deshalb, unabhängig vom demografischen Wandel, bei der Belegschaft ein Bewusstsein zu schaffen für die eigene langjährige Beschäftigungsfähigkeit. Und zwar bezogen sowohl auf die Gesundheit als auch auf die geforderten Kompetenzen.

Um dafür die Voraussetzungen zu schaffen, sind die Unternehmen aufgefordert, eine Entwicklungs- und Qualifizierungsoffensive zu starten – vor allem für die Mitarbeiter der 45-plus-Generation. Die Akzente und die Budgets der Fort- und Weiterbildung sind im Hinblick auf lebenslanges Lernen zu verändern und die älteren Mitarbeiter ab 45 stärker einzubeziehen. Die bisher praktizierten Entwicklungs-, Karriere- und Bildungsmodelle reichen dafür nicht aus. Auch die klassischen Bildungsanbieter sind auf die Herausforderung dieser Zielgruppe nicht vorbereitet. An die Hochschulen, Kammern und Institutionen ist deshalb die Forderung zu richten, entsprechende Qualifizierungs- und Kompetenzangebote, gegebenenfalls auch neue Abschlüsse zu entwickeln. Denn erst dann sind die Arbeitgeber in der Lage, ihrer Verantwortung, die Mitarbeiter „fit für die zweite Runde" zu halten, gerecht zu werden.

„Fit für die zweite Runde" – also motiviert, topfit und qualifiziert bis zum erfolgreichen beruflichen Ausscheiden – zu sein ist eine Chance. Noch nie hatten die „jungen Alten" bessere Perspektiven, attraktiv und begehrt zu sein und es zu bleiben. Aber nur wenn die Unternehmen die entsprechenden Rahmenbedingungen schaffen und die Forderung nach lebenslangem Lernen erfüllt werden, kann die eigene berufliche Attraktivität erhöht und können eigene Talente entdeckt und entwickelt werden.

Unter diesen Voraussetzungen ist die deutsche Wirtschaft in der Lage, den demografischen Wandel souverän zu meistern.

Literatur

Arbeitskammer des Saarlandes: Älter werden im Betrieb, AK-Forum zur Wirtschafts- und Strukturpolitik, 2000

Arbeitskreis Personalentwicklung ab 40, DGFP-Zeitschrift Personalführung 1/2003

Baillon, Sabine/Döring, Wolfgang: Lebensphasenbezogene Personalpolitik und Führung, Trigon Themen 1/2005

Bangali, Lucy/Schmid, Josef: Altersatlas für Baden-Württemberg; Das Potenzial älterer Arbeitnehmer in Baden-Württemberg. Fakten und Empfehlungen für Unternehmungen, Bildungsträger und Beschäftigte. Weitere Informationen zum Altersatlas Baden-Württemberg und zur Projektdokumentation unter: http://www.aeltere-arbeitnehmer.de.

BBK-Studie: Ältere Arbeitnehmer, Die BKK 2/2003

Beckmann, Jürgen: Bleibt die Leistung mit dem Alter auf der Strecke? Ein Motivation und Kompetenz killender Mythos, Vortrag im Rahmen einer Veranstaltung des TÜV in München, 2007

Beckmann, Jürgen: Expertenforum Arbeitsfitness, TÜV Süd Life, München 2006

Belbin, R. Meredith: Older People and Heavy Work, in: Nuffield Research Unit into Problems of Ageing, Psychological Laboratory, Cambridge, Br J Ind Med. 1955 October; 12(4): 309–319.

Bertelsmann-Stiftung: Erfolgreich mit älteren Arbeitnehmern, Bundesvereinigung der deutschen Arbeitgeberverbände, 2003

Bfz-Bildungsforschung: A-QUA alternsgerechte Qualifizierung – Betriebliche Strategien für alternsgerechte Personalentwicklung, Nürnberg 2002

BGAG Forschungsinstitut: Zum Erhalt der Beschäftigungsfähigkeit bis zum 65. Lebensjahr und darüber hinaus, Dresden 2004

Biedenkopf, Kurt et al.: Starke Familie – Bericht der Kommission Familie und demographischer Wandel, Robert Bosch Stiftung, Stuttgart 2005

Biehal-Heimburger, Elfriede: Berufliche Wege gestalten oder verwalten, Trigon Newsletter 1/2005

Biehal-Heimburger, Elfriede: Lebensgestaltung und Biografie, Trigon Newsletter 1/2005

Biehal-Heimburger, Elfriede: Systematischer PE-Prozess, Trigon Newsletter 1/2003

Birg, Herwig: Schlimmer als der 30-jährige Krieg, Die Welt 5.10.2005

Buchhorn, Eva/Müller, Henrik/Werle, Klaus: Unsere bewegte Zukunft, Manager Magazin 6/2004

Buck, Hartmut et al.: Alternsgerechte Arbeitsbedingungen, Machbarkeitsstudie Sachverständigengutachten für die Bundesanstalt für Arbeitsschutz und Arbeitsmedizin, Berlin 2006

Buck, Hartmut/Schletz, Alexander: Demografischer Wandel: Betriebliche Strategie für eine alternsgerechte generationenübergreifende Arbeits- und Personalpolitik im Maschinen- und Anlagenbau, VDMA-Kongress 2003

Buck, Hartmut: Alternde Belegschaften – Konsequenzen und Handlungsoptionen, DGFP-Tagung 2004

Bundesministerium für Bildung und Forschung: Demografischer Wandel – kein Problem, 2005

Busch, Rolf: Altersmanagement im Betrieb, Rainer Hampp Verlag; München und Mering 2004

Csikszentmihalyi, Mihaly: Das Geheimnis des Glücks, Verlag Klett Cotta, Stuttgart 1998

Dangl, Barbara M.: Talentmanagement, Diplomarbeit an der FH Rosenheim, 2006

Dehnbostel, Peter/Gillen, Julia/Elsholz, Uwe (Hrsg.) Kompetenzentwicklung in vernetzten Lernstrukturen. Konzepte arbeitnehmerorientierter Weiterbildung in: Wirtschaft und Bildung, Bd. 40. (W. Bertelsmann Verlag) Bielefeld 2005,

Deutsche Bundesregierung: Ihr geistiges Alter ist 36 – Seniorinnen und Senioren testen Gehirnjogging-Software, www.erfahrung-ist-zukunft.de

DIA (Deutsches Institut für Altersvorsorge): Jüngere im Betrieb. Instrumente und Praxisbeispiele zur Bewältigung des demografischen Wandels, 2003

DIA: Nachwuchsmangel im Westen. Voraussichtliche Entwicklung der arbeitsfähigen Bevölkerung im Verhältnis zu den über 60-Jährigen, 2001 (Hinweis: Mustervortrag im Anhang)

Dittmann-Kohli F./van der Heijden B.: Zur Leistungsfähigkeit älterer Arbeitnehmer, Diplomarbeit, Köln 1996

Druyen, Thomas: Olymp des Lebens: Das neue Bild des Alters, Luchterhand Verlag, Köln 2003

Eckardstein, Dudo von: Nicht ohne die Alten, FAZ 8.9.2003

Ehring, Ellen/Kösters, Winfried: Auswirkungen des demographischen Wandels auf die kommunale Infrastruktur, Bertelsmann Stiftung 2006

Eurostat – Statistisches Amt der Europäischen Gemeinschaften in Luxemburg

Fahrion, Otmar: 50+-Potenziale für kleinere und mittlere Unternehmen, DGFP-Tagung Kornwestheim 2004

Ffw-Projekt: Betriebliche Arbeits- und Personalkonzepte zukunftsfähig gestalten – Herausforderungen des demografischen Wandels meistern, Nürnberg 2007

Folke, Werner et al.: Demografie als Change-Faktor: Die Personalarbeit verändert ihr Gesicht, Personalführung 3/2006

Frank, Karolin: Lebenszyklusorientierte Personalentwicklung, Vortrag bfz Bildungsforschung, Nürnberg 2002

Glasl, Friedrich: Entwicklungsorientierte Personalpolitik, Trigon Newsletter 1/2005

Graf, Anita: Lebenszyklusorientierte Personalentwicklung, ioManagement 3/2001

Guardini, Romano: Die Lebensalter, Mainz 1986 in: Malik, E.: Malik on Management Laufbahngestaltung, Hefte 11/1998, 3, 4 und 6/1999

Heimerl, Klement: Gesund bis zum Rentenalter? Ansatzpunkte altersgerechter Arbeits- und Personalpolitik, BayME/VBM 2004

Hellwig, Reinhard: BKK Faktenspiegel, Dezember 2005

Herrmann, Norbert/Reichart, Ludwig/Ritter, Joachim: Personalentwicklung als Veränderungsstrategie, Haufe Verlag, Planegg 1999

Herrmann, Norbert: Demografie: Alte und junge Mitarbeiter fördern, aber wie?, Harvard Business Manager, August 2005

Herrmann, Norbert: Fit für die 2. Runde – was Unternehmen und Mitarbeiter leisten müssen, um den demografischen Wandel erfolgreich zu bewältigen, Vortrag auf DFGP-Veranstaltung 2004 (Hinweis: Mustervortrag im Anhang)

Herrmann, Norbert: Internes BMW-Konzept zu Personalentwicklung Lebensphasen orientierter Führung, München 1993

Herrmann, Norbert: Perspektive 45+ – fit für die 2. Runde: zur Zukunftsfähigkeit von Unternehmen und Mitarbeitern, Vortrag im wissenschaftlichen Kreis der DGFP, April 2006

Herrmann, Norbert: The Cane Mutiny: Managing a Graying Worksforce, Harvard Business Review, Oktober 2005

Herrmann, Norbert: Zeit zum Handeln – Konsequenzen des demografischen Wandels für die erfolgreiche Beschäftigung erfahrener Mitarbeiter, RKW Workshop 2005

Herschkowitz, Norbert: Lebensklug und kreativ: Was unser Gehirn leistet, wenn wir älter werden, Fachtagung zum demografischen Wandel in Berlin, August 2006

Heusgen, Hans/Mai, Wolfgang: Der Kompass-Prozess bei Siemens, München 2005

Heydebreck, Tessen von: Die einzige Konstante ist die Veränderung, Die Welt 20.1.2007

Hobel, Bernhard: Nutzung der Potenziale älterer Mitarbeiter – Unternehmens-Idealismus oder betriebswirtschaftliche Notwendigkeit?, DGFP-Tagung 2004

Hoffmeyer, Miriam: Die Mischung macht's, Süddeutsche Zeitung 27./28.1.2007

Hollstein, Miriam/Peters, Freia: Zu jung um alt zu werden, Welt am Sonntag 28.10.2007

Huber, Achim/Morschhäuser, Martina/Ochs, Peter: Erfolgreich mit älteren Arbeitnehmern – Strategien für die betriebliche Praxis, Verlag Bertelsmann Stiftung, Gütersloh 2003

Hüllemann, Klaus Diethart: Das Leben meistern – persönliche Erfahrungen und Erkenntnisse, Vortragsveranstaltung der 4p Group, Kloster Seeon 2004

IAB – Institut für Arbeitsmarkt- und Berufsforschung der Bundesagentur für Arbeit, Nürnberg 2005 (Hinweis: Mustervortrag im Anhang)

INIFES/SÖSTRA: Einschätzung älterer und jüngerer Mitarbeiter – Ergebnisse einer Befragung in 88 Betrieben 2000/2001, Personalführung 2/2004 (Hinweis: Mustervortrag im Anhang)

INQA (Initiative Neue Qualität der Arbeit und Demographie Netzwerk e. V.): Demographie-Werkstatt Deutschland, Kongress 2007

Jonas, Hans: Das Prinzip Verantwortung: Versuch einer Ethik für die technologische Zivilisation, Verlag Insel/Suhrkamp, Frankfurt 2003

Kahlen, Rudolf/Schlesiger, Christian: Generationenmix, Capital 15/2003

Kayser, Friedrich/Uepping Heinz: Kompetenz der Erfahrung – Personalmanagement im Zeichen demographischen Wandels. Luchterhand, Neuwied 1997

Kienbaum, Jochen: Management in der Demografiefalle? Erfahrung sichern, Know-how leistungsgerecht vergüten, Vortragsveranstaltung der 4p Group, Kloster Seeon 2004

Kistler, E.: Altersgerechte Arbeitsbedingungen, Machbarkeitsstudie für die BAfAA, Berlin 2006

Klinger, Joachim/Salazar, Yvonne: C-Master Plus – Managementkompetenz für Mitarbeiter in der beruflichen Lebensmitte, Festo AG 2005

Köchling, Annegret: Demowerkzeuge – Leitfaden zur Selbstanalyse altersstruktureller Probleme in Unternehmen, Dortmund 2002

Köck, Michael: Berufspädagogische Grundlagen beruflicher Aus- und Weiterbildung, Vorlesung an der Uni Eichstätt, 2006

Kotschenreuther, Werner: Demografischer Wandel (k)ein Problem, Loewe AG, Vortrag Bodensee-Forum 2006

Krafft, Andreas: Junge Leitwölfe, alte Hasen, Süddeutsche Zeitung 21./22.7.2007

Krieg, Hans-Jürgen: Auswirkungen der demografischen Entwicklung auf die Personalarbeit, Ergebnisse einer Blitzumfrage der Klaus Lurse Personal + Management AG, Salzkotten 3/2006

Krieger, Tatjana: Die unterschätzte Reserve, Süddeutsche Zeitung 17./18.11.2007

Landesberatungsgesellschaft G.I.B. Demografischer Wandel, G.I.B.-Info 3/2003

Layard Richard: Glück und Ökonomie, GDI_Impuls 4/2004

Lehner, Karl-Heinz: Überlegungen zur Spiritualität in der 2. Lebenshälfte – Was nützt es Dir, wenn Du die ganze Welt gewinnst, aber Deine Seele dabei verlierst?, Vortragsveranstaltung der 4p Group, Kloster Seeon 2004

Lehr, Ursula: Demografischer Wandel und seine Konsequenzen, DGFP-Tagung, Wiesbaden 2004

Lehr, Ursula: Psychologie des Alterns, Quelle & Meyer, Wiesbaden/Heidelberg 2003

Lehr, Ursula: Welche Konsequenzen hat der demografische Wandel für den Einzelnen, für Wirtschaft und Industrie?, Vortragsveranstaltung der 4p Group, Kloster Seeon 2004

Loidl, Esther: Senioren gesucht – Kampagne zur Einstellung von Mitarbeitern über 45 bei der Brose Fahrzeugteile GmbH & Co. KG, Coburg, DGFP-Tagung 2004

Malik, Fredmund: Job Rotation: modern aber fragwürdig und oft missbraucht, Malik on Management 2/94

Malik, Fredmund: Laufbahngestaltung Teil IV – die Fünfziger, Malik on Management 6/99

Mannesmann-Röhrenwerke: Gesunde Mitarbeiter in gesunden Unternehmen – Beispiele erfolgreicher Praxis betrieblicher Gesundheitsförderung in Europa, Mühlheim an der Ruhr

Mistele, Peter/Trolle, Andrea: Zur Konstruktion von Lernräumen in Hochleistungssystemen. Online: ttp//www.moeglichkeitsraum.de/download.html in: Das Graduiertennetzwerk im Programm „Lernkultur Kompetenzentwicklung"

Molzberger, Peter: Synergetische Zusammenarbeit – Ein Schwimmkurs für Führungskräfte, Aufsatz, Bundeswehr Universität, München 1990

Mörchen, Annette/Bubolz-Lutz, Elisabeth: Wege zum selbst organisierten Lernen, 1999

Oberbayerisches Volksblatt: Erfolg mit Älteren, Ausgabe 19./20.11.2005

Oerter, Rolf/Montada, Leo: Entwicklungspsychologie – ein Lehrbuch, Psychologie Verlags Union, Weinheim 1995

Osterhoff, Rolf: Bellheim-Netzwerk der 50er, DGFP-Tagung, Wiesbaden 2004

Paschen, Michael/Koreng, Monika: Orientierungscenter bei Boehringer, Management & Training 6/2002

Pieper, Michael: Projekte Alter und Heute für morgen, BMW Group, München 2000 und 2004

PMCID: PMC1037757 (zitiert von Ursula Lehr, DZFA, Universität Heidelberg)

Regnet, Erika: Karriereentwicklung 40+, Vortrag zur Fachtagung Personalentwicklung für Senior Professionals, Bayerische Akademie, München Mai 2004

Regnet, Erika: Karriereplateau und Strategien der Personalentwicklung, DGFP-Tagung, Wiesbaden 2004

Reidl, Andreas: Wie verändert die Methusamisierung der Gesellschaft Markt und Kunden?, Vortragsveranstaltung der 4p Group, Kloster Seeon 2004

Richenhagen, Gottfried: Demografischer Wandel: Gesünder arbeiten bis ins Alter, Personalführung 2/2004

Ridder, Bruno: Erfahrungen als Kapital verstehen – Die Chancen neuer Kompetenzen erkennen, in Kayser, Friedrich/Uepping Heinz: Kompetenz der Erfahrung – Personalmanagement im Zeichen demographischen Wandels. Luchterhand, Neuwied 1997

Ridder, Michael: Mehr Generationengerechtigkeit – Bund Katholischer Unternehmer denkt über faire Finanzkonzepte nach/Appell an Kreditinstitute, Frankfurter Rundschau 23.10.2004

Rieckmann Heijo: Managen und Führen am Rande des 3. Jahrtausends. Praktisches – Theoretisches – Bedenkliches, 2. Auflage, Heijo Peter Lang Verlag, Frankfurt/Wien 2000

Rimser, Markus: Generation Resource Management, Rosenberger Fachverlag, Leonberg 2006

Roloff, Juliane: Altersaufbau der Bevölkerung in Deutschland 1910 und 2004 – demographische Entwicklung, Online Akademie, Friedrich Ebert Stiftung, Bonn 2005

Rühl, Monika: Personalpolitische Herausforderung Senior Professionals, DGFP-Tagung, Wiesbaden 2004

Rüttinger, Rolf: Talent Management – ein Arbeitsheft, Verlag Recht und Wirtschaft, Frankfurt 2006

Sachse, Katrin: Der Schritt über die Mittellinie, Focus 36/2007

Schilcher, Anton: Mit 50 am Ende der Karriere? Neue Herausforderung für Senior Managers gesucht!, DGFP-Tagung, Wiesbaden 2004

Schlesiger, Christian: Inneres Feuer, Capital 11/2004

Schletz, Alexander et al.: Demografischer Wandel (k)ein Problem – Werkzeuge für die betriebliche Personalarbeit, BMBF Bundesministerium für Bildung und Forschung, Bonn, Berlin 2005

Schrader, Ute: Gesunde Mitarbeiter & gesunde Unternehmen, Salus BKK-Vortrag, Neu-Isenburg 2005

Schröder, Alena: 50+ Ingenieur = arbeitslos, Die Zeit 7.7.2005

Siemann, Christiane: Strategien gegen die Vergreisung, Personal Magazin 12/2001

Skirkbekh, Vegard: Age and Individual Productivity (2004), www.zdwa.de (Hinweis: Mustervortrag im Anhang)

Spicale, Martin: Aging Workforce bei DaimlerChrysler, Fachtagung C-Master Network Forum, Esslingen 2004

Spies, Rainer: Im Alter wieder länger arbeiten? Der Trend zur Verlängerung der Lebensarbeitszeit und die Folgen für das HR-Management, in: Personalführung 3/2005 (Hinweis: Mustervortrag im Anhang)

Spirig, Kuno: Demografischer und sozialer Wandel: Strategische Wettbewerbsvorteile durch Social Management, Die Volkswirtschaft 4/2006

Straush, Alexandra: Arbeiten bis zum Umfallen, Süddeutsche Zeitung 5./6.5.2007

Tesch-Römer, Clemens/Engstler, Heribert, Wurm, Susanne: Altwerden in Deutschland – Sozialer Wandel und individuelle Entwicklung in der zweiten Lebenshälfte, VS-Verlag, Wiesbaden 2006

Thienel, Sabine: Trau einem über 50, Focus Money 18/02

Trost, Armin: Die vierzehn Thesen des Talent Managements, im Überblick in: Diplomarbeit zu Talentmanagement von Barbara M. Dangl

VDI-Nachrichten/Fraunhofer IAO: Beruflicher Status und Image von Ingenieuren ab 45 – Die Einstellung von Arbeitgebern zu älteren Ingenieuren, Studie 2002

Werle, Klaus: Auf der Langstrecke 45 plus, Manager Magazin 8/2007

Westermaier, Josef: Nachhaltige Personalpolitik als Erfolgsfaktor – Beispiele aus der Unternehmenspraxis, BMW Group, Vortrag auf der Fachtagung: Die demografische Herausforderung – Zukunft gestalten 2005

Wiebel-Fanderl, Oliva: Altern zwischen Lust und Frust – kulturelle Muster im Umgang mit einer Lebenswende, Vortragsveranstaltung der 4p Group, Kloster Seeon 2004

Wimmer, Susi: Je älter, desto besser, Süddeutsche Zeitung 10.6.2005

Wollert, Artur: Fit für die 2. Runde – Welche Konsequenzen hat der demografische Wandel für den Einzelnen, für Wirtschaft und Industrie?, Vortragsveranstaltung der 4p Group, Kloster Seeon 2004

Wollert, Artur: Führen – Verantworten – Werte schaffen, FAZ-Verlag, Frankfurt 2001

Wuppertaler Kreis: Qualifikation – Wettbewerbsfaktor für Unternehmen und Gesellschaft, Web-Veröffentlichung zur Fachtagung im Haus der Wirtschaft, Berlin 2004

Anhang

Audit zur Risikoanalyse

DELTA-Analyse zu Führung und Kultur (Bild 5.11)

DELTA-Analyse von Organisation und Einsatzmöglichkeiten (Bild 5.12)

DELTA-Analyse von HR-Systemen, -Instrumenten und -Prozessen (Bild 5.13)

DELTA-Analyse zur Personalentwicklung (Bild 5.14)

DELTA-Analyse zum Entgeltsystem (Bild 5.15)

DELTA-Analyse zu Arbeitszeitsystemen (Bild 5.16)

DELTA-Analyse zum Erkennen von Konsequenzen bei Veränderung der Altersstruktur

Mustervortrag zur Sensibilisierung der Führungskräfte und Mitarbeiter

Alternativkonzept After Work Party

Audit zur Risikoanalyse

Audit zur Risikoanalyse des Unternehmens im Rahmen der Folgen des demografischen Wandels für das Unternehmen und deren Bewältigungsstrategie

In einem Managementaudit werden die Risiken, die sich aufgrund des demografischen Wandels ergeben können, eingeschätzt und bewertet. Die Einschätzungen und Bewertungen erfolgen auf Basis der Erfordernisse aus dem Businessplan und den Erfahrungen der Berater. Das sind im Wesentlichen:

- Situation der Altersstruktur und deren wahrscheinliche Weiterentwicklung in den nächsten fünf bis sieben Jahren,
- Prüfung, welche Bereiche von der demografischen Entwicklung besonders betroffen sein werden (Produktion, F&E etc.),
- die weitere Entwicklung der Personalkosten im Kontext zur Altersstruktur,
- Situation und Motivation von älteren Mitarbeitern (45 plus),
- Situation der Kosten für Krankheit und deren mögliche Weiterentwicklung,
- Situation und Bedarf an leistungsgewandelten Arbeitsplätzen,
- Situation und Erfordernis an Einsatzflexibilität und Einsatzbreite der Mitarbeiter,
- Situation der Nachwuchssicherung und der Bedarf an qualifiziertem Personal,
- Situation der Personalentwicklung und deren Maßnahmen zur langfristigen Beschäftigungsfähigkeit,
- präventives Gesundheitsmanagement zur Vermeidung von gesundheitlichen Risiken.

All diese Einflussfaktoren berühren die Zukunftsfähigkeit innovationsorientierter und personalintensiver Unternehmen im Kern. Die Beeinflussbarkeit in diesen Bereichen ist zeitintensiv, verlangt Kraft und nachhaltige Führungsqualitäten. Kurzfristige Erfolge sind eher unwahrscheinlich, fehlende Vorsorge aber ist verheerend. Ohne eine nachhaltige Unternehmens- und Personalpolitik und das klare Bekenntnis der Geschäftsführung sind die HR-Rahmenbedingungen kaum wirksam zu beeinflussen.

In einem HR-Managementaudit werden

- die bestehenden Risiken aufgezeigt und bewertet,
- Vorschläge zur Verbesserung und Beeinflussbarkeit in den Bereichen
  - Verbesserung der Employability von Mitarbeitergruppen/Schlüsselpersonen aufgezeigt
  - Ansatzpunkte zum Schaffen von leistungsfähigen Rahmenbedingungen im Unternehmen konkret benannt.

Der durchschnittliche Aufwand beträgt 24 Interviews zu je 1,5 Stunden mit Geschäftsführung, Personalleiter, Führungskräfte, Betriebsrat, ältere Mitarbeiter und jüngere Mitarbeiter. Die Ergebnisse werden in einem Auditbericht zusammengefasst und mit der Geschäftsführung besprochen. Bei Bedarf werden in einem gemeinsamen Strategieworkshop die Leitlinien für eine nachhaltige Personalpolitik erarbeitet und in einem Grundsatzpapier mit konkreten Maßnahmen und Handlungsfeldern belegt. Die können als Basis späterer Audits zur Überprüfung umgesetzter Ergebnisse und Wirksamkeit dienen.

Das Vorgehensmodell

- zur nachhaltigen „Beschäftigungsfähigkeit" (Employability),
- zum Gestalten von wirtschaftlichen Rahmenbedingungen.

Die Fragen

Fragen zum Businessplan und zur Unternehmensstrategie:

Was zeichnet die gegenwärtige Situation aus? Was sind die **Veränderungstreiber** für Ihr Business (z. B. Marktentwicklung, Wettbewerb, Produkte, Mitarbeiter, Führung, Zusammenarbeit, F&E etc.)?	PL, FK, GF
Wo will das Unternehmen in den nächsten 5 Jahren stehen? Wie lauten die **„übergeordneten Ziele"** Ihres Businessplans in 3 bis 5 Jahren (z. B. Markt und Kunden, Produkte etc.)?	
Wie wirken sich die strategischen Herausforderungen aus auf 1. Kosten, 2. Leistung, 3. Innovation, 4. Führung, 5. Mitarbeiter? Welche **Probleme** gibt es bereits heute?	
Welche veränderten **Anforderungen** ergeben sich daraus an Mitarbeiter/Mitarbeitergruppen/ Führungskräfte in Forschung & Entwicklung, Produktion, Vertrieb, Logistik, IT?	
Welche Beiträge erwarten Sie vom Personalbereich?	
Welchen Einfluss hat der demografische Wandel auf Ihr Unternehmen (z. B. auf Produkte, Kunden, Mitarbeiter etc.)?	

Fragen zur HR-Situation und Strategie:

Was zeichnet die gegenwärtige HR-Situation aus (z. B. Anforderungen von GF/MA/FK, Akzeptanz, Stärke, Probleme)?	PL, FK, GF
Wo will die HR-Funktion in den nächsten Jahren (5) stehen (z. B. Markt und Kunden, Produkte etc.)?	
Wie lautet die HR-Strategie? Wie wird sie umgesetzt? Wie informiert?	
Welchen Einfluss sehen Sie aufgrund des demografischen Wandels auf HR zukommen bei 1. Kosten, 2. Leistung, 3. Innovation, 4. Führung, 5. Mitarbeiter (z. B. Altersstruktur, Motivation etc.)?	

Legende: PL = Personalabteilung, FK = Führungskräfte, GF = Geschäftsführer

Wie setzt sich die aktuelle Altersstruktur zusammen bei 1. Führungsmannschaft? 2. Mitarbeitern? 3. MA-Gruppen (z. B. F&E, Produktion, Vertrieb etc.)?	

Fragen zu den materiellen bzw. existenziellen Beiträgen der HR zum Erfolg des Unternehmens (Kosten/Leistung):

heute: in 5 Jahren:

Wie ist die Produktivität der Mitarbeiter im Konkurrenzvergleich? Wie hoch sind die Ausfallzeiten (KR, UL)?	
Wie schätzen Sie die Flexibilität der MA auf schwankende Nachfrage ein?	
Wie schätzen Sie die Qualität der Arbeitsleistungen und der Leistungsbereitschaft ein?	
Wie ist es um die Innovationsqualität – KVP, Ideenmanagement – bestellt?	
Wie schnell können Sie die Stellen in der gewünschten Qualität neu bzw. wieder besetzen?	
Was zeichnet die Kompetenzen und das Wissen der Mitarbeiter/von Mitarbeitergruppen in den Kernkompetenzen aus?	
Wie ist es um die positive Grundeinstellung der Mitarbeiter bestellt?	

Fragen zur Leistung und zur Zufriedenheit der Mitarbeiter und Führungskräfte:

heute: in 5 Jahren:

Wie ist es um die Qualität der Leistung und Leistungsbereitschaft bestellt (Zahlen, Daten, Fakten zu Produktivität und Ausfallzeiten)?	
Wie schätzen Sie Gesundheit und vitale Fitness von Mitarbeitern und von ausgesuchten Mitarbeitergruppen ein? • F&E • Produktion • Führungskräfte (Zahlen, Daten, Fakten zu KR, UL, Üstd.)	
Wie schätzen Sie Einsatzbreite und Einsatzflexibilität von Mitarbeitern und von ausgesuchten Mitarbeitergruppen ein?	
Wie sind die Qualität der Zusammenarbeit und der Zusammenhalt von Jungen und Erfahrenen?	
Wie schätzen Sie die Motivation der Mitarbeiter und von Mitarbeitergruppen ein?	

Wie zufrieden sind die Mitarbeiter mit dem Unternehmen?	
Wie ist es um die positive Einstellung zu den Produkten bestellt?	
Wie belastbar sind die Mitarbeiter, wie hoch ist ihre emotionale Stabilität?	
Gibt es Praktikumsplätze für Kinder von Mitarbeitern etc.?	
Gibt es für Mütter/Väter die Möglichkeit zur Kinderbetreuung?	

Fragen zum Arbeitgeberimage in der Region und auf dem Arbeitsmarkt:

heute:	in 5 Jahren:
Wie steht es mit dem positiven Bekanntheitsgrad an (relevanten) Schulen und Universitäten? Wie ist das Hochschulmarketing gestaltet?	
Wie gut ist das Image als verlässlicher Arbeitgeber?	
Wie gut ist das Zusammenwirken mit anderen (HR)-Abteilungen/Arbeitgebern in der Region?	
Wie gut tragen die Mitarbeiter eine positive Grundeinstellung nach außen (inneres Marketing)?	
Wie ist das Image Ihrer Produkte, Dienstleistungen und Ihres Managements?	

Fragen zum Gestalten wirtschaftlicher HR-Rahmenbedingungen zu Führung, Information und Kultur:

heute:	in 5 Jahren:
Welche Konsequenzen ergeben sich in der Führung aufgrund des demografischen Wandels?	PL, FK, GF
Wie ist die Zusammenarbeit von „Jung" und „Alt"?	
Beschreiben Sie die Kulturmerkmale Ihres Unternehmens.	
Gibt es Führungsleitlinien? Welche sind vom demografischen Wandel betroffen?	
Wie ist die Zusammenarbeit mit dem Betriebsrat? Bei welchen Themen sehen Sie Gesprächs- und Handlungsbedarf?	

Fragen zum Gestalten wirtschaftlicher HR-Rahmenbedingungen zu Organisation und Einsatzmöglichkeiten:

heute:	in 5 Jahren:
Welche Aufgaben und Funktionen halten Sie besonders geeignet für 1. erfahrene Mitarbeiter/Führungskräfte, 2. jüngere Mitarbeiter/Führungskräfte?	PL, FK, GF

Verfügen Sie über „Schonarbeitsplätze"? Wenn ja, wie viele?	
Wie schätzen Sie die Leistungsfähigkeit Ihrer Organisationsstruktur ein (z. B. Information, Schnelligkeit der Entscheidungen, Reaktion auf Fehler)?	

Fragen zum Gestalten wirtschaftlicher HR-Prozesse (Personalplanung, -einstellung, -betreuung, -entwicklung, -austritte) und Instrumente/Systeme (Vergütung, Arbeitszeit):

heute:	in 5 Jahren:
Welches sind die strategisch wichtigen Schlüsselfunktionen? Welche Konsequenzen können sich aufgrund des demografischen Wandels ergeben für die Dauer der Besetzung bzw. für die Neubesetzung?	PL, FK, GF
Wie präsent sind Sie am externen Arbeitsmarkt (Schul-, Hochschulmarketing, Headhunter, Internet, Messen etc.)?	
Wie gut binden Sie Ihre Schlüsselmitarbeiter? Wie hoch ist die Fluktuation?	
Verfügen Sie über die Azubis in Zahl und Qualität, die Sie brauchen? Welche Berufsbilder bilden Sie aus?	
Verfügen Sie über ausreichenden Nachwuchs an Spezialisten in Ihren Kernkompetenzen?	
Verfügen Sie über ausreichend Führungsnachwuchs? Wie wird er identifiziert und entwickelt?	
Welche Anforderungen muss der Nachwuchs erfüllen?	
Wie lange brauchen Sie, um vakante Funktionen zu besetzen (intern/extern)?	
Werden mit Mitarbeitern ab 40 gezielte Orientierungs- und Perspektivgespräche geführt?	
Verfügt das Unternehmen über ein Risikoportfolio zur Einschätzung der zukünftigen Leistung und des weiteren Potenzials?	
Welche Rolle spielen Führungskräfte in der nachhaltigen Betreuung ihrer Mitarbeiter? Wie helfen Sie den Mitarbeitern, gesund zu bleiben und nachhaltig Leistung zu erbringen?	
Wie erfolgt die Kommunikation und Information zwischen GF – FK – MA?	
Welche Informations- und Kommunikationsinstrumente werden eingesetzt?	
Wie werden die erfolgskritischen Kompetenzen definiert bei: • Führungskräften, • Spezialisten, • Mitarbeitergruppen?	

Wie erfolgt die Qualifizierung und Entwicklung von Mitarbeitern und Führungskräften ab 45?	
Wie werden Führungsnachwuchsmitarbeiter identifiziert und qualifiziert?	
Wie erfolgt die Leistungs- und Potenzialbeurteilung von Führungskräften?	
Welche Noten geben Sie der Fort- und Weiterbildung?	

Gesamtbewertung

Test: Bestimmen Sie Ihren Handlungsbedarf

Fragebogen zur Relevanz des Themas für Unternehmen	trifft zu	trifft nicht zu
1. Sie **kennen die Zusammensetzung der Altersgruppen** in Ihrem Unternehmen und schätzen diese als unproblematisch ein.		
2. Sie haben **Zukunftsszenarien zu den erforderlichen Mitarbeiterstrukturen (5–7 Jahre)** auf Basis Ihres Businessplans erstellt. Sie wissen, welche Mitarbeiterstrukturen, welche Kernkompetenzen und welches Wissen Ihr Unternehmen dazu benötigt.		
3. Ihr Unternehmen wird in 5–7 Jahren die Mitarbeiter auf dem internen und externen **Arbeitsmarkt bekommen**, die es zur Umsetzung seiner Businessziele benötigt.		
4. Ihr Unternehmen verfügt über **Zukunftsprognosen** zur Beschäftigungsfähigkeit (Einschätzung des Risikopotenzials) von Mitarbeitern und Führungskräften.		
5. Führungskräfte und Mitarbeiter übernehmen **Eigenverantwortung** für ihre Beschäftigungsfähigkeit bis 65.		
6. Ihr Unternehmen bereitet die **Risikogruppe der 40-plus-Generation** gezielt auf eine langfristige Beschäftigungsfähigkeit vor (Ausstieg mit 65 plus).		
7. **Junge Führungskräfte** sind in der Lage, erfahrene (ältere) Mitarbeiter zu führen.		
8. **Topmanagement und Führungskräfte** haben die Einstellung, dass Erfahrene (50 plus) weiter über eine hohe Leistungsfähigkeit und Motivation verfügen, und ermöglichen ihnen weitere Entwicklungsperspektiven.		
9. **Ihr Unternehmen schafft Rahmenbedingungen** für eine intergenerative Leistungs- und Beschäftigungsfähigkeit, z. B. durch optimale Einsatzmöglichkeiten für Erfahrene, flexible Arbeitszeit und Entgeltbedingungen, Mitarbeiterperformancegespräche etc.		

DELTA-Analyse Führung und Kultur (Bild 5.11)

Handlungsfeld	Thema	Trifft zu:			
		0–24 %	25–49 %	50–74 %	75–100 %
1. Kultur und Führung	In unserem Unternehmen wird langfristig und nachhaltig gedacht und geplant.				
	Wir haben keine „Hire & fire"-Politik.				
	Grundsätzlich arbeiten die Mitarbeiter in unserem Unternehmen bis 65.				
	Ältere Mitarbeiter ab 50 genießen grundsätzlich im Unternehmen einen hohen Stellenwert.				
	Topmanagement und Führungskräfte haben die Einstellung, dass Erfahrene (50 plus) weiterhin über eine hohe Leistungsfähigkeit und Motivation verfügen, und ermöglichen ihnen weitere Entwicklungsperspektiven.				
	Junge Führungskräfte sind in der Lage, erfahrene (ältere) Mitarbeiter zu führen.				
	Mitarbeiter/Führungskräfte haben auch mit 48 plus noch gleichwertige Chancen, Karriere zu machen.				
	Mitarbeiter, die das Unternehmen als „Pensionäre" verlassen, werden ehrlich, wertschätzend und gebührend verabschiedet.				
	Grundsätzlich wollen Mitarbeiter lieber länger im Unternehmen bis zur gesetzlichen Altersgrenze arbeiten als vorzeitig ausscheiden.				
	Führungskräfte achten darauf, dass sich ihre Mitarbeiter gesundheitlich und motivational nicht selbst „ausbeuten". Sie achten auf die „Work-Life-Balance" und auf die Gesundheit ihrer Mitarbeiter.				
	Topführungskräfte gehen mit älteren Mitarbeitern vorbildlich um.				
	Im Unternehmen wird Wert darauf gelegt, dass alle fünf Jahre die Mitarbeiter eine neue Aufgabe übernehmen oder in der jetzigen Funktion aufgrund neuer Maschinen, neuer Technologie, anderer Kunden etc. Neues gelernt wird.				

		Statement			
		Dem Unternehmen sind die Risiken und Chancen des demografischen Wandels bewusst.			
		Die Mitarbeiter übernehmen Eigenverantwortung für ihre nachhaltige Beschäftigungsfähigkeit.			
		In den Leitsätzen und Führungsgrundsätzen sind die Anforderungen zur Gesundheit und Kompetenzerhaltung (Fach-, Methoden-, soziale Kompetenz) schriftlich formuliert.			
		Führungskräfte sprechen mit Mitarbeitern über ihre „Employability" und vereinbaren dazu Ziele.			
		Die Zusammenarbeit zwischen Jung und Alt funktioniert vorbildlich.			
		Es gibt ein effizientes Gesundheitsmanagement im Unternehmen.			
		Führungskräfte bestärken ihre Mitarbeiter in der Selbstverantwortung und im Selbstmanagement.			
		Bei der Besetzung innerbetrieblicher Stellen haben Mitarbeiter über 50 gleichwertige Chancen.			

Delta-Analyse von Organisation und Eisatzmöglichkeiten (Bild 5.12)

Handlungsfeld	Thema	Trifft zu:			
		0–24 %	25–49 %	50–74 %	75–100 %
1. Organisation, Arbeitsplätze, Einsatz	Die Organisation ist so angelegt, dass Mitarbeiter über 50 entsprechend ihren Kompetenzen optimal eingesetzt werden.				
	Die Arbeitsplätze sind nach ergonomischen und gesundheitlichen Gesichtspunkten angelegt.				
	Die Arbeitsplätze sind klassifiziert, um das Wissen, die Erfahrung, die Einsatzflexibilität sowie die körperliche Belastbarkeit und Zuverlässigkeit von Älteren bzw. Jüngeren optimal zu nutzen.				

Delta-Analyse von HR-Sytemen,- Instrumente und –Prozessen (Bild 5.13)

		0–24 %	25–49 %	50–74 %	75–100 %
1. Grundsätze					
	Es liegt eine **schriftlich formulierte Personalpolitik** vor, die konkrete Maßnahmen zum Erhalt der Beschäftigungsfähigkeit älterer Mitarbeiter sichert.				
	Die HR-Politik zielt darauf ab, die **Risikogruppe der 45-plus-Generation** gezielt auf eine langfristige Beschäftigungsfähigkeit vorzubereiten (Ausstieg mit 65).				
	Die **Austrittsmodelle** sind so angelegt, dass Mitarbeiter grundsätzlich **bis 65** arbeiten sollen, können und wollen.				
	Es finden **Einschätzungen zur nachhaltigen Beschäftigungsfähigkeit** von Mitarbeitern/Führungskräften statt – zumindest in den essenziellen Kernkompetenzbereichen und Schlüsselfunktionen.				
	Es gibt ein **systematisches Personalmarketingkonzept** zur internen/externen Suche, Auswahl und zum Einsatz von Mitarbeitern über 45.				
	In Großunternehmen erfolgt eine **systematische Einsatzplanung** – insbesondere von Mitarbeitern ab 45.				
	Ausbau von Aufgaben/Rollen für Mitarbeiter über 45 als Pate, Mentor, Coach, Projektleiter, Inhouseberater, Expert on Demand, Trainer, Interimsmanager etc.				
	Aufbau und Umsetzung eines **systematischen Personalbetreuungskonzepts** zur nachhaltigen Unterstützung und Begleitung durch das Personalwesen.				
	Führungskräfte und Mitarbeiter übernehmen **Eigenverantwortung** für ihre Beschäftigungsfähigkeit bis 65.				
	Es herrscht der Grundsatz: Jeder soll so lange arbeiten, wie es für Unternehmen und Mitarbeiter sinnvoll ist (wirtschaftlich, flexibel).				

2.	Beurteilung und Mitarbeitergespräche	Jährlich finden **wertschätzende Jahresgespräche** mit allen Mitarbeitern bis 65 zur Einschätzung von erbrachten Leistungen und gezeigten Kompetenzen statt.					
		Bestandteil des Jahresgesprächs ist auch eine detaillierte **Einschätzung** des Vorgesetzten zur nachhaltigen **Beschäftigungsfähigkeit** (Gesundheit, Selbstorientierung/Selbstführung sowie Attraktivität von Kompetenzen und Einsatzbreite) des Mitarbeiters über 45 jeweils für die nächsten fünf bis sieben Jahre.					
		Die wesentlichen Elemente zu **great place to work** (betriebliche Rahmenbedingungen, Leistung des Managements, Zufriedenheit mit der Aufgabe etc.) werden durch den Mitarbeiter – z. B. im Jahresgespräch – eingeschätzt und bewertet.					
		Bestandteil des Jahresgesprächs ist auch **ein detailliertes Feedback des Mitarbeiters zu seinen Chancen und Perspektiven.**					
		Im Jahresgespräch werden auch die Ergebnisse der umgesetzten **Personalentwicklungsmaßnahmen** eingeschätzt.					
		Für das Topmanagement und für die Geschäftsführung gibt es einen **Gesamtüberblick zur Beschäftigungsfähigkeit** (Gesundheit, Selbstorientierung/Selbstführung sowie Attraktivität von Kompetenzen/Einsatzbreite – Chancen- und Risikoportfolio).					
		Das Management würdigt in einer **qualitativen Planungsrunde** die Ergebnisse aus allen Jahresgesprächen und plant systematisch die Entwicklung und Einsatzplanung seiner Mitarbeiter – auch der Mitarbeiter ab 45.					
		Die **Inhaber von Schlüsselfunktionen** werden in einem Audit zur Beschäftigungsfähigkeit (Chancen/Risiko) bewertet.					

3. Personalentwicklung						
	Es liegt ein schriftlich formuliertes **Personalentwicklungskonzept** vor: vom beruflichen Einstieg bis zum erfolgreichen beruflichen Ausstieg.					
	Die Ziele der Personalentwicklung unterstützen die **Ziele und Strategien des Unternehmens** *und* orientieren sich an den **Talenten der Mitarbeiter.**					
	Die Mitarbeiter werden befähigt und gefordert, **Eigenverantwortung** für ihre erfolgreiche **Beschäftigungsfähigkeit bis zum beruflichen Ausstieg mit 65** zu übernehmen.					
	Die Mitarbeiter werden angehalten, **sinnvolle Jobrotationen** (nach einer Verweildauer von drei bis fünf Jahren) umzusetzen.					
	Es gibt für die Kernkompetenzbereiche des Unternehmens **systematische Entwicklungslaufbahnen.**					
	In den **Kernkompetenzfunktionen/Schlüsselfunktionen** sind die Kompetenzanforderungen präzisiert und festgelegt.					
	Es gibt **altersgerechte Lernkonzepte** off und on the job, beispielsweise: Lernstatt vor Ort (Produktion) oder Lernen anhand eigener „Fälle aus der betrieblichen Praxis".					
	Unterstützung von Diversity-Teams.					
	Führungskräfte werden einem **regelmäßigen Kompetenzcheck** ab 45 unterzogen.					
	Es gibt systematische **Wissens- und Know-how-Transfers/Austausch** von Erfahrenen an junge/neue Mitarbeiter.					
	Der **Personaleinsatz** erfolgt alters- und gesundheitsgerecht.					
	Es gibt spezifische **Bildungsangebote ab der beruflichen Mitte** zum Erhalt der Beschäftigungsfähigkeit.					

4.	**Arbeitszeit**							
	Die **Arbeitszeitmodelle** orientieren sich am Grundsatz, bis 65 zu arbeiten.							
	Es gibt die Möglichkeit, Überstunden, Zusatzschichten, Urlaubstage auf **Arbeitszeitkonten anzusparen.**							
	Guthaben auf Ansparzeitkonten können für Bildungsinitiativen, Gesundheitsprogramme und vorzeitigen Ruhestand verwendet werden.							
	Es gilt der Grundsatz: Die **Arbeitszeitmodelle orientieren** sich an den Bedürfnissen des Unternehmens und des Mitarbeiters.							
	Für Mitarbeiter – insbesondere im Tarifbereich –, die unter erschwerten Arbeitsbedingungen wie Hitze, Kälte, Nässe, Dämpfe und Wechselschicht tätig sind, greift die **Verantwortung/Fürsorge des Unternehmens**, den betroffenen Mitarbeitern mit Ansparzeitmodellen den vorzeitigen Ruhestand ab 56 oder gleitende Altersteilzeit zu ermöglichen. Hierüber gibt es Vereinbarungen mit dem Betriebsrat.							
5.	**Entgelt**							
	Die Vergütung erfolgt nach **Leistungsgesichtspunkten** und nicht additiv nach dem Alter.							
	Das „**feste" Grundgehalt** wird im AT-Bereich ab 50 zunehmend abgesenkt bzw. eingefroren. Dafür gibt es einen überproportionalen Anstieg des variablen, erfolgsabhängigen Anteils. Keine **Senioritätsentgelte.**							
	Es herrscht der Grundsatz: **Leistung soll sich lohnen, auch bei Mitarbeitern über 45.** Entscheidend sind die **erbrachten Ergebnisse und Leistungen** und nicht die Betriebszugehörigkeit für die Höhe des Gesamtentgelts.							
	Das Gehaltssystem setzt sich zusammen aus: **Grundgehalt und leistungsabhängigem variablem Zusatzgehalt.**							
	Viele „erfolgsunabhängige" Entgeltbestandteile werden aufgelöst bzw. überführt in leistungsbezogene, **variable Anteile** – auch Einmalzahlungen.							
	Es gibt individuelle/einzelvertragliche Lösungen wie **Ansparmodelle**: Überstunden können in materielle Ansparraten überführt und im Alter als Einmalzahlung ausgezahlt oder zum vorzeitigen Vorruhestand verwendet werden.							
	Neben den „üblichen" materiellen Entgeltbestandteilen gibt es **verstärkt individuelle immaterielle Anerkennung** (Achtung geldwerter Vorteil) wie: Erholungsreise Bildungssabbatical Gesundheitssabbatical							

Delta-Analyse zur Peronalentwicklung (Bild 5.14)

Anforderung:

- **Grundsatz 1: Die Mitarbeiter übernehmen Eigenverantwortung zum Erhalt ihrer Motivation und ihrer beruflichen Kompetenzen.**
- **Grundsatz 2: systematische Jobrotation, d. h. maximal fünf Jahre in derselben Funktion/Aufgabe.**
- **Grundsatz 3: Personalentwicklung erfolgt grundsätzlich bis 63.**
- **In der beruflichen Lebensmitte (45 plus) geht die Qualifizierung grundsätzlich in die Breite, um zu frühe und zu einseitige Spezialisierungen zu vermeiden.**
- **In jeder (beruflichen) Abschnittslebensphase haben die Mitarbeiter die Möglichkeit, sich auf die nächste Abschnittsphase vorzubereiten: fit für die 1. berufliche Runde bis 45, fit für die 2. berufliche Runde bis 55, fit für die 3. berufliche Runde bis 65.**
- **Vorgesetzte sind die ersten Ansprechpartner zur Ermittlung ihrer Bildungsbedarfe vor Ort.**
- **Die wahrgenommenen Bildungsangebote entsprechen den Zielen und der Strategie des Unternehmens. Bildung kann in der Arbeitszeit, aber auch in der Freizeit/samstags stattfinden.**
- **Qualifizierungsangebote erfolgen auch in Eigeninitiative, gegebenenfalls mit Übernahme der Kosten, wenn es nicht direkt um die Interessen des Unternehmens geht.**
- **Für die Lebensabschnitte 45 plus, 55 plus und 63 plus gibt es spezielle Perspektiv- und Zukunftsgespräche.**

	Trifft zu: 0–24 %	25–49 %	50–74 %	75–100 %
Es liegt ein schriftlich formuliertes Personalentwicklungskonzept vor: vom beruflichen Einstieg bis zum erfolgreichen beruflichen Ausstieg.				X
Die Ziele der Personalentwicklung unterstützen die Ziele und Strategien des Unternehmens *und* orientieren sich an den Talenten der Mitarbeiter.				
Die Mitarbeiter werden befähigt und gefordert, zeigen Eigenverantwortung für ihre erfolgreiche Beschäftigungsfähigkeit bis zum beruflichen Ausstieg mit 65 plus zu übernehmen.				
Die Mitarbeiter werden angehalten, bereit zu sein für sinnvolle Jobrotationen (nach einer Verweildauer von drei bis fünf Jahren). Hinweis: Rotationen innerhalb des jeweiligen Entwicklungspfades oder unterstützte Wechsel in benachbarte Entwicklungspfade.				
Im Rahmen der beruflichen Übergangsphasen/Lebensphasen finden eigene Perspektivgespräche mit dem Ziel statt, die Zukunftsfähigkeit einzuschätzen und die weiteren Entwicklungsschritte und Maßnahmen zur Entfaltung der eigenen Talente zu besprechen und zu vereinbaren.				
Es gibt für die Kernkompetenzbereiche des Unternehmens systematische Entwicklungslaufbahnen.				
In den Kernkompetenzfunktionen/Schlüsselfunktionen sind die Kompetenzanforderungen präzisiert und festgelegt.				
In den jährlichen Entwicklungsgesprächen wird zusätzlich zum Abgleich aktueller Anforderungen und Kompetenzen über Ziel und Status der weiteren Entwicklungsschritte on the job, nearby the job, off the job und next job gesprochen und werden gegebenenfalls Maßnahmen geplant bzw. festgelegt.				

				X

Zur erfolgreichen Bewältigung beruflicher Ereignisse und Veränderungen, wie Eintritt, Erweiterung der Aufgabe, Beförderung, Versetzung, Übernahme von Projekten, Übernahme von Führungsverantwortung, Übernahme einer Aufgabe im Ausland etc., werden Entwicklungsbedarfe und Talente des Mitarbeiters erfasst und gefördert. — X

Für bestimmte berufliche „Ereignisfelder" wurden Qualifizierungsmaßnahmen als Muss festgelegt. Beispiele: Teilnahme am Einstiegsprogramm für neue Mitarbeiter, Führungsbaustein 1 bei erstmaliger Führungsverantwortung etc. — X

Es erfolgt eine systematische Einforderung von Selbstführung und Übernahme von Selbstverantwortung für das berufliche Lebensrisiko (wie im Privatbereich auch).

Es gibt altersgerechte Lernkonzepte, die off und on the job Anwendung finden, beispielsweise Lernstatt vor Ort in der Produktion, Lernen anhand von eigenen „Fällen aus der betrieblichen Praxis".

Unterstützung von Diversity-Teams.

Führungskräfte werden einem Kompetenzcheck ab 50 unterzogen.

Es gibt systematische Wissens- und Know-how-Transfers/Austausche von Erfahrenen zu jungen/neuen Mitarbeitern.

Alters- und gesundheitsgerechter Personaleinsatz durch Abgleich von Anforderungen der Funktion mit der Person.

Bildungsangebote in der beruflichen Mitte mit 45 plus, um „fit für die 2. Runde" zu sein.

Unterstützung mit Bildungsangeboten zur Ruhestandsplanung.

Gesamtauswertung:

Hinweis:

- jede 100%-Zustimmung = 1 Punkt
- jede 50%-Zustimmung = 0,5 Punkte

0–3 Punkte: erheblicher Handlungsbedarf	4–6 Punkte: es gibt noch viel zu tun	7–9 Punkte: Ihr Unternehmen bereitet sich gut vor	10–12 Punkte: Ihr Unternehmen ist vorbildlich vorbereitet

Delta-Analyse zum Entgeltsystem (Bild 5.15)

Anforderung:
- **Gehalt abkoppeln von der Person und deren Alter**
- **Basisgehalt strenger an den Anforderungen der Aufgabe festmachen**
- **Anstieg des variablen Anteils an den erbrachten Ergebnissen festmachen und beurteilen**
- **Einmalzahlungen**
- **Immaterielle Anerkennungen überlegen**

	Trifft zu:			
	0–24 %	25–49 %	50–74 %	75–100 %
Das „feste" Grundgehalt ist im AT-Bereich im Alter zunehmend abgesenkt. Dafür gibt es einen überproportionalen Anstieg des variablen Anteils, erfolgsabhängigen Anteils, an dem auch Ältere gleichberechtigt partizipieren.				
Es lässt sich ungefähr einschätzen, ob und wie sich bei Beibehaltung aller jetzigen Entgeltkomponenten durch die Erhöhung des Durchschnittsalters auch eine Erhöhung der Entgeltstruktur (ohne Produktivitäts-/Leistungs-/Innovationsausgleich) in fünf bis sieben Jahren abzeichnet.				
Sollte sich aufgrund der Verschiebung der Altersstruktur die Entgeltstruktur in fünf bis sieben Jahren kritisch entwickeln, handeln Sie bereits jetzt.				
Es gilt der Grundsatz: Die zunehmende Verschiebung der Altersstruktur (immer mehr ältere Mitarbeiter) darf nicht zu einer höheren Entgeltstruktur und vermehrten Kosten führen, die Wettbewerbsnachteile zur Foge haben können. Also: keine Senioritätsentgelte!				
Es gilt der Grundsatz in der Entgeltpolitik: Wir unterbrechen „automatische" Anpassungen des Gehalts durch jährliche Gehaltsüberprüfungen ab 45.				X
Es gilt der Grundsatz: Bezahlt wird entsprechend den definierten Anforderungen der Aufgabe und nicht der Person.				X
Es gilt der Grundsatz: Leistung soll sich lohnen, auch bei Mitarbeitern über 50. Entscheidend sind die erbrachten Ergebnisse und Leistungen, nicht die Betriebszugehörigkeit für die Höhe des Gesamtentgelts.				
Das Gehaltssystem setzt sich im Prinzip zusammen aus: Grundgehalt und leistungsabhängigem variablem Zusatzgehalt.				

Viele „erfolgsunabhängige" Entgeltbestandteile wurden aufgelöst bzw. überführt in leistungsbezogene, variable Anteile – auch Einmalzahlungen.

Für Mitarbeiter – insbesondere im Tarifbereich –, die unter erschwerten Arbeitsbedingungen wie Hitze, Kälte, Nässe, Dämpfe, Wechselschicht tätig sind, greift die Verantwortung/Fürsorge des Unternehmens, mit Spezialregelungen wie Ansparmodellen den vorzeitigen Ruhestand, Altersteilzeit ab 56 zu ermöglichen. Dazu gibt es Vereinbarungen mit dem Betriebsrat.

Es gibt individuelle/einzelvertragliche Lösungen wie Ansparmodelle:

- Überstunden, die in materielle Ansparraten überführt werden, die im Alter als Einmalzahlung ausgezahlt oder zum Vorruhestand verwendet werden können,
- Tantiemen, Erfolgszahlungen in ein Ansparmodell zu überführen,
- andere zusätzliche Entgeltbestandteile wie Urlaubsgeld etc. zu überführen.

Neben den „üblichen" materiellen Entgeltbestandteilen gibt es verstärkt individuelle immaterielle Anerkennungen (Achtung: geldwerter Vorteil!) wie:

- Erholungsreise,
- Bildungssabbatical,
- Gesundheitssabbatical.

Gesamtauswertung:

Hinweis:

- jede 100%-Zustimmung = 1 Punkt
- jede 50%-Zustimmung = 0,5 Punkte

0–3 Punkte: erheblicher Handlungsbedarf

4–7 Punkte: es gibt noch viel zu tun

8–10 Punkte: Ihr Unternehmen bereitet sich gut vor

11–12 Punkte: Ihr Unternehmen ist vorbildlich vorbereitet

Delta-Analyse zu Arbeitszeitsystemen (Bild 5.16)

Anforderung:

- **Grundsatz 1: Wir arbeiten grundsätzlich bis 65.**
- **Grundsatz 2: Jeder soll so lange arbeiten, wie es sinnvoll ist, also es die Gesundheit zulässt, der Arbeitseinsatz wirtschaftlich sinnvoll ist und in das Konzept der individuellen Lebensplanung passt.**
- **Grundsatz 3: Ein zeitweiser Arbeitsausstieg (Sabbatical) für Gesundheit und Bildung ist möglich.**

	Trifft zu:			
	0– 24 %	25– 49 %	50– 74 %	75– 100 %
Die Arbeitszeitmodelle orientieren sich am Grundsatz, bis 65 zu arbeiten.				X
Es gibt die Möglichkeit, Überstunden, Zusatzschichten, Urlaubstage auf Arbeitszeitkonten anzusparen.				
Guthaben in Ansparzeitkonten können für Bildungsinitiativen, Gesundheitsprogramme und vorzeitigen Ruhestand verwendet werden.				
Es gilt der Grundsatz: Die Arbeitszeitmodelle orientieren sich an den Bedürfnissen des Unternehmens und des Mitarbeiters.				
Es gilt der Grundsatz: Jeder soll so lange arbeiten, wie es für das Unternehmen sinnvoll (wirtschaftlich, flexibel) und den Mitarbeiter zumutbar ist.				X
Für Mitarbeiter – insbesondere im Tarifbereich –, die unter erschwerten Arbeitsbedingungen wie Hitze, Kälte, Nässe, Dämpfe und Wechselschicht tätig sind, greift die Verantwortung/Fürsorge des Unternehmens, den Betroffenen mit Ansparzeitmodellen den vorzeitigen Ruhestand ab 56 oder gleitende Altersteilzeit zu ermöglichen. Dazu gibt es Vereinbarungen mit dem Betriebsrat.				X
Gesamtauswertung:				

Hinweis:

- jede 100%-Zustimmung = 1 Punkt
- jede 50%-Zustimmung = 0,5 Punkte

0 Punkte: erheblicher Handlungsbedarf	1–2 Punkte: es gibt noch viel zu tun	3–4 Punkte: Ihr Unternehmen bereitet sich gut vor	5–6 Punkte: Ihr Unternehmen ist vorbildlich vorbereitet

DELTA-Analyse zum Erkennen von Konsequenzen bei Veränderung der Altersstruktur

Welche Auswirkungen hat die Verschiebung der Altersstruktur in den nächsten fünf bis sieben Jahren auf das Unternehmen?

Anforderungen:

- Grundsatz 1: Die Kostenneutralität – kein Anstieg der Kosten durch Senioritätsprinzip: „Ältere verdienen mehr"
- Grundsatz 2: Erhalt der Leistungsfähigkeit – kein Abfall der Leistungsergebnisse bei Älteren
- Grundsatz 3: Erhalt der Innovationsfähigkeit – kein Abfall der Innovationskraft

	Ja	Nein
Zahlen, Daten, Fakten im Hinblick auf die Ziele und Anforderungen des Unternehmens an Mitarbeiter für die nächsten fünf Jahre liegen vor und sind allen Mitarbeitern bekannt.		
Es ist nicht mit kritischen Konsequenzen im Hinblick auf die Unternehmenskultur zu rechnen (z. B.: durch „Golden Handshakes", die erschwert werden, Ältere müssen länger arbeiten – und motiviert –, sie werden geachtet usw.).		
Neue bzw. veränderte Organisations- und Arbeitsformen werden von den Älteren akzeptiert und anerkannt.		
Führungskräfte sind in der Lage, Ältere und gemischte Teams (Diversity) zu führen.		
Junge Mitarbeiter haben weiterhin Karrierechancen – Ältere sind bereit, Jüngeren attraktive Aufstiegsfunktionen zu überlassen.		
Die Entgeltlinie wird in den nächsten Jahren nicht ansteigen. Hinweis: Das Senioritätsprinzip – Ältere verdienen mehr, ohne dass dem höhere Leistungsergebnisse gegenüberstehen – ist nicht wirksam.		
Es ist kein Anstieg der Kosten durch krankheitsbedingte Ausfälle zu erwarten – weder in der Produktion durch körperliche Verschleißerscheinungen noch im Angestelltenbereich durch „Burn-out-Symptome".		
Die Leistungsqualität/Produktivität der Mitarbeiter kann mindestens auf dem jetzigen Niveau gehalten werden.		
Die erforderliche Einsatzflexibilität und Einsatzbreite durch älter werdende Mitarbeiter ist gegeben – keine einseitigen Spezialisierungen.		
Die Motivation kann auf hohem Niveau gehalten werden.		
Die Innovationsfähigkeit wird nicht durch eine älter werdende Belegschaft negativ beeinflusst.		
Es ist sichergestellt, dass ältere Mitarbeiter ab 45 Neues lernen.		
Unsere Personalentwicklung ist auf Ältere eingestellt (lebenslanges Lernen, Lernmethoden).		
Das Unternehmen hat Chancen, auf dem externen Beschaffungsmarkt die erforderlichen Nachwuchskräfte zu generieren.		
Wir haben sichergestellt, dass das Know-how der Ausscheidenden gesichert und weitergegeben wird.		
Unsere Personalinstrumente, -prozesse und Systeme sind auf die Anforderungen einer älter werdenden Belegschaft ausgelegt (Arbeitszeitsysteme, Austrittsmodelle, Entgelt usw.).		

Mustervortrag zur Sensibilisierung der
Führungskräfte und Mitarbeiter

Demografischer Wandel

Chance oder Risiko für unser Unternehmen?

Das sind die Fakten

Die globale Bevölkerungsentwicklung Die Bevölkerung in den Industrienationen wird immer älter. Besonders betroffen sind Europa und Japan, das am schnellsten alternde Land der Erde.

Dort steigt der Bevölkerungsanteil der über 60-Jährigen von 23 Prozent im Jahr 2000 bis 2040 auf 39 Prozent.

In den Ländern der EU werden in 40 Jahren 34 Prozent der Bevölkerung entweder schon im Ruhestand sein oder kurz davor stehen, das sind 13 Prozent mehr als heute. Auf der anderen Seite nimmt die arbeitsfähige Bevölkerung in den meisten Ländern weiter ab. Während in Westeuropa auf 100 20- bis 59-Jährige heute noch 37 über 60-Jährige kommen, werden es bis 2040 schon 74 über 60-Jährige sein. In einzelnen Ländern wie etwa Spanien und Italien, werden sogar fast genau so viele über 60-jährige wie 20- bis 59-jährige Menschen leben.

DIA 2003

Das sind die Fakten

Die Folgen einer längeren Lebensarbeitszeit für den Arbeitsmarkt. Nach
Jahrzehnten des Geburtendefizits **droht Deutschland** und anderen Ländern
künftig möglicherweise eine **Arbeitskräfteknappheit.**

Das IAB prognostiziert einen Rückgang des Erwerbspersonenpotenzials um 15 bis
18 Prozent zwischen 2005 und 2035. Dieser Rückgang übersteigt deutlich die
heutige Arbeitslosigkeit. Deswegen wird zuweilen befürchtet, dass künftig viele
Arbeitsplätze unbesetzt bleiben.

Ein Rückgang der Zahl der Erwerbspersonen könnte allerdings zumindest
vermieden werden, wenn die Erwerbsbeteiligung der älteren Arbeitnehmer deutlich
steigen würde. Solch eine längere Erwerbstätigkeit würde nicht ohne Folgen für
den Arbeitsmarkt bleiben. Derzeit sind nur gut eine Million der insgesamt fünf
Millionen 60- bis 64-Jährigen noch erwerbstätig oder suchen zumindest Arbeit.
Stiege das Erwerbsaustrittsalter nur um drei Jahre, so würde sich das
Arbeitskräfteangebot der 60- bis 64-Jährigen von heute rund einer Million bis zum
Jahr 2025 nahezu auf 3,8 Millionen vergrößern.

DIA 2005 Länger Arbeiten im Alter

Das sind die Risiken

Nachwuchsmangel im Westen
Voraussichtliche Entwicklung der
arbeitsfähigen Bevölkerung im Verhältnis zu
den über 60-Jährigen (Anzahl 20–59/Anzahl
60 plus) weltweit bis 2050

Auf Kollisionskurs
Anteile der über 60-Jährigen und der 20- bis
59-Jährigen an der Gesamtbevölkerung in
Deutschland von 2000 bis 2050

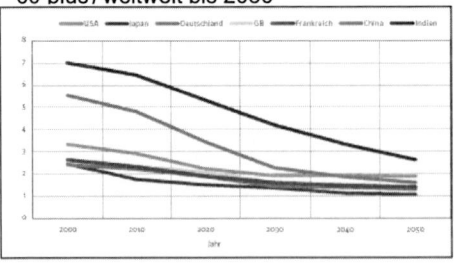

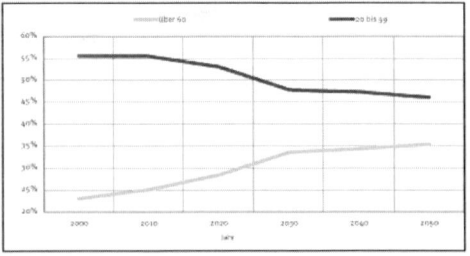

Quelle: DIA 2001, Goldman Sachs, US Census Bureau

Quelle: DIA 2001, Goldman Sachs, US Census Bureau

Das sind die Skandale

Arbeitslosenquoten in der Altersgruppe der 55 bis 64-jährigen im Jahr 2004	
Deutschland	12,8%
Frankreich	5,9%
Großbritannien	3,1%
Niederlande	3,6%
Finnland	8,3%
Schweden	5,0%
Dänemark	5,6%
EU-15	6,8%
Quelle: DIA, IAB 2005	

Weiterbildungsbeteiligung nach Altersgruppen im europäischen Vergleich		
	Ältere (55-64)	Alle (25-64)
Deutschland	2,4%	7,4%
Frankreich	2,6%	7,8%
Großbritannien	8,9%	16,0%
Finnland	12,3%	23,5%
Schweden	30,1%	35,8%
Dänemark	16,1%	26,5%
Quelle: DIA, IAB 2005		

Das sind die Bedenken

Ein negativer Zusammenhang zwischen Alter und Arbeitsleistung liegt nahe:

„Wie gut wir unsere Arbeit erledigen, hängt maßgeblich von unseren mentalen Kapazitäten und der persönlichen Berufserfahrung ab. Dass wichtige kognitive Fähigkeiten wie Gedächtnisleistung und Lernvermögen bereits im frühen Erwachsenenalter ihren Höhepunkt erreichen und danach progressiv abfallen, ist wissenschaftlich unumstritten. Umgekehrt hat zunehmende Berufserfahrung zunächst einen positiven Einfluss auf die Produktivität, allerdings nur bis zu einem gewissen Punkt. Wie verschiedene Studien zeigen, führt eine längere Betriebszugehörigkeit je nach Branche und Beruf früher oder später nicht mehr zu Produktivitätssteigerungen."

Fazit: Der Zusammenhang zwischen Alter und persönlicher Produktivität ist vielschichtig. Trotz methodischer Probleme spricht jedoch vieles dafür, dass die persönliche, berufliche Leistung ab den mittleren Jahren abnimmt. Bei Prognosen zur wirtschaftlichen Entwicklung einer alternden Gesellschaft oder zukünftigen arbeitsmarktpolitischen Maßnahmen sind altersbedingte Produktivitätsverluste deshalb einzukalkulieren."

KvE Autor: Vegard Skirbekk Quelle: Skirbekk, V., 2004: Age and Individual Productivity:

Das sind die Bedenken

Vorbehalte junger Paare

Zwar wünsche sich die große Mehrheit der Befragten durchaus Kinder. Trotzdem bekommen **viele Paare entweder überhaupt keine Kinder** oder nur ein Kind, weil sie die Familiengründung nach Ausbildung und Berufseinstieg zeitlich hintanstellen. Das „Zeitfenster", um Kinder zu bekommen, ist für viele dann mit einem Mal sehr klein. Der Kinderwunsch wird erst aufgeschoben und dann gänzlich aufgehoben. Die am häufigsten genannten Gründe, die aus der Sicht von Kinderlosen gegen Kinder sprechen:

· Finanzielle Belastung wäre zu groß (47 % der Befragten)
· Zu jung für Kinder (47 %)
· Unvereinbarkeit mit beruflichen Plänen (37 %)
· Partnerschaft nicht stabil genug (28 %)
· Angst vor dem Verlust von Freiräumen (27 %)

Das sind die Chancen

Führung und Gesundheitsmanagement

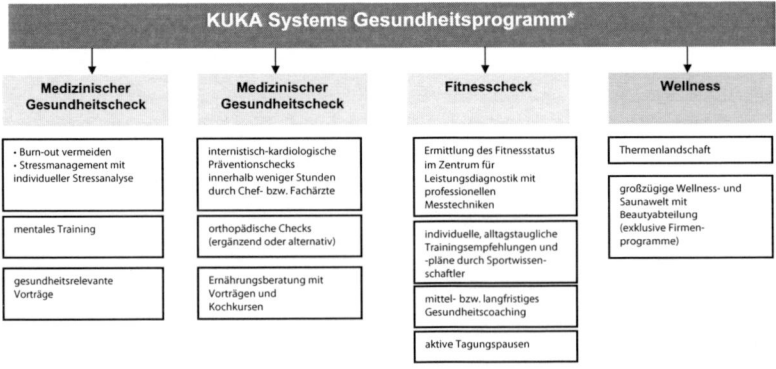

* Findet statt in der Gesundheitsakademie Chiemgau der Gesundheitswelt Chiemgau mit Therme mit Kliniken: Orthopädie, Kardiologie u. a.

Das sind die Chancen

Stärken der Erfahrenen nutzen

Unterschiede zwischen Jung und Alt aus der Sicht von Betrieben

Leistungspotenziale	Beschäftigte Jüngere	Ältere
Erfahrungswissen	●	●●●
Theoretisches Wissen	●●	●●
Kreativität	●●●	●
Lernbereitschaft	●●●	●
Lernfähigkeit	●●●	●
Arbeitsmoral, Arbeitsdisziplin	●	●●●
Einstellung zu Qualität	●	●●●
Zuverlässigkeit	●	●●●
Loyalität	●	●●●
Teamfähigkeit	●●	●●
Führungsfähigkeit	●	●●●
Flexibilität, Reaktionsfähigkeit	●●●	●
Körperliche Belastbarkeit	●●●	●
Psychische Belastbarkeit	●●	●●
Beruflicher Ergeiz	●●●	●

sehr häufig genannt ●●●
häufig genannt ●●
wenig genannt ●

Quelle: INIFES/SÖSTRA

Abb. 2

Das ist die Herausforderung

Länger Arbeiten ...

Projektion der Anzahl 60- bis 64 jähriger Erwerbspersonen

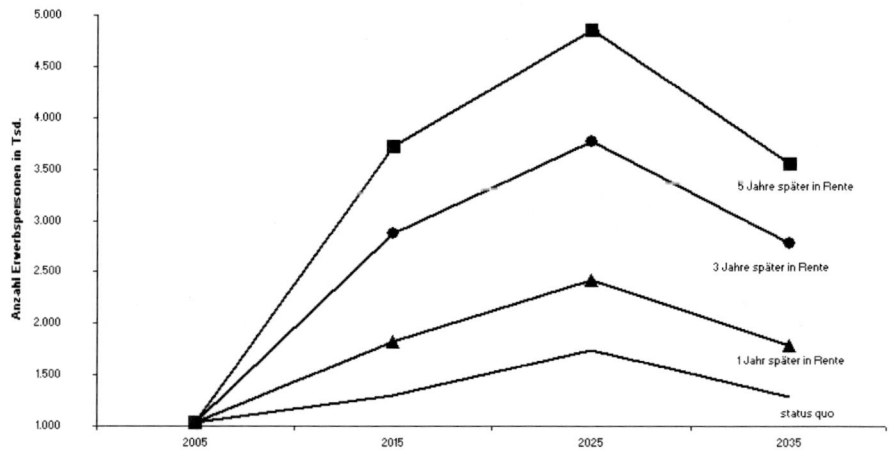

Quelle: DIA 2005, "Länger arbeiten im Alter"

Situation in unserem Unternehmen

Wie sieht die Situation in unserem Unternehmen heute aus?*

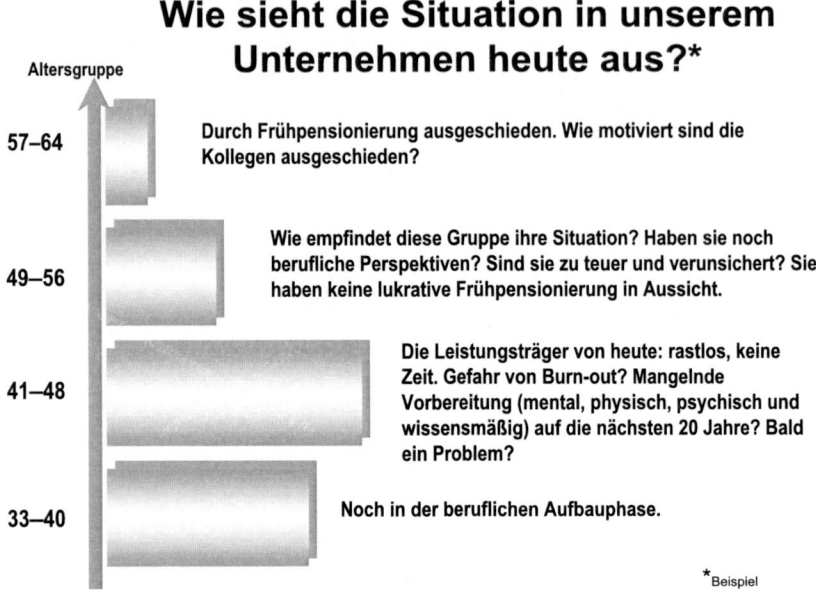

Altersgruppe

57–64 — Durch Frühpensionierung ausgeschieden. Wie motiviert sind die Kollegen ausgeschieden?

49–56 — Wie empfindet diese Gruppe ihre Situation? Haben sie noch berufliche Perspektiven? Sind sie zu teuer und verunsichert? Sie haben keine lukrative Frühpensionierung in Aussicht.

41–48 — Die Leistungsträger von heute: rastlos, keine Zeit. Gefahr von Burn-out? Mangelnde Vorbereitung (mental, physisch, psychisch und wissensmäßig) auf die nächsten 20 Jahre? Bald ein Problem?

33–40 — Noch in der beruflichen Aufbauphase.

*Beispiel

Was sind die Gründe?

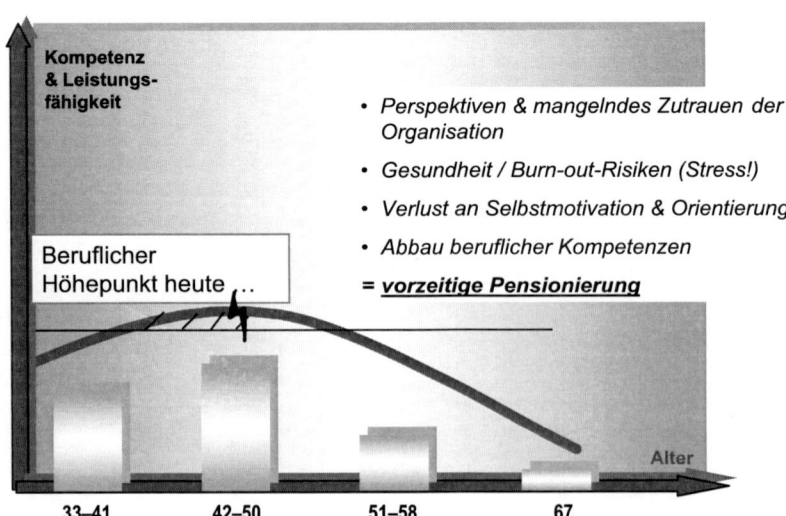

Kompetenz & Leistungsfähigkeit

- Perspektiven & mangelndes Zutrauen der Organisation
- Gesundheit / Burn-out-Risiken (Stress!)
- Verlust an Selbstmotivation & Orientierung
- Abbau beruflicher Kompetenzen
- **= vorzeitige Pensionierung**

Beruflicher Höhepunkt heute ...

Alter

33–41   42–50   51–58   67

Was sind die Folgen: In 10 Jahren sehen wir uns wieder – mit grauen Schläfen

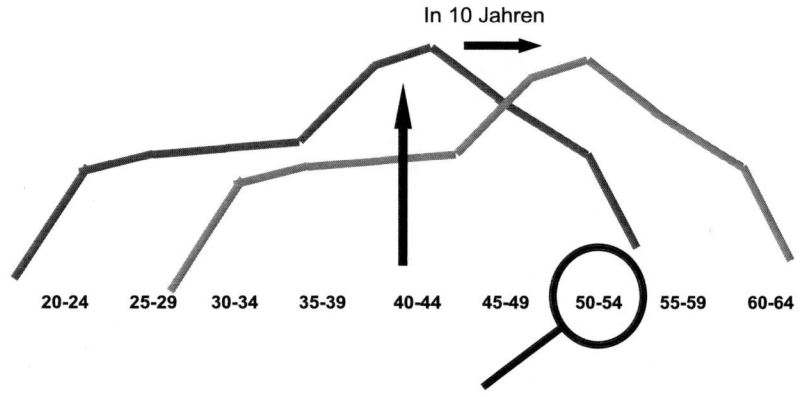

Das sind unsere Risiken ...

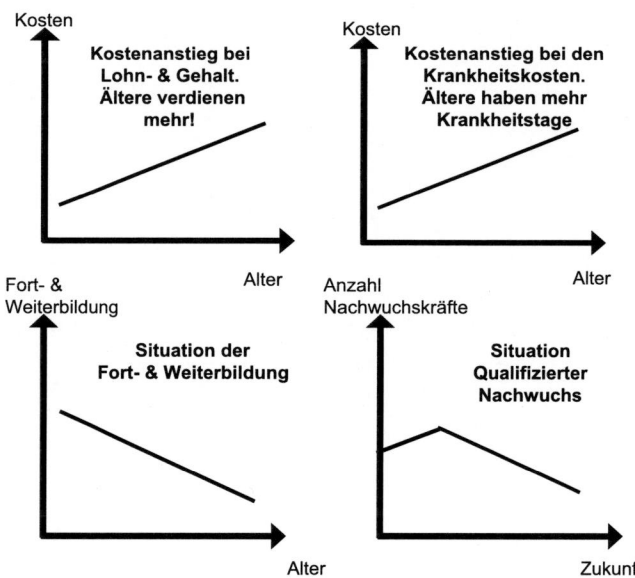

Das sind unsere Risiken …

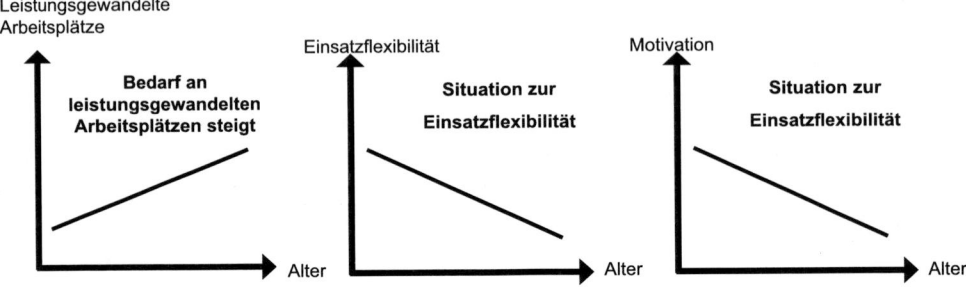

Wir haben für unser Unternehmen folgende Fragen zu diskutieren und Empfehlungen abzugeben

1. **Mögliche Rekrutierungsprobleme lösen:**
   Wie sichern wir uns unseren Nachwuchs und junge Fachkräfte am Bewerbermarkt?
2. **Ungewollte Fluktuation verhindern:**
   Was müssen wir tun, um Abgänge von jungen, erfahrenen Fachkräften zu verhindern?
3. **Beschäftigungsfähigkeit der 45-plus-Generation nachhaltig sichern:**
   Wie sichern wir nachhaltig die Beschäftigungsfähigkeit der heutigen 45-plus-Generation, die Topleistungen bis zur Rente mit 67 erbringen müssen. Wie wollen wir das machen? Was bedeutet das für den Gesundheitsschutz? Was für die Weiterbildung? Was für das Wissensmanagement?

Wir haben für unser Unternehmen folgende Fragen zu diskutieren und Empfehlungen abzugeben

- **Flexible Übergänge in die Rente sichern:**
  Wie soll die Umstellung bzw. die Überleitung in die Rente zukünftig organisiert werden?
- **Probleme mit dem Wissenstransfer lösen:**
  Wie soll ein kontinuierlicher Wissensaustausch zwischen Jung und Alt im Arbeitsalltag organisiert werden?
- **Schlüsselfunktionen und Kernprozesse sichern:**
  Welche Funktionen sind in unserem Unternehmen von den Konsequenzen des demografischen Wandels besonders betroffen? Welche Kernfunktionen und Kernprozesse müssen in besonderer Weise „verschont" werden?

Wir haben für unser Unternehmen folgende Fragen zu diskutieren und Empfehlungen abzugeben

- **Neue Akzente in unserer Personalpolitik:**
  Welche Konsequenzen leiten sich daraus für unsere Personalpolitik ab? Wie sieht ein gesunder Altersmix in unserem Unternehmen aus? Welche Maßnahmen sind zu ergreifen?

- **Eine kinderfreundliche Familienpolitik**

Was sind die Konsequenzen für unser Unternehmen?

„Die verlängerte Lebensarbeitszeit betrifft als Erstes die heute 40- bis 45-Jährigen. Wie kann es gelingen, Mitarbeiter ab der Lebensmitte zu qualifizieren und zu motivieren? Wie ist ihre Beschäftigungsfähigkeit auf Dauer zu erhalten? Was ist notwendig, um eine alternsgerechte und humane Arbeitswelt zu schaffen?" Nur in der Kombination:

- Unternehmenskultur, die eine Beschäftigung bis 65 würdigt
- Aktives Gesundheitsmanagement
- Verlängerte Lebensarbeitszeit
- Gezielte Weiterbildung – verstärkt ab 45
- Einsatzbreite und Wissen in der Lebensmitte erneuern
- Überarbeitung der Personalinstrumente (Arbeitszeit, Entgelt, Austrittsmodelle, Mitarbeitergespräche …)

Eine erfolgreiche Beschäftigung bis 65 ist möglich. Nicht alle sind dazu in der Lage. Jeder Fall ist ein Einzelfall. Die Chance liegt in der individuellen Betrachtung und Unterstützung der Mitarbeiter ab 45!!

Vielen Dank für Ihre Aufmerksamkeit

Sie werden jetzt gebeten, in den Arbeitsgruppen die aufgestellten Fragen zu bearbeiten.

Alternativkonzept After Work Party

Wie sehen Ihre Empfehlungen für unser Unternehmen aus? Was ist Ihre Meinung?

Hinweis: Die Teilnehmer nehmen im Anschluss an den Vortrag an einer After Work Party teil. Die Teilnehmer werden emotional in eine Bar-Situation hineinversetzt. Mit leiser Bar-Musik, Galeriebildern, mit fünf Bar-Zentren und jeweils einer Bar-Dame/Herr. Die Bars:
•Die Nostalgie-Bar
•Die Szene-Bar der Gegenwart
•Die Zukunfts-Bar
•Die Club-Bar
•Die Milch-Bar
An jedem der Zentren lädt die Bar-Dame/Bar-Herr die Bar-Besucher ein, an einem Leitthema mit zwei bis drei Schlüsselfragen zu diskutieren und ihre Meinung kundzutun. Die Bar-Dame, der Bar-Herr ist erfahren in der Moderation. Die Ergebnisse werden zusammengefasst alternativ auf Post-its an einer Wand, auf visuellen Protokollen, in einer Galerie, in einem Geschichtenbuch usw. Entscheidend: Die Ergebnisse werden festgehalten. An jeder Bar versammeln sich vier bis fünf Teilnehmer, um in ca. 20 Minuten an einem sie betreffenden existenziellen Thema zu arbeiten. Danach wechseln die Teilnehmer in freier Entscheidung an die nächste Bar mit maximal fünf Teilnehmern usw.

Bitte diskutieren Sie an Ihren Tischen jeweils einen Fragekomplex und beantworten Sie die Fragen

Nostalgie-Bar

„Der Blick zurück"

Tisch 1: Zur Situation der Ausscheidenden: Bar-Herr/Dame und ein Teilnehmer beobachten bzw. moderieren die restlichen fünf Teilnehmer, die sich am Stammtisch über ihren beruflichen Ausstieg und über ihre „alte" Firma unterhalten. Wie und worüber unterhalten sich die Ehemaligen, wenn sie über ihre alte Firma sprechen?

- Was sagen sie beispielsweise zu ihrem Ausstieg?
- Blicken sie gern/ungern zurück?
- Waren sie bis zum Schluss motiviert?
- Hatten sie bis zuletzt Chancen für sich gesehen?
- Waren sie bis zum Schluss sehr angesehen? Schätzen sie ihre Leistungen bis zum Schluss ebenbürtig mit denen der Jungen?

Fazit: Worüber unterhalten sich die Teilnehmer? Was war gut, was sind ihre Empfehlungen? Dann Bar-Wechsel.

Die Gegenwarts-Bar

„Den Blick nach vorn"

Tisch 2: Zur Situation der Leistungsträger 38 plus: Bar-Dame/Herr und ein Teilnehmer moderieren und beobachten die restlichen fünf Teilnehmer, die sich zur Situation der Mitarbeiter ab 38Jahren in zehn Jahren unterhalten. Worüber unterhalten sie sich? Was sagen sie beispielsweise über:

- das Risiko zum Burn-out und/oder zu gesundheitlichen Einschränkungen,
- ihre Motivation, bis zur Rente mit 67 zu arbeiten?
- Wie schätzen sie ihre fachlichen Qualitäten ein?

Fazit: Worüber unterhalten sich die heute Erfolgreichen, was sind ihre Empfehlungen? Dann Bar-Wechsel.

Bitte diskutieren Sie an Ihren Tischen jeweils einen Fragekomplex und beantworten Sie die Fragen

Die Milch-Bar

„Chancen und Perspektiven"

Tisch 3:

Zur Situation des Nachwuchses: Bar-Dame/Bar-Herr und ein Teilnehmer moderieren und beobachten die restlichen fünf Teilnehmer, die sich am Stammtisch über ihre beruflichen Perspektiven und über ihre Firma unterhalten. Worüber unterhalten sie sich? Was sagen die Jungen

- zu ihren Perspektiven in zehn Jahren,
- zu der Zusammenarbeit mit den „Alten",
- zur Attraktivität des Unternehmens für externe Nachwuchskräfte?

Fazit: Was sind die Erkenntnisse, was sind die Empfehlungen?

Die Club-Bar

„Der Blick in die Unternehmens-planung"

Tisch 4:

Zur Situation der Unternehmen: Bar-Dame/Bar-Herr und ein Teilnehmer beobachten und moderieren. Die Teilnehmer besprechen aus der Sicht der Unternehmensleitung, wie sie die Situation in zehn Jahren einschätzen, bezogen auf

- die Entwicklung der Personalkosten,
- Qualität der Mitarbeiter bzgl. ihrer Kompetenzen und ihres Wissens (Wissensunternehmen),
- Innovationen. Neue Erfindungen, Verbesserung der Prozesse etc.,
- Qualität der Führung,
- Nachwuchssicherung.

Fazit: Was sind die Erkenntnisse, was sind die Empfehlungen?

Bitte diskutieren Sie an Ihren Tischen jeweils einen
Fragekomplex und beantworten Sie die Fragen

Tisch 5:
Zu den Konsequenzen für unsere Personalpolitik: Bar-Dame/Bar-Herr und ein
    Teilnehmer moderieren und beobachten die restlichen fünf Teilnehmer, die
    die Folgen für die Personalarbeit einschätzen sollen?
•   Was sollte in der Personalpolitik in fünf Jahren stehen, um die
    Beschäftigungsfähigkeit der über 45-Jährigen auch in zehn Jahren zu
    sichern?
•   Welche Aussagen zur Personalpolitik sollten gemacht werden?
•   Welche Arbeitsplätze sind alterskritisch?
•   Welche Maßnahmen des betrieblichen Arbeits- und Gesundheitsschutzes
    sind zu treffen?
•   Welche Qualifizierungsmaßnahmen brauchen wir, um „fit" zu bleiben?
•   Wie sichern wir das Erfahrungswissen der Erfahrungsträger?

Fazit: Was sind die Erkenntnisse, was sind die Empfehlungen?

Hinweis: Die Ergebnisse werden durch die Bar-Dame/den Bar-Herren festgehalten. Ziel dieser
    Methode ist es, reale Erkenntnisse und Empfehlungen zu gewinnen. Die Ergebnisse werden
    ausgewertet von den Moderatoren und Bar-Damen/Bar-Herren.

Wir bitten Sie, die folgenden Fragen zu diskutieren und Empfehlungen abzugeben

Rekrutierungsprobleme lösen:
Wie sichern wir uns unseren Nachwuchs und junge Fachkräfte am
Bewerbermarkt?

Fluktuationsprobleme verhindern:
Wie binden wir unsere jungen, erfahrenen Fachkräfte?

Sichern der Beschäftigungsfähigkeit:
Wie sichern sich die Mitarbeiter ihre Beschäftigungsfähigkeit bis 67?
Was kann der Betrieb dazu beitragen?
Welche Arbeitsplätze sind alterskritisch?
Ist der betriebliche Arbeits- und Gesundheitsschutz darauf eingestellt?
Welche Qualifizierungsmaßnahmen brauchen wir, um „fit" zu bleiben?
Wie sichern wir das Erfahrungswissen der Erfahrungsträger?

Wir bitten Sie, die folgenden Fragen zu diskutieren und Empfehlungen abzugeben

Flexible Übergänge in die Rente:
Wie soll die Umstellung auf Arbeiten bis 65 organisiert werden?
Welche Erfahrungen liegen bisher mit über 55-Jährigen vor?

Probleme mit dem Wissenstransfer:
Wie soll der kontinuierliche Wissensaustausch zwischen Jung und Alt im Arbeitsalltag organisiert werden?

Personalpolitik:
Welche Empfehlungen geben Sie unserer Personalpolitik
Wie sieht ein gesunder Altersmix in unserem Unternehmen aus?

Wir bitten Sie, die folgenden Fragen zu diskutieren und Empfehlungen abzugeben

Welche Funktionen sind in unserem Unternehmen besonders betroffen?
Welche Funktionen sind Kernfunktionen und Kernprozesse, die von den Folgen des demografischen Wandels in besonderer Weise „verschont" werden müssen?

Index

A

Alter 14
Altersaufbau 8
Altersstruktur 3, 45, 46, 70, 191, 225
Alterungsprozess 10
Analyseinstrumente 90
Anerkennung 10, 87, 200, 203
Anforderungen 72
Anreizstrukturen 179
Arbeitsanforderungen 24
Arbeitsbedingungen 11, 19, 103, 190, 208
Arbeitsformen 150
Arbeitsmarkt 9
Arbeitsumfeld 190
Arbeitszeit 57
Arbeitszeitsystem 206
Arbeitszeitsysteme 61, 135, 207
Audit 48, 49, 54, 225
Aufgaben 3, 21, 37, 38, 69, 70, 71, 99, 104, 181
Aufstreben 13
Austrittsmodelle 192

B

Beschaffung 44
Beschäftigungsfähigkeit 3, 36, 39, 43, 48, 52, 123, 125, 129, 206, 215
Bestandsaufnahme 41, 43, 47, 94, 121, 167, 172
Best-Practice-Beispiele 81, 189
Beurteilung 57
Bewerbermarkt 154, 155
Businessplan 2, 31, 44, 48, 80, 171

C

Chancen 34

D

DELTA-Analyse 53, 54, 56, 57, 59, 60, 61, 225
Demografie, Gewinn 34
Demografie, Probleme 31
Demografie, Kosten 34
Dienstleistungen 34, 44
Diversity 81, 93, 99, 146
Dynamik 2, 34, 98

E

EFQM-Modell 42
Einsatzmöglichkeiten 21, 37, 43, 50, 56, 67, 82, 97, 118, 122, 225
Eisbergmodell 151
Empfehlungen 62
Entgelt 38, 43, 57, 135
Entgeltsystem 60, 225
Entgeltsysteme 46, 60, 180, 184
Erfahrung 18
Erfolg 28
Erfolgspotenzial 67, 123
Ergebnisbericht 62, 65
Ergebnisse 26, 41, 42, 77, 131, 135
Expertenaussagen 179

F

Fähigkeiten 23
Faktoren des Alterns 27
Fertigkeiten 23
Fitnesstraining 159, 160
Folgen, demographischer Wandel 7
Fragebogen 71, 77, 78
Führung 4, 21, 37, 43, 53, 54, 67, 72, 93, 96, 120, 208, 225
Führungskräfte 71, 73, 75, 80, 82, 88, 122, 225

Führungsleitbild 86
Führungstrainings 90

G

Gefahrenpotenziale 34
Gesunde Ernährung 159, 190, 198
Gesundheit 4, 39, 52, 67, 82, 96, 157,
    159, 169, 172, 173, 208, 215
Gesundheits-Check-up 159, 169, 198
Gesundheitsförderung 103, 107, 157,
    208, 209
Gesundheitsmanagement 37, 43, 56, 67,
    82, 96, 97, 118, 189, 198, 203
Gesundheitsprogramm 115
Gesundheitszirkel 108, 110, 114

H

Handlungsfelder 36, 37, 39, 42, 47, 48,
    53, 67, 72, 82, 190, 195
Handlungsschritte 73
Herstellung 44
HR-System 57, 225

I

Image, älterer Arbeitnehmer 20
Innovation, Analysediagramm 36
Innovationsfähigkeit 20, 47, 110
Integration 200
Interaktion 76

J

Jonas-Prinzip 81
Jugend 13

K

Kernfunktion 49
Kommunikation 193
Kompetenzen 2, 4, 10, 20, 36, 40, 57, 58,
    67, 81, 82, 95, 120, 121, 145, 149, 171,
    172, 174, 175, 191, 215
Kompetenzen, psychologische 26
Kompetenzmatrix 148
Komplexität 3, 98, 215
Kosten 7, 45, 46, 110, 180, 208

Kosten, Analysediagramm 35
Kultur 37, 43, 53, 54, 67, 72, 81, 82, 225

L

Lebensphasen 12
Leistung, Analysediagramm 35
Leistungsfähigkeit 6, 10, 11, 18, 19, 20,
    46, 72, 96, 105, 110
Leistungsfähigkeit, physische 24
Leistungsfähigkeit, psychische 25
Leitbilder 83
Lernen 7, 11, 12, 27, 89, 137, 138, 200,
    202, 205, 215
Lernfähigkeit 27

M

Management 38, 41, 44, 48, 49
Managementanalyse 65
Managementrunde 125, 130, 131, 132
Marketing 44
Maßnahmen 19, 41, 43, 47, 62, 73, 119,
    143, 144
Mitarbeiterbefragung 84, 85
Mitarbeitergespräche 57, 92
Mitarbeiterplädoyer 50, 133

O

Organisation 4, 37, 44, 56, 97, 118, 206,
    225

P

Personalentwicklung 43, 57, 59, 61, 82,
    123, 137, 138, 146, 225
Personalinstrumente 21, 38, 43, 57, 67,
    123
Personalmarketing 47, 153
Personalpolitik 2, 12, 31, 41, 57, 67, 107,
    123, 179, 189, 195, 206, 207
Perspektiven 92, 95, 125, 170, 172, 173,
    174, 216
Perspektivgespräche 92, 126, 128
Portfoliofelder 134
Potenzial 2, 10, 31, 34, 37, 43, 50, 186,
    187

Produkte 44
Projektarbeit 187
Prozesse 2, 44, 208
Prozessschritte 124

Q
Qualifizierung 191

R
Rahmenbedingungen 4, 21, 37, 43, 72,
    102, 159, 161, 171, 189, 216
Rituale 74, 83, 87
Rotation 19, 104

S
Schlüsselfunktion 49
Schlüsselfunktionen 2, 6, 48, 123
Selbstführung 39, 67, 82
Selbstmotivation 4, 39, 52, 67
Senioritätsprinzip 45, 60, 88, 135, 184,
    185, 194
Strategien 34, 44
Stress 27
Stressmanagement 117, 159, 160

T
Talent 18, 154
Talentmanagement 38, 57, 67, 82, 123,
    130, 135, 147
Talentmanagementprozess 74, 124

Team 37, 44, 119, 146, 150, 205
Transfer 159, 161

U
Unternehmenspolitik 2, 102

V
Verantwortung 3, 10, 21, 26, 39, 40, 58,
    69, 104, 159, 215
Vertrieb 44
Vielfalt 200
Vitalität 4, 39, 67, 157
Vorgehensweisen 41, 67

W
Wandel 23
Weiterbildung 202
Werkstatt 77, 78, 121
Wertschätzung 11, 87, 194, 197, 200,
    203
Wissen 3, 34, 40, 45, 67, 82, 90, 96, 175,
    197
Wissenstransfer 150, 151, 152, 197
Workshop 68, 76, 95, 96, 156

Z
Ziele 12, 34, 37, 40, 41, 44, 47, 67, 95,
    96, 121, 131, 181, 208
Zukunftsportfolio 50, 51, 52

Der Autor

NORBERT HERRMANN ist Mitbegründer der 4p Group, Höslwang/Oberbayern. Seine Schwerpunkte sind die Themen „Nachwuchs für die Führungsetage" und Perspektive 45+. 4p Group ist ein Beratungsunternehmen mit Fokus auf exzellente Führungs- und Mitarbeiterleistung.

Er verfügt über mehr als 20 Jahre Berufs- und Führungserfahrung in international erfolgreichen Top-Adressen: Bei Otis und in der BMW Group. Seine Aufgabengebiete waren dort in der internationalen Personalarbeit und Managemententwicklung, in globalen Auswahl- und Entwicklungsprogrammen für den Führungsnachwuchs und für Führungskräfte.

Kontakt:

www.4pgroup.de

Telefon 0 80 55 / 93 35

herrmann@4pgroup.de